U0192140

本书受国家自然科学基金项目《8—11世纪中国都市水系统营造史及滨水政策演化研究》（编号51778517）资助，是该国家自然科学基金项目重要的理论成果。

筑苑·上善若水

——中国古代城市水系建设理论与当代实践

筑苑 017

王劲韬　主编

中国建材工业出版社

图书在版编目（CIP）数据

上善若水：中国古代城市水系建设理论与当代实践 / 王劲韬主编 . -- 北京：中国建材工业出版社，2021.4
（筑苑）
ISBN 978-7-5160-3135-3

Ⅰ . ①上… Ⅱ . ①王… Ⅲ . ①给排水系统－城市规划－研究－中国 Ⅳ . ① TU991

中国版本图书馆 CIP 数据核字（2020）第 259711 号

上善若水——中国古代城市水系建设理论与当代实践
Shangshan Ruoshui——Zhongguo Gudai Chengshi Shuixi Jianshe Lilun yu Dangdai Shijian
王劲韬　主编

出版发行：中国建材工业出版社
地　　址：北京市海淀区三里河路 1 号
邮政编码：100044
经　　销：全国各地新华书店
印　　刷：北京印刷集团有限责任公司
开　　本：710mm×1000mm　1/16
印　　张：16.75
字　　数：220 千字
版　　次：2021 年 4 月第 1 版
印　　次：2021 年 4 月第 1 次
定　　价：85.00 元

本社网址：**www.jccbs.com**，微信公众号：**zgjcgycbs**
请选用正版图书，采购、销售盗版图书属违法行为

以心築苑
人作天開

築苑叢書雅存 丁酉端午

孟兆禎

孟兆祯先生题字
中国工程院院士、北京林业大学教授

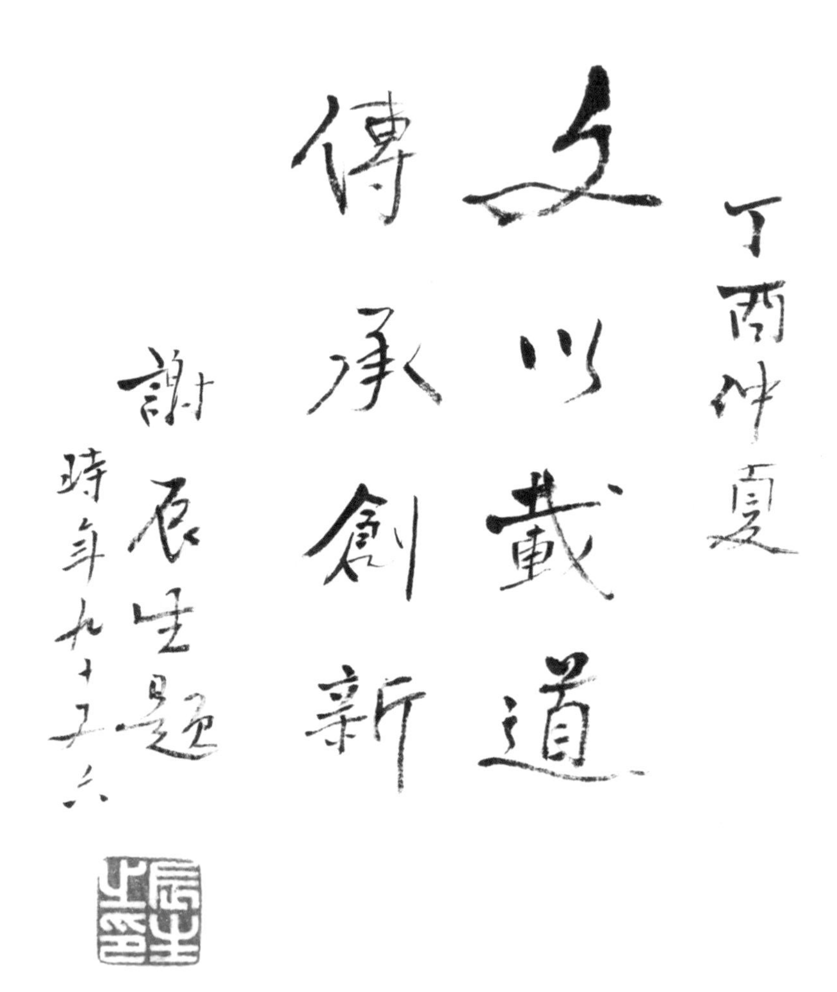

谢辰生先生题字

国家文物局顾问

筑苑 · 上善若水

投稿邮箱：zhangqu@jccbs.com.cn
联系电话：010-88376510
传　　真：010-68343948

筑苑微信公众号

中国建材工业出版社《筑苑》理事会

前　言

本书是国家自然科学基金项目《8—11 世纪中国都市水系统营造史及滨水政策演化研究》（编号 51778517，2018/01—2021/12）重要的理论成果。

本基金项目从最初的理论探讨阶段就密切结合当代城市滨水建设需求。

从 2015 年开始，西安建筑科技大学东方古典园林研究团队从实践和历史理论挖掘两方面着手，探讨中国古代治水社会结构，治水和城市水系管理理论和经验总结，并从当代城市滨水区域治理，中国传统文化融入现代滨水城市区域等现代城市规划设计实践角度探讨中国古代水智慧、水伦理、水经济的经验总结和现代利用之可行性探讨。

本书主要包括三大特色：一是以水为魂，总结古代中国水利水系建设理论与治水智慧、滨水规划实践案例，为城市滨水区域治理和政策研究提供指导；二是以孟子以来的园林与民共有的历史观为线索，着重表现城市园林与景观的公共性特征，以及园林与城市共同发展的历史渊源，丰富中国古代城市滨水建设历史理论体系；三是重在古为今用，重在总结古人理水智慧，充分挖掘古代治水成就，为当代城市建设与山水和谐的都市滨水环境营建提供借鉴和指导。

本书从内容上分为理论和实践两篇，意在体现中国古老的治水智慧对当代城市滨水规划实践的借鉴作用，古为今用，老树新枝，中国古代城市治水经验，山水美学一直是我们建设中国特色的青山绿水所不可或缺的指针。

第一篇历史理论篇有10篇文章，以中国古代治水和城市滨水区域管理，城市与母亲河共同发展，以及城市公共区域及园林发展为主题，探讨了古代中国都市水环境建设和滨水区域治理的经验理论；第二篇规划设计篇有9篇文章，以城市滨水区域规划实践为主题，介绍了本团队和其他合作团队近年来在滨水规划实践领域的一部分最新成果。

在深入挖掘中国古代城市水利建设史料及中国古代城市滨水环境建设与管理经验的基础上，探讨一套有助于当代城市规划设计的理论和技术总结，以期有益于中国当代气势恢宏的青山绿水和环境建设的伟大实践。

2021年3月

目 录

第一篇 历史理论篇

第二篇　规划设计篇

第一篇 历史理论篇

01 《管子》时代水利营造思想研究

王劲韬[1]

中国古代社会从本质上讲是一个与水相依相存，并不断在水利与水害之间权衡，趋利避害的过程。中国古代社会的智慧几乎全部与治水相关。管子伟大的治水篇章，如《管子》之《大匡》《乘马》诸篇，从识水性，知水患，到治水社会之组织，水利工程与农业生产相辅相成，直至以水划分齐、燕、晋、秦各国人民之性情，及所谓地之所生，以养其人，以育六畜[2]。再如老子所谓“上善若水，水善利万物而不争”，以及孔子“仁山智水”的儒家思想，在很大程度上都来源于古人与水抗争、得水利而避水害的经验之谈。

以罗素《权力论》的逻辑看，世界范围的农耕文明也均与水利建设以及与治水相关的大规模机构组织的成果与效率直接联系。其成功者如两河的阿契美尼德王朝之于幼发拉底河、底格里斯河的治理，再如埃及法老社会对于母亲河尼罗河的成功治理，甚至法老君神一体、代代相传的神性与正统地位也是与尼罗河亘古不变的周期性泛滥等同类比，成为古埃及文化的一个重要特征——与自然河流、沙漠、泛滥、丰收等概念一脉相承的超稳定结构，而河流治理的效率则一直是其中的中枢环节。同样，君主制国家权力行使之效率同样系于对治水工程的组织能力，成功地组织、有效地治理水患，决定王朝的更迭。中国从唐尧社会转向君主制国家权力转换的枢纽环节则是对于母亲河——

1 西安建筑科技大学建筑学院教授，东方古典园林研究中心负责人，西安，710000。
2 圣人之处国者，必于不倾之地，而择地形之肥饶者。乡山，左右经水若泽。内为落渠之写，因大川而注焉。乃以其天材、地之所生，利养其人，以育六畜。天下之人，皆归其德而惠其义。

黄河的治理。治黄的失败者鲧被舜帝处以斩首，而鲧的儿子大禹则戴罪立功，治水成功，最终成为部族新的首领。更为重要的是，大禹的儿子也因为这次治水成功，直接继任为国家领袖，而无须进行任何形式的禅让，这是王朝正统的典型事件。而这个首任君主被历史直接称为“启”，当然不是历史之巧合，而是意味着一种全体部族的认可。由此次成功治理黄河而决定王朝之正统，并由此开始生发出源远流长的中国古代君主体制。所以，大禹治水的成功不仅成为诸如“上善若水”“仁山智水”等理念之开端，同样压实儒、道诸家思想理论之根基[1]。战国后期，随着争霸战争的白热化，各国都将农业经济生产和粮食安全上升至国家存亡的高度，各国的农田水利建设的重点也由修建沟洫、城市排水转向农田灌溉，出现了魏之史起漳水十二渠、秦之郑国渠等大规模的农田水利工程。《度地》一文正是基于当时大量农业灌溉和沟洫排水的成功实践。虽云，由太史公司马迁《史记》立《河渠志》开始，经与之相辅相成之《汉书·沟洫志》，历代王朝对《河渠志》《沟洫志》等相关水利水患时间之载述可谓汗牛充栋。但成书于战国后期的《管子》诸篇，其论述显得最为独到，且为后世治水文论引述最多，大体反映了战国时代中国农业文明初期对水利、治水智慧的最高水平[2]。

1 《管子·立政》

管子是最早将立国为政与治水经验相联系的政治家和理论家。《管子》诸篇的一个共同特色是将为政之道直接与治水之道相联系和类比，反映出治水、治人、治国三位一体的论述特色。沟渎畅则草木兴，则国家富，国富则民安，民安则政令通行。司马迁在《史记·管晏列传》中，以后人眼光将孟子的富国礼仪论与管子等先贤的实践相联系，总结了

1 大禹治水事件将古先贤的治水业绩与为政正统性结合的论述形式，其实质在于凸显水利与农业社会及政治伦理的一体性。即谁在治水这一关键环节中取得成绩，夯实部族的经济基础，谁就拥有了号令部落民众的资本。而大规模治水所要求的强大行政能力和组织机构本质上也为其他方面的施政创造了资源支撑。

2 日本汉学家町田三郎认为《水地》篇“从其构成来看，并非一时之作，可以大体确定为战国末至汉初时期的作品”。（日）町田三郎的《关于〈管子·水地〉篇》，《管子学刊》，1988。

具有管子特色的、治国富民之道皆与治水之法的一致性特征。《史记·管晏列传》载："（管仲）既任政相齐，以区区之齐在海滨，通货积财，富国强兵，与俗同好恶。故其称曰：'仓廪实而知礼节，衣食足而知荣辱，上服度则六亲固。四维不张，国乃灭亡。下令如流水之原，令顺民心。'故论卑而易行。俗之所欲，因而予之；俗之所否，因而去之。"

《管子·立政》以管子之口明确提出："治国有三本，安国有四固，富国有五事，五事五经也。"对君王而言，富国五件事，都与大地山川、农业收成有关，核心都是沟渎顺畅，水利兴盛，则国家富强；沟渎不畅，经常阻塞，犹如人之血脉不和，则人民歉收，国家贫弱。"君之所务者五：一曰山泽不救于火，草木不植成，国之贫也。二曰沟渎不遂于隘，鄣水不安其藏，国之贫也。三曰桑麻不植于野，五谷不宜其地，国之贫也。四曰六畜不育于家，瓜瓠荤菜百果不备具，国之贫也。五曰工事竞于刻镂，女事繁于文章，国之贫也。故曰：'山泽救于火，草木植成，国之富也。沟渎遂于隘，鄣水安其藏，国之富也。桑麻植于野，五谷宜其地，国之富也。六畜育于家，瓜瓠荤菜百果备具，国之富也。工事无刻镂，女事无文章，国之富也。'"管子在此将国家兴盛归结于农业、水利、地脉和顺及减少土木诸事，其核心是"沟渎遂于隘，鄣水安其藏"，国家富强之源也，再一次把兴修水利当作事关国家富强昌盛的大事。

《管子·七法》即管子所总结的七条治国基本原则，其核心即所谓"决塞"之道。"予夺也、险易也、利害也、难易也、开闭也、杀生也，谓之决塞。"《管子·君臣下》用流水疏导作比，对此进行了精彩的解说，"治人如治水潦，养人如养六畜，用人如用草木。居身论道行理，则群臣服教，百吏严断，莫敢开私焉""民迂则流之，民流通则迂之。决之则行，塞之则止"。就是说，百姓过于封闭就要去疏导，过于流通就要去封闭，就如同流水一样，开坝使之流，堵塞使之止。管子从水性和治水活动中得到治国安邦的启发，并升华为治国安邦的思想。《管子》在以水喻政方面多有精辟的阐述。《管子·牧民》："错国于不倾之地，积于不涸之仓，藏于不竭之府，下令于流水之原，使民于不争之官……错国于不倾之地者，授有德也；积于不涸之仓者，

务五谷也；藏于不竭之府者，养桑麻育六畜也；下令于流水之原者，令顺民心也；使民于不争之官者，使各为其所长也……不为不可成者，量民力也；不求不可得者，不彊民以其所恶也……故授有德，则国安；务五谷，则食足；养桑麻，育六畜，则民富；令顺民心，则威令行；使民各为其所长，则用备……量民力，则事无不成……”水自源头顺流而下、自然而然，而政令之颁布亦应顺应民心，民心顺而不争于官，则政令易于推行，百姓也能各擅所长，“民各为其所长”，不仅国安，而且富足（用备）。反之，不懂得为政“决塞”之奥妙，盲目驱使百姓去做难成之事（“为不可成者”“彊民以其所恶也”），则犹如逆水行舟，事倍而功难成。[1]“良好的执政方式亦如水利之正确措置，得其利而避其害，能行能止、能上能下，政令如流水之顺畅，威德如流水之布行天下。”

2 《管子·水地》

《水地》篇所运用的词汇很丰富，比如对水的五种品质、玉之九德、七国水性与民性关联的描述，运用的词汇既丰富又具有概括性，可以看出作者进行写作时具有融会各家的客观条件及容纳百家的胸怀。该篇写作时代当在稷下学宫创立之后。《水地》篇融会了各家各派的思想。当时的思想背景当是孔子后学、老子后学、早期阴阳家汇集于稷下学宫，齐国统治者出于自身的政治目的，一方面以开明的学术气氛鼓励思想交流，另一方面引导学术思想为治国理政出谋划策。而《水地》篇正是在这一思想背景下产生的。

《水地》篇曰：“故水者何也？万物之本原，诸生之宗室也。……美恶、贤不肖、愚俊之所产生。”天地万物包括人在内，都充满了水。男女精气相合，由“水”流布而渐成人形。所以水是“万物之本源”，是生命之宗室，一切美丑、贤愚均由水而生，由水而分。水集于玉，则有清正廉洁等九大美德。

1 “不明于决塞，而趋众移民，犹使水逆流。”（《管子·七法》）

管子把水看作世间万物的根源，是各种生命的根蒂。为了增强上述论点的说服力，《水地》篇接着说："是（水）以无不满，无不居也。集于天地而藏于万物，产于金石，集于诸生，故曰水神。集于草木，根得其度，华得其数，实得其量。鸟兽得之，形体肥大，羽毛丰茂，文理明著。万物莫不尽其几，反其常者，水之内度适也。"水到底是什么呢？管子认为，水乃是"万物之本原也，诸生之宗室也，美恶、贤不肖、愚俊之所产也"。水是万物生存之依托，"万物莫不以生"，万物之所以繁衍生息，充满生机与活力，靠的是水的滋养哺育；如果没有水，万物就失去了生存的根本。从人之气血，到玉之九德，世间万物中都有水的存在，水不仅养育万物，还教会民众水之平准公正，至满而止的德行，水之性味淡然，且"人皆赴高，己独赴下"的美德[1]。《水地》篇的性味之说、水之善下之说大体源自老子的思想。老子又所谓"水因善下而为百谷之王"的论述[2]。

管子还用大段论述，阐述了水与依水而生的民众个性之关联——水之性在相当程度上决定了民之性情。他认为水对人的气质、情操、心态等有潜移默化的熏陶作用。《水地》篇载："何以知其然也？夫齐之水道躁而复，故其民贪粗而好勇；楚之水淖弱而清，故其民轻果而贼；越之水浊重而洎，故其民愚疾而垢；秦之水泔冣而稽，淤滞而杂，故其民贪戾罔而好事；齐晋之水枯旱而运，淤滞而杂，故其民谄谀葆诈，巧佞而好利；燕之水萃下而弱，沈滞而杂，故其民愚戆而好贞，轻疾

1 《水地》："夫水淖弱以清，而好洒人之恶，仁也；视之黑而白，精也；量之不可使概，至满而止，正也；唯无不流，至平而止，义也；人皆赴高，己独赴下，卑也。卑也者，道之室，王者之器也，而水以为都居。准也者，五量之宗也；素也者，五色之质也；淡也者，五味之中也。是以水者，万物之准也，诸生之淡也，违非得失之质也，是以无不满，无不居也，集于天地而藏于万物，产于金石，集于诸生，故曰水神。集于草木，根得其度，华得其数，实得其量，鸟兽得之，形体肥大，羽毛丰茂，文理明著。万物莫不尽其几、反其常者，水之内度适也。……是以水集于玉而九德出焉。凝蹇而为人，而九窍五虑出焉。此乃其精也精粗浊蹇能存而不能亡者也。"

2 《水地》篇受老子思想影响论述较多。《水地》篇"人皆赴高，己独赴下，卑也。卑也者，道之室，王者之器也，而水以为都居"的论述，与《老子》中"上善若水，水善利万物而不争，处众人之所恶，故几于道"论法相似，都强调水之善下特性而使之无往不利，此即老子所谓"江海所以能为百谷王者，以其善下之"。其次，老子所谓"人之所恶，唯孤寡不谷，而王公以为称"也与《水地》篇"卑者，王者之器"的论点相似。《水地》篇论及水之性味，称水的诸般美德，"（水）准也者，五量之宗也；素也者，五色之质也；淡也者，五味之中也。是以水者，万物之准也，诸生之淡也，韪非得失之质也"，这与《老子》"见素抱朴，少私寡欲""恬淡为上""五色令人目盲，五音令人耳聋，五味令人口爽"等观点亦如出一辙。撇开学界所谓管子之论是否借鉴了老子、孔子诸家理论，乃至《管子》一书是否为管子本人所著，仅就其中诸家观点的一致性而言，《管子·水地》中所论述的思想大体反映了战国时期，诸子各家对于山水智慧的普遍认识与领悟。

而易死；宋之水轻劲而清，故其民闲易而好正。”

恰如我们今天所说的“一方水土养一方人”的道理。事实上，中国古代因地理条件之限制、水之丰寡、取水之难易不同，形成了巨大的生存环境差别和生活方式之差异，由这种资源分配差异造成的人之价值观念、交流相处的方式则千变万化，故而生存于水“淤滞”而浑浊的环境中的人们，则难免会“贪戾罔而好事”，恰如后世屡屡因水源争夺而导致部族争斗的晋陕诸国，不仅好胜而惯于斗狠，且水资源争夺的获胜者，则会愈发贪婪；生存于“水轻劲而清”的优美环境之中的人们，往往“民闲易而好正”。而稍后的白圭治水“以邻国为壑”之事例，则更清晰地反映出黄河流域的韩、赵、魏诸国在争夺水利资源、规避水害中，不惜损害邻国利益，大体表明，管子的论断具有一定的现实意义。

在后世的《淮南子•地形训》《汉书•地理志》以及《世说新语》等文献中，在论述“河水”（专指黄河）等文章中，作者大多采用了类似早期管子的论法，其结论指向也几乎与《管子》如出一辙。《吕氏春秋》说：“轻水多秃与瘿人，重水多尰与躄人，甘水所多好与美人，幸水所多疽与痤人，苦水多尪与伛人。”《世说新语•言语》载：“王武子、孙子荆各言其土地之美。王云：‘其地坦而平，其水淡而清，其人廉且贞。’孙云：‘其山嶵嵬以嵯峨，其水押渫而扬波，其人磊砢而英多。’”故曰：“是以圣人之化世也，其解在水。故水一则人心正，水清则民心易。一则欲不污，民心易则行无邪。是以圣人之治于世也，不人告也，不户说也，其枢在水。”山水之性决定了居于环境之中的人之性情，这种长期与山水环境相依相存、逐步养成的习惯，不仅不容易退去，而且会成为一种具有广泛性的集体意识，对此普遍性情的理解与掌握，就是管子所说的圣人之道。行政的核心就是要了解这种水之道，故曰“其枢在水”。

《管子》中明显地表现出关于追求理想生存条件的“环境选择”的思想。寻找良好的自然环境，即所谓“风水宝地”作为栖息之所，是先秦以来中国古代人居环境建设规划的重要目标。这一追求在千年进化过程中，逐步演化为一套以山水布局为评判标准，夹杂大量理气、血脉之说及自然有机体的综合理论，俗称“风水”。其实质是中国人追求理想生存环境的一种智慧总结。人之生产、生活离不开水，打造良好的生存环境更是离不开水，所谓“风水”，其“风”乃无形之物，故“风水之法，得水为上”。在先秦文献中，水始终被视为大自然母亲之血脉，《管子》称之：“地者，万物之本原，诸生之根菀也。水者，地之血气，如筋脉之通流者也。”水对大地的重要性犹如血脉对人之重要性。血脉通畅，则天下繁兴，血脉阻滞，则天下不稳。《管子》一书托名于管仲，但历史上普遍认为“非一人之笔，亦非一时之书”，更多反映的是春秋初期人们对天下诸族的普遍理解，而这种理解虽不是全然准确全面，但无疑充分说明了不同的地理环境，特别是水环境对人之性情乃至部族性情的巨大影响力。

《管子》一书论述水之性情，本意则是通过寓水于人，将人之性情与水之德行相类比，进而引申至他对人居环境和治国理念之论述。《管子·乘马第五》载：凡立国都，非于大山之下，必于广川之上；高毋近旱，而水用足；下毋近水，而沟防省；因天材，就地利，故城郭不必中规矩，道路不必中准绳。都城的选址，不宜离水太远，以免用水不便，取水困难；同时，也不宜离水太近，易遭受水患，且要筑堤防洪。总体原则是“高毋近旱，下毋近水”，既得取水便捷，又能避开水患，且易于城市排水，节省沟洫和提防的建设费用。《管子·乘马》是管子营城择地理论的重要篇章，核心是在聚居地营造规划中的城水关系处理，选择和规划城市既要充分考虑水资源的问题，又要兼顾防洪排涝的需要，尤其要避开较大的自然灾害。这是中国古代可持续人居环境建设理论的早期代表，这方面的论述在《管子·度地》篇中有详细论述。

3 《管子·度地》

《管子·度地》载：“夷吾之所闻，能为霸王者，盖天子圣人也。故圣人之处国者，必于不倾之地，而择地形之肥饶者。乡山，左右经水若泽。内为落渠之写，因大川而注焉。乃以其天材、地之所生，利

养其人，以育六畜。天下之人，皆归其德而惠其义。”

《管子·度地》在描述与齐桓公之对话中，提到了五种主要的自然灾害，即水、旱、风雾薄霜、疾病和虫害等。而五害之中，“水为最大”，表明了管子对于立国和地理环境、江河水环境之间的相互关系的基本认识，其核心在于“不倾”，即避开自然环境的有害之处，具有明确的趋利避害的思想。而对于利用水利创造良好人居环境方面，管子主要从用水、排水及城市防洪安全等方面提出自己的观点。他认为，设置都城的环境首先必须是山水环抱的有利地形。而且其中的水，必须是“经水”[1]，即大河。唯有依傍大河才能保证都市这样的人口聚居区拥有足够的生产、生活用水。故管子提出，聚落左右非有大河，必有大泽，以为城市用水之需。城内修砌完备的沟渠排水，随地流入大河，这样就可以利用自然资源和农业产品，既供养国人，又繁育六畜。天下之人因受之山水的恩惠，感念山水之美德、教化之功，使天下归义归心。这便是直接将水之德与统治管理的要旨直接联系了。按照上古圣人之道修造都城，必定要选择“不倾之地”，这里的“不倾”不仅仅指土地物产之丰饶，取江山稳固之意，更指避开较大的自然灾害。在城市选址、规划和建设等环节中，首先重视防洪、供水和水环境的问题，避开环境灾害区域，重点关注具有持续效应的环境资源安全，诸如缺水、水患、风霜、病害等，这种观点对于当代城市聚落之可持续发展具有明确的指导意义。管子以水患为五害之首，同时对自然之水也进行了深入总结，提出经-枝-谷-川-渊五水的概念，这在战国先秦文论中是绝无仅有的，表明了当时农业社会对自然江河的观察与研究具备了相当深度[2]。

又如“天子中而处，此谓因天之固，归地之利。内为之城，城外为之郭，郭外为之土阆，地高则沟之，下则堤之，命之曰金城。树以荆棘，上相穑著者，所以为固也。岁修增而毋已，时修增而毋已，福

1《度地》将地表径流划分为干流、支流、谷水、川水（较小河流）、渊水（湖泊）5类，认为可以控制和利用这些河湖资源为人居环境建设服务。

2《管子·度地》：“水有大小，又有远近。水之出于山，而流入于海者，命曰经水；水别于他水，入于大水及海者，命曰枝水；山之沟，一有水一毋水者，命曰谷水；水之出于他水沟，流于大水及海者，命曰川水；出地而不流者，命曰渊水。此五水者，因其利而往之可也，因而扼之可也，而不久常有危殆矣。”

及孙子，此谓人命万世无穷之利，人君之葆守也。臣服之以尽忠于君，君体有之以临天下，故能为天下之民先也。此宰之任，则臣之义也。”《管子》在此首次提出了有关农业社会居中统治的问题。这样可以更好地利用全国的自然资源，征收全国的土地财利。从周代以来的“五服制度”在根本上要求统治者居中而治，这样有利于兼顾四方，同时也有利于各方对首都的供应和防护之需。“天子中而处，此谓因天之固，归地之利”不仅指于一国之内的居中之治，也可指一城之中的基本规划原则（事实上，古代中国文献所谓“营国”，指的恰恰是营造城市，而非国家。而前文所述“圣人之处国”，也是就首都建设而言）。都城的建设也应当是内修城（内城，以宫和市为代表），外修郭（外城），在中央行政区外围形成双重圈层结构。加之《管子·小匡》中所提出的“士农工商”四民不可杂处的理论，可以将之视为中国早期城市规划中功能分区思想的滥觞。“城外为之郭，郭外为之土阆，地高则沟之，下则堤之，命之曰金城。树以荆棘，上相穑著者，所以为固也。”在此，管子提出了城市与水的基本关系准则。《管子》亦有近大河而构筑城池，省去沟洫城防之论，只要不至因水为害即可，但究其核心思想则是因地制宜。故管子提出，郭外筑城壕（土阆）则要因势而为，因水而为，引水筑城壕，地势高则下挖以自流，地势低处则筑堤防护。所谓“金城”与“金堤”类似，则带有石制驳岸的含义，以石制城墙和城壕才可谓“固若金汤”。城墙上种植荆棘，使之交错纠结，用来加固城墙。并提出每年都不断地增修城壕，每季也不断增修，使之坚固如初。

《管子》对城市水利建设的论述基于管子对水之习性的了解。在《管子·度地》篇中，管子对水之习性及利用方式有过精彩的论述。

“水可扼而使东西南北及高乎？可，夫水之性，以高走下则疾，至于漂石；而下向高，即留而不行，故高其上。领瓴之，尺有十分之三，里满四十九者，水可走也。乃迂其道而远之，以势行之。”通常，水流总是由高处流向低处，“而下向高，即留而不行”。但有无办法使水位抬高，达到顺流灌溉之效果呢？管子的答案是肯定的。虽然水本身不会自行由低处流往高处，但通过筑堤壅水，提高上游水位，同样可以使水流顺畅地到达各处，其关键是适宜的水位

（纵坡）设计和合理安排壅水堤坝。管子认为，水之特性是善下，但水位高下落差过大，水流速度过快，到了一定程度，至柔之水也会显得非常暴虐，甚至可以卷起石块，冲刷而下，“至于漂石”。农业引水渠设计首在“建瓴”。合理地选择渠道的坡降是其中的关键。管子提出，“尺有十分之，三里满四十九者，水可走也”的见解。“瓴”者，居高临下，于是水流就可以从“领”（大坝）处高屋建瓴式地流进干渠（“瓴之”）修建渠道。渠道由高处向低处输水，坡降过陡则冲刷严重，过缓则不能正常输水；管子在此提出了一般渠道坡降的简单估算方法。在三里的距离内，渠底降落四十九寸，在这样坡降的渠道里，则“水可走也”。有了适宜的坡降，水流就会沿着渠道，顺着地形地势绕道远去，并通过支渠、农渠等下一级渠道，把灌溉用水按需要分配到田间。[1]管子提出的做法大体是通过筑坝截流，提高输水渠上游水位，然后引水分洪，通过适宜的纵坡设计，使水流能顺畅地到达各处，辅助少量的交叉设施，如倒虹吸管道，可以使水流跨越障碍，灌溉到更高处的田亩，即所谓“夫水激而流渠”。

战国时期最著名的关中水利郑国渠和汉武帝时代补充建设的六辅渠和白渠工程都是以巧妙成熟的灌溉引水工程著称。郑国渠采用的是“以高向下”的原理，并具有改变河流方向的功能。六辅渠和白渠则反之，是将水流由低点向上引水，能把水引向较高的地里灌溉。引水灌溉高仰之田地，当然需要更为复杂的工程技术。运用“以下向高”的方法。其方法是：渠口向上开，提高渠口的引水高程，使之水往下行。按照水流的基本原理，出水渠口提高，“以高走下则疾，至于漂石”，其势可以直接冲毁堤岸，故而，拦河堤坝工程需要更为坚固。所谓“故高其上领，瓴之，尺有十分之，三里满四十九者，水可走也”，这里的“领”，指的是我们今天所说的拦河坝。领瓴之，指将大坝高程加高，尽可能加大上下游落差，使出水可以以高屋建瓴的形式泻出，使水流形成足够的势能。“尺有十分之，三里满四十九者，水可走也。”在

1 “迂其道而远之，以势行之与，扼而使东西南北及高。”

这里“有”通“又”，“尺有十分之”及一寸的高度。在三里的距离内，输水高程下降四十九寸，按此坡度，则“水可走也”。三里满四十九寸的坡降，相当于千分之一的纵坡，管子载述的这个尺度是大于同时期其他主要引水渠工程的平均坡度的，大约带有后文所说的壅水而上、冲刷去淤等方面的考虑。在水流通过低洼地带时，则又采用蓄留塞水的方法提高水位，把水引导向高仰之田。“水之性，行至曲，必留退；满则后推前。”汉代倪宽六辅渠和白公白渠就是用这种方式将水输送到高仰之田。

《管子·度地》还列举了水利工程中几种常见的水流现象。“水之性，行至曲，必留退；满则后推前，地下则平，地高即控，杜曲则捣毁。”这里描述的是水流遇到弯曲阻塞时水位壅高的现象，低地则水流平缓，高地则受到控制。水的性质，走到曲折的地方，就停而后退，满了，后面就推向前进，地低则走得平稳，地高就发生激荡，地势曲折就将冲毁土地。行至“曲”，指渠道平面上的弯曲，渠道过于弯曲或弯道过急，则会被水流冲坏。“杜曲激则跃，跃则倚，倚则环，环则中。”如地势过于曲折，水流就会跳跃，跳跃则偏流，偏流则打旋，“杜曲”之“杜”与“土”通假，即土夯筑之水渠。“杜曲”指的是渠道纵断面上的局部突然升降。这时可能出

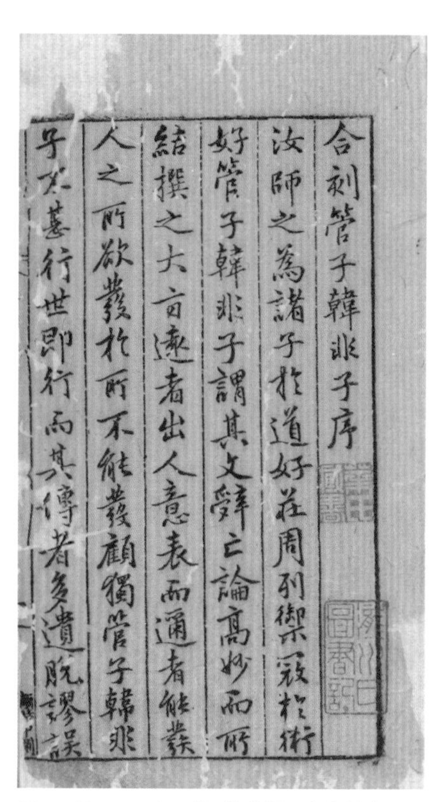
合刻管子韓非子序
汝師之為諸子於道好莊周列禦寇於術
好管子韓非子謂其文辭亡論高妙而所
結撰之大旨遠者出人意表而邇者能發
人之所欲發於所不能發顧獨管子韓非
子不甚行世即行而其傳者多遺脫謬誤

图1　管子·二十四卷．管仲撰．房玄龄注．刘绩增注．明万历十年赵用贤刊本——合刻管子，韩非子序

注：《管子》一书以春秋时期政治家、哲学家管仲命名，其中也记载了管仲死后的事情。虽并非管仲所著，但仍被认为可以体现管仲的主要思想。汉代刘向编定《管子》时共八十六篇，今本实存七十六篇，其余十篇仅存目录。明万历十年赵用贤在宋本的基础上进行修订校勘管韩合刻本之一，共二十四卷。

现水跃现象。而“倚”和“环”则分别是对水跃主流旋涡和两旁回流形态的描述。“环则中”之“中”与“冲”通假，指对土渠的冲刷，并带走泥沙。被带走的泥沙在一定条件下淤积下来，堵塞渠道，使渠水流不过去，从而造成工程的破坏，并导致“水妄行”的事故发生。“中则涵，涵则塞，塞则移，移则控，控则水妄行。”“涵”有包含、挟带泥沙之意。打旋之水裹挟泥沙，泥沙沉淀则水道淤塞，水道淤塞则河流改道，河流改道则水流激荡，水流激荡则河水妄行。第一个“杜曲”（水流冲捣）是水流造成的冲刷直接破坏工程的现象；第二个“杜曲激”是造成的水跃，以及引起的环流、沉潜、淤塞、乱流失控等对工程产生的破坏。“水妄行则伤人，伤人则困，困则轻法，轻法则难治，难治则不孝，不孝则不臣矣。”妄行则伤人，人伤则贫困，贫困则轻慢法度，轻慢法度则难于治理，难于治理则行为不善，行为不善就不服从统治了。通过深入地观察水流现象，进而初步归纳出明渠流和有压流的运动规律和不同特点，细致地描述了水跃和环流的形态，并论述了可能造成的破坏。

4 结语

《管子•度地》篇（当成书于战国末期）的理论，无论是否出自管仲本人，都无疑是建立在大量成功的农业水利工程实践经验的基础上。明人章潢在其《论浚渠筑堰》中简单列举了战国著名水利工程项目：“是故孙叔敖起芍陂，则楚受其惠；文翁穿湔口，则蜀以富饶；史起凿漳水于魏，则邺傍有稻粱之咏；郑国导泾水于秦，则谷口有禾黍之谣；许景山复萧何之故堰，则兴元之荒瘠，复为膏腴；赵尚宽修召信臣之故渠则南阳之泻卤，变为沃壤之数。君子者，孰非因其自然之利而修其已然之法哉，谓之得周官之遗意亦可也。”[1]其他相似时期的水利工程还包括魏国的白圭以筑堤修河（黄河）、西门豹引漳水造田等工程。农业水利在战国时期已然相当发达，以魏文侯改革发展经济

1 钦定四库全书图书编卷一百二十五《开浚田　水利总叙》之《论浚渠筑堰》。

为标志，各国都以发展农业水利、富国强兵为目标，大量杰出的、影响后世千年的水利工程陆续展开，显出少有的恢弘气势。管仲的这一段对破坏性水流形态的精彩描述，真实地反映了战国时期人对农业水利灌渠工程的理解之深刻全面。足以说明，托名于管子的《度地》篇章应是当时具有代表性的诸家言论，也当包含了诸多农业水利一线施工工匠所总结的、大量卓有见地的见解。

参考文献

李山，注解 .《管子》［M］. 北京：中华书局出版社，2009.

02　北宋汴京城市公共园林发展述略

王劲韬[1]

北宋汴京城作为中世纪世界第一大经济都会，在城市规划、城市商业以及市民文化发展等方面成为世界典范，其城市园林发展也达到前所未有之高度。相比于唐长安，汴京城市园林由以往数量较少、规模较大的皇家园林和少量郊外风景区，发展成为城市广泛阶层所拥有的数量庞大的城市公共花园、寺观园林、商业园林和几乎遍及汴京四郊的风景区。星罗棋布的城市公共园林与汴京城市四周特有的缓坡山林结合，与遍布城市四河、城壕和主次干道的大量公共绿化区域结合，共同构成了汴京优越的城市人居环境。同时，以开园、赏春等形式积极开拓了皇家御苑、皇家寺观等园林与大众休闲结合的有效途径，实现了在高密度城市环境中创造多样化城市公共园林和宜居环境的目标。

1　汴京城市绿化发展概述

汴京公共园林的发展起于唐代后期，快速成形于五代后周柴荣时代，通过宋初太祖、太宗、真宗、仁宗等朝连续不断的经营建设，出现了城市园林空前发展的盛况。其形大体如孟元老在他的回忆录《东京梦华录》中所说，“大抵都城左近，皆是园圃，百里之内，并无阒

1　西安建筑科技大学建筑学院教授，东方古典园林研究中心负责人，西安，710000。

地”[1]。很多北宋初期出现的城市园林之公共性特征在汴州城发展与规划阶段就已经初露端倪。

1.1 汴京城市街道绿化

汴京城市街衢在承载商品交易功能的同时，通过责权利的绑定，确定了街道绿化在城市建设中的地位和法定空间。尤其是在御街规划中，充分体现了柴荣规划的灵活性与管理的规范性。御街是一条从大内宣德门一直向南的城市中央大道[2]，据《东京梦华录》，“自宣德楼一直南去，约阔二百余步，两边御廊，旧许市人买卖于其间。”在这条汴京城市中规格最高的道路规划中，不仅设置了超宽的主路（200步）作为礼仪空间，作为国家重大庆典的政令发布、君民同乐的庆典场所，是为天颜所系。同时，在御街两侧，通过绿化景观与御廊为市民提供商业活动和休闲空间，形成天子脚下，“君民同乐”的典型汴京印象。然到北宋后期，随着城市商业进一步发展，侵街占道经营的现象逐步蔓延到御街这条汴京城最重要的礼仪形象大街，开封府开始加强控制，故而到了政和年间，开始禁止在御街两边的御廊里设市买卖，“各安立黑漆杈子，路心又安朱漆杈子两行，中心御道，不得人马行往，行人皆在廊下朱杈子之外”[3]。

北宋御街不仅是城市最重要的礼仪空间，也是市民最乐于前往聚集、交流休闲的城市绿地公园。御道两侧的绿化空间主要由御沟提供，据《东京梦华录》记载，御沟两侧的岸上种植桃、李、梨、杏等行道树，御沟内则“尽植荷花”，孟元老描写这条御沟景观，“杂花相间，

---

1 孟元老《东京梦华录》卷6《收灯都人出城探春》。阒地，即空闲之地。孟元老南渡后的回忆录反映了北宋汴京在昇平之世百里城市、百里园庭的同时，也从侧面揭示了北宋汴京城市用地的紧张状况。从某种程度上讲，汴京城市的高密度发展与大量城市空间开发是并行不悖的，这很大程度上得益于汴京自五代以来规划方面取得的成功。宋末大观年间，御史中丞翁彦国上奏宋徽宗，批评他在京师赐宠臣宅第过滥所称之“况太平岁久，京师户口日滋，栋宇密接，略无容隙，纵得价钱，何处买地”。（翁彦国《上徽宗乞今后非有大勋业者不赐第》，赵汝愚编《宋朝诸臣奏议》卷100）“重城之中，双阙之下，尺地寸土，与金同价，其来旧矣。非勋戚世家，居无隙地。”（宋，王禹偁《李氏园亭记》）

2 东京城的街道纵横交错，从宫城南面的宣德门向南，经里城的朱雀门，直达外城的南熏门，是一条中心大道，“约阔二百余步”，称为“御街”，为全城的中轴线。宣德门前到朱雀门内的州桥一段，实际上是一个宫廷广场，中央官署多分列在它的两边。每逢节日，多在这里举行庆祝活动，届时“士庶闻咽”，热闹非常。御街两旁，向北正对宣德门的左右掖门，建有东西两列千步廊，又称“御廊”。宫廷广场上之千步廊，就是从这里开始的。

3 孟元老《东京梦华录》卷一《坊巷御街》。

春夏之间，望之如绣”[1]，堪称中国城市建设史上最早的海绵沟渠和绿地公园。南部和东御街也大体保持了中轴大街的整肃庄严，但商业与绿化成分逐渐增加。其御街东朱雀门外，“过龙津桥南去，路心又设朱漆杈子……御街至南薰门里，街西五岳观，最为雄壮”[2]。“自西门东去观桥、宣泰桥，柳阴牙道，约五里许，内有中太一宫、佑神观，街南明丽殿、奉灵园，九成宫内安顿九鼎。”牙道，即官道，两侧栽植柳树，形成长达数里的城市绿荫。

1.2　汴京城市滨河沿线绿化

以汴京四河的滨水空间绿化为特征的城市河道公园，为汴京市民提供了空间广阔、遍及全城的滨水绿地公园。关于河道的绿化，见于《东京梦华录》卷一所记载，“城壕曰护龙河，阔十余丈，濠之内外，皆植杨柳，粉墙朱户，禁人往来”[3]。这里的城壕指的是外城壕沟，通过栽植杨柳树，在城墙一周形成了环绕外城的完整绿化带。汴河的河堤最早是由隋炀帝所筑，当年隋堤上广植杨柳，隋炀帝乘船游幸通济渠时，从大梁至淮口，舳舻相继，千里不绝，河堤植物“香闻百里”[4]。

入宋后，这条横贯城市东西的宽大河堤则成为城市最重要的滨水休闲地。唐白居易作《隋堤柳》称之“柳色如烟絮如雪”[5]。宋初朝廷诏令沿河堤种植榆柳，以巩固河流，进一步完善了隋代以来汴河滨水绿地的景色。张择端的《清明上河图》在描绘河堤两岸商业繁兴、人物喧阗的同时，也不忘精细描绘汴河沿岸栽植的百余棵大柳树，树形古老，是河南特有的如烟之树——旱柳，亦称“馒头柳”。有宋一代，开封府对城市四河的滨水绿化可谓不遗余力，直至宋徽宗时期，又在串联了众多皇家园林的景龙江两岸营造丰富的园林外围绿化。宋人张淏的《艮岳记》称之“濒水莳绛桃、海棠、芙蓉、垂杨，略无隙地”，不难想象当时景龙江两岸繁花似锦、绿草如茵之盛况。

1 《东京梦华录》卷二《御街》：御道两侧设置了砖石砌筑的御沟两道，在宣和年间，御沟内尽植荷花，岸上两侧种植桃、李、梨、杏等行道树，“杂花相间，春夏之间，望之如绣”。
2 孟元老《东京梦华录》卷一《朱雀门外街巷》。
3 《东京梦华录》卷一《东都外城》。
4 韩偓《开河记》。
5 白居易《白香山诗集》卷 4《隋堤柳》。

2　汴京城市公共园林的发展

北宋汴京以区区 50km^2 的狭小州郡之城，容纳百万市民与驻军，并通过治河、漕运及灵活的城市管理，实现高密度条件下宜居城市的打造，其城市管理在古代中国乃至世界城市发展史上，皆无出其右者。就汴京城市公园的公共性特征而言，首要在于其从政策法规角度确保市民公众参与城市园林休闲活动之权利。

以皇家金明池开园为例，据宋人周辉的《清波别志》记载："岁自元宵后，都人即办上池。邀游之盛，唯恐负于春色。当二月末，宜秋门揭黄榜云：三月一日，三省同奉圣旨，开金明池，许士庶游行，御史台不得弹奏。"每年三月一日，金明开池放春，纵士庶游赏，成为法定条例。此即从政策上鼓励并保证市民参与园林游憩活动之权利。

事实上，在皇家园林开园最初几年，许多市民或因为不知其情，或处于观望，并不敢随意进入皇家园林，以至于"月初游人甚少"，由此才专门出黄榜，布告全城，宣谕开园之事例。随着这一政策长期执行，渐成惯例，春赏金明、琼林诸苑成了汴京市民元宵以后的一大乐事，以至于市民们"灯山未灭"已约上池，即所谓"都人只到收灯夜，已向樽前约上池"[1]。在开园的一月有余的时间里，汴京市民几乎倾城出动，风雨无阻，"略无虚日矣"，而到了御马上池，则游人倍增。与此类似，为推动汴京公共园林乃至假日经济，政府在官员节日休假制度、市民百姓休息日规定等方面都制定了详细规则，从制度上保证全体市民和各级官员文人游园的时间和条件。

2.1　郊外公共游览区

汴京城四郊公共郊野公园甚多，各处利用山岗缓丘筑台，引水为池沼，形成了多处风景宜人的郊外公共风景区，尤以城市北部的"百冈"为佳。汴京东南城外的繁台、梁园等处，也都是放春游园的佳处。

1（宋）无名氏《鹧鸪天·忆得当年全盛时》："忆得当年全盛时，人情物态自熙熙。家家帘幕人归晚，处处楼台月上迟。花市里，使人迷。州东无暇看州西。都人只到收灯夜，已向樽前约上池。"

图 1 北宋汴京皇家园林金明池景观总体鸟瞰复原图
（来源：西安建筑科技大学东方古典园林研究）

汴京天清寺在陈州门里繁台下，寺因台名，俗称繁台寺。[1] 繁台本梁王吹台，高阜之上，再建佛塔，称之“上与烟云俱”，足见其高。苏舜钦登繁台塔有诗曰：“我来历初级，穰穰瞰市衢，车马尽蝼蚁，大河乃污渠。跻攀及其颠，四顾万象无，迥然尘坌隔，顿觉襟抱舒。”[2] 此中的“大河、污渠”，是宋代汴渠之别称，即汴京东南，流经繁台之下的汴河。繁台登高是汴京市民春赏郊游、鸟瞰汴京的绝佳胜景。

这些公共游憩园庭，皆依山傍水而设，而于山水佳处点缀楼台，无须耗费过多，即可成风景优美之游豫之所，是公众游览最易接受和参与的。事实上，北宋大量私家园林和商业酒肆园林也都乐于坐落在这些郊外山水佳处，尤其是在汴京东、西、南、北四条御街之尽头，分布有大量此类兼具探春郊游、文人雅集、士子赴京应试、迎来送往等各种城市服务功能的园林庭馆。这种分布方式与御街四极设置皇家御苑的做法如出一辙，当是先有皇家园林之倡导，民间园庭和商业设

1 据吴处厚《青箱杂记》卷八：“繁台本梁王鼓吹台，梁高祖常阅武于此，改为讲武台。其后繁氏居其侧，里人乃呼为繁台，则繁台之名始于此也。繁台之侧有凝碧池。”
2 （宋）苏舜钦《和邻几登緐（繁）台塔》。

施随之效仿，自然生长而逐步形成。孟元老在《东京梦华录》《收灯都人出城探春》一节详细描述了这些位于山林缓丘地带风景绝佳的园林与酒肆："其州南则玉津园外学方池亭榭，玉仙观，转龙弯西去一丈佛园子，王太尉园，奉圣寺前孟景初园，四里桥望牛冈剑客庙，自转龙弯东去陈州门外，园馆尤多。"孟元老所述大量庭馆楼榭，其实都是在自然山水之间稍加整治，即成风景。如州东宋门外快活林、勃脐陂、独乐冈、砚台、杏花冈，州北模天坡，曹、宋门之间的东御苑，金明池以西的"宴宾楼有亭榭，曲折池塘秋千画舫，酒客税小舟，帐设游赏"，以及陕西五（经）略之别馆、祥祺观，创台之流杯亭榭等处，无论皇家、私家，无论人工、郊野，皆处处为园、处处置酒，纵情放春赏秋。这种国家倡导、全民游春的事例，唯见于宋代都市，南北皆然，而此遗风时尚无疑诞生于北宋汴京。

2.2 京师四郊的公共园庭与"放春"

汴京城市园林中，最值得一提的是蓬勃发展的各类公共园林和郊外风景区建设，以及与之相应的春赏、秋游等各种城市休闲活动。由于政府的大力推动，每到春赏季节大量私家园林都随着皇家御苑和皇家寺观园林开园"放春"，任由市民入园游憩，使得遍布汴京四郊的大量私家园林加入公共园林行列，成为季节性公共园林和汴京市民最大的赏春游憩资源。这种因政策引导、市民文化熏染而逐步蔚然成风的市民文化在北宋汴京、金代汴京（南京）和南宋临安等中世纪大都市一直延续，成为中国古代公共园林发展中最具特色的一个方面。

宋人袁褧在《枫窗小牍》中直接将汴京郊外的园圃与花园城市洛阳相比，指出汴京园圃在北宋"亦以名胜当时"[1]，其有名者数十，其他"不以名著，约百十，不能悉记也"。袁氏《枫窗小牍》所列数十座城郊园庭，有皇家寺观园，如奉灵、灵嬉诸园，有皇家赐园，如李附马园、芳林园、同乐园等，有贬谪者之旧苑，如庶人园，亦有权贵

1 袁褧《枫窗小犊》："先正有《洛阳名园记》，汴中园圃亦以名胜当时，聊记于此。州南则玉津园，西去一丈佛子园、王太尉园、景初园；陈州门外，园馆最多，著称者：奉灵园、灵嬉园，州东宋门外麦家园、虹桥王家园，州北李附马园，西郑门外下松园、王太宰园、蔡太师园，西水门外养种园，州西北有庶人园，城内有芳林园、同乐园、马季良园，其他不以名著，约百十，不能悉记也。"

者之园，如王太宰园、蔡太师园，更有大量普通文人之园。四郊之园虽权属多样，本非公共园林，但每遇春赏则尽数成为公共游赏之地，“放人春赏”。在宋代，开放私家园林渐成一种普遍认同的城市风尚，皇家林苑则领风气之先，率先垂范，最著名的便是位于御街四极的四大皇家御园，除玉津园较少对市民开放，其余御园皆纵士庶游赏，成为市民赏春最佳去处，每遇皇帝“御马上池”，则会万人空巷齐聚御园，一睹天颜。

这数量过百的园庭成为汴京市民赏春的主要去处。也就是孟元老所说“大抵都城左近皆是园圃，百里之内，并无阒地”。其中除了袁褧、李濂等人所说的诸多名园之外，大量遍布郊野的园林，更类似于自然风景区域，其间曲水芳树与远近缓山丘陵相映。都人仕女则携带各式茶点，“各携枣锢、炊饼，黄胖、掉刀，名花异果，山亭戏具，鸭卵鸡刍”，于芳园佳树之间，随意流连栖息，觥筹交错。

有关汴京市民赏春之情形，见于孟元老《东京梦华录》卷七《清明》：清明节“都城”争出郊游，“四野如市，往往就芳树之下，或园囿之间，罗列杯盘，互相劝酬，都城之歌儿舞女，遍满园亭，抵暮而归”[1]。宋人杨侃的《皇徽赋》称之“向日而亭台最丽，迎郊而气候先暖。莺哢何早，花开不晚。其或花迎野望，烟禁春探。景当妍丽，俗重登临。移市景日，倾城赏心。幄幙蔽野，轩盖成阴。蓦而忘归，乐不绝音”[2]。唐人游春多乘马，丽人游于曲江之上，态浓意远，罗衣照春，煊赫有余，少了很多世俗烟火气息。恰如杜甫《丽人行》所描写的那种充满仪式感与富贵气的皇亲贵戚之春赏游宴。北宋汴京市民的郊游则多乘小轿，无论贵家仕女抑或小家碧玉，凡春赏郊游，皆不垂帘幕，而以杨柳、杂花装簇在轿子顶上，四垂遮映，显得春意盎然，亦平实随意。

1 孟元老《东京梦华录》卷七《清明》。
2 都人赏春之情形还可见于孟元老《东京梦华录》卷六《灯都人出城探春》：“次第春容满野，暖律暄晴，万花争出，粉墙细柳，斜笼绮陌，香轮暖辗，芳草如茵，骏骑骄嘶，杏花如绣，莺啼芳树，燕舞晴空，红妆按乐于宝榭层楼，白面行歌近画桥流水，举目则秋千巧笑，触处则蹴踘踈狂，寻芳选胜，花絮时坠，金樽折翠簪红，蜂蝶暗随归骑，于是相继清明节矣。”

2.3 皇家寺观里的公共园林

汴京城市寺观多由皇家敕建，大部分归于城市使用，其管理维护费用由官府承担。这部分寺庙和道观多附属园林，每至节庆或放春时节，也成为汴京市民休闲娱乐之佳处。如登天清寺繁台赏春、开宝寺铁塔望远、太平兴国寺的赏花盛会、大相国寺资圣阁的水灯燃放，以及州桥月夜等，都是在城市人流集中的公共区域，通过政府开拓、市民参与，成为汴京最出色的城市记忆。这些场景在南渡遗老的回忆录中屡被提及，且描写细致入微，其感念昇平之情，汴京城市文化之繁荣，大众游园之踊跃，皆为后世所无法比拟。

《枫窗小牍》中记载太平兴国寺牡丹盛会："不踰春月，冠盖云拥，僧舍填骈，有老妓题寺壁云'曾趁东风看几巡，冒霜开唤满城人。残脂剩粉怜犹在，欲向弥陀借小春，此妓遂复车马盈门'。"[1]从袁氏的描述不难看出，北宋遗老对当年汴京城市园林活动之记忆犹新。而其中最具市民文化特征的游园活动，堪称上元节大相国寺资圣阁的观放水灯。据《东京梦华录》记载："资圣阁前安顿佛牙，设以水灯，皆系宰执、戚里、贵近占设看位。"其"九子母殿及东西塔院，惠林、智海、宝梵，竞陈灯烛，光彩争华，直至达旦"[2]。这种活动既富于宗教气息，对水景的运用也别出心裁。孟元老《东京梦华录》记载："其灯以木牌为之，雕镂成字，以纱绢幂之于内。密燃其灯，相次排定，亦可爱赏。"[3]这资圣阁应是大相国寺之下院，其阁前必有山池园庭，以供水灯漂流。燃灯之夜，宰臣贵戚之家会事先在水边佳处预定好观赏坐席，市民百姓自然也对此热闹场景趋之若鹜。宋白《大相国寺碑》称之"龙华春日，燃灯月夕。都人士女，百亿如云"。每到月夜水灯燃放之时，则游人如织，其形如寺庙连廊的诗牌所云"火树银花合，星桥铁锁开"，由此更增添了相国寺、州桥一带夜市的热烈气氛。相国寺的一个下院景德寺，"寺前有桃花洞"，是京城热闹地方之一。

1《枫窗小牍》卷上。
2 孟元老《东京梦华录》卷六《十六日》。
3 孟元老《东京梦华录》卷六《十六日》。

旧封丘门外的开宝寺，内有二十四院，唯仁王院最盛，亦是市民游人络绎不绝之处。

道君皇帝的皇家五岳观是在宋初皇家寺观基础上扩建而成，是有宋一代规模最大、最为壮观的皇家专属道观。其殿宇及园林形式与皇家内苑无异，规模则大大超过一般皇家宫苑。《东京梦华录》称其寺观“近东即迎祥池，夹岸垂杨，菰蒲莲荷，凫鴈游泳其间，桥亭台榭，棊布相峙，唯每岁清明日放万姓烧香游观一日”[1]。其南有奉灵园、灵禧园，其东有凝祥碧池，西侧也有小型花园池庭。据此可以认为，孟元老所说的每年对外开放仅一日者，只有凝祥池花园，其他如迎祥池、奉灵园、灵禧园等园林，则始终是作为城市休闲的公共园林存在。

明人李濂《汴京遗迹志》亦记有景初园、奉灵园、灵禧园、同乐园数十座园林，并直称“以上诸园，皆宋时都人游赏之所”[2]，赏春时节皆对公众开放，任士庶纵赏。所谓“洛下池园不闭门，看园何须问主人”[3]。自魏晋以来，文人于山野庄园之间赏春品园，无问主人，不论权属的风尚，在北宋洛阳与汴京等繁华都市之中亦成风尚，逐步演化为一种市民大众之共识，甚至将私家园林对公众开放视为时尚而争相为之。这种风尚不仅在于实实在在宣誓了北宋皇家御苑与民同有、君民同乐的园林理想、德政传统，更在于有效集约化利用公共资源，恰如 18 世纪法国大都市巴黎，其最初的主要公园，如东南郊的文塞纳森林和北部的布洛尼森林，原本都是皇家猎苑，皆以开放市民游赏为时尚，渐成惯例，以至于在民众心目中，成为不折不扣的城市公共游憩资源。而论及首创，则在 21 世纪的中国汴京，就早已蔚然成风。

1《东京梦华录》。

2 明人李濂《汴京遗迹志》记载：“梁园、芳林园、玉津园、下松园、药朵园、养种园、一丈佛园、马季良园、景初园、奉灵园、灵禧园、同乐园，以上诸园，皆宋时都人游赏之所。”

3 唐代王维以嵇康之典，作《春日与裴迪过新昌里访吕逸人不遇》，原文为“到门不敢题凡鸟，看竹何须问主人。城上青山如屋里，东家流水入西邻”。门内题鸟则为凤，乃尊重主人高义。不遇主人，则直入园圃，与竹相交流，亦自有风流。这种赏园不问主人的风习在魏晋之时颇多流传，亦是魏晋风度，园林雅事之一端。此于文人园林，早已有之。只是到了宋代，这种敞开园林之门，共同赏春之逸事，逐步泛化至普通市民阶层，成为市民文化的一部分，这不能不说是宋朝官府朝廷共同推动之结果，其中最关键的因素，则是皇家园林首先垂范，实现孟子“与民同有”的思想。

3 汴京城市公共园林管理及开放性特征[1]

汴京是中国城市史上由古典型城市向近代型城市转变的开端，突出的特征是城市规划格局由坊市制改为街市制，城市管理由封闭式变为开放式。对于城市公共园林发展而言，则是从五代时期规划许可并鼓励市民积极参与城市道路及河流绿化，将沿街开设店面与绿化清洁等权利与义务加以绑定，促进了汴州城绿色框架体系的初步发展[2]；到北宋初期，则由皇家发起并出资修造大规模的、与民共享之城市园林。典型者，如太平兴国年间由宋太祖倡导，数万军民合力开凿之金明池、琼林苑，以及五代后周时期开始营造的皇家玉津园。

真正从管理和制度层面保障城市园林的法定地位，从法规层面保证市民享有城市公共花园，则是在北宋各朝的不断实践中加以完善的。金明开池、琼林御宴等后世引以为典范的公共园林活动，其发展的基本轨迹都是由宋初的皇家及上层少数人的游园活动，逐步演化为市民普遍参与的、君民同乐的城市公共游园。所谓开园一月，士庶共赏，以致时风所及，带动各私家文人园林、寺观园林等大规模城市游园活动之展开，本质上都是从体制、立法层面确认城市公共园林对于城市发展的重要地位。而北宋四大御苑在落位上与城市主干御街结合，御苑及大型道观与城市核心发展区协调发展，则是从城市规划、城市绿地空间发展的角度确保了城市公共园林能为全体市民所用。[3]

北宋王朝是以国家财力实现的，其做法是对孟子以来儒家对于皇家造园“与民共有”思想的深化和操作层面的实现，并真正造就了一座堪称楷模的中世纪世界花园城市。这种实践超越了简单的德政思想，

---

1 中国城市公共园林这一概念最早出现在南北朝时期，一般所指为向城市市民开放的郡圃。北宋一朝，城市公共园林逐渐发展。在首都汴京，以及许多郡城州府，形成了遍布全城、方便可达的城市公共花园，尤以汴京城市公共花园为最，其公共园林发展程度大大超越了当时作为最大花园城市的西京洛阳。汴京的城市公园园林发展特征主要表现为：对全体市民开放，并形成惯例制度；其游园群体包涵文人、官僚和普通市民以及商人等多个阶层，其他如皇亲国戚、番邦外使、驻军杂役以及从事各行业的民众百姓皆在其列。

2 周世宗规划诏书对城市发展而言，将传统城市从政治导向，礼仪空间到商业城市市民空间的导向转变机制上，即从传统的，以便于统治管理为目的城市，到以城市活力、效率为核心的商业经济导向城市。这是北宋园林实现公共性的重要基础。

3 五代建成的玉津园和北宋初期的三大御园皆位于四大御街端点两侧，居汴京外城城墙之外，正如杨侃《赋》所描写的，西有金明、琼林，南有玉津，北有瑞圣。可以说，从五代外城兴筑之初，就已经设定了将皇家御苑融入城市的框架，而与民共享之原则，则是由宋初各朝逐步设定。

强化了北宋以来的“后乐”原则。如果说范文正公《岳阳楼记》所述观点只是在意识层面提出“先天下之忧，后天下之乐”的建议，那么北宋太祖、太宗、真宗、仁宗各朝，一直到南渡后，宋高宗在西湖园林的实践，则是这一思想的持续深化。而其核心内容是：国家资金、天子府库、公帑为主，私人资金（私家园林开放）为辅的模式探索，其中包括这些园林、风景区的开创、管理、维护等方面。园林营造与维护所需资金出自国家赋税或天子府库（公帑），人力则是从市场雇用，计量给值，不牵累于民。吴自牧的《梦粱录》对南宋西湖这座巨大的城市公共园林之管理有过明确记载：“州府自收灯后，例于点检酒所开支关会二十万贯，委官属差吏倅雇唤工作，修饰西湖南北二山，堤上亭馆园圃桥道，油饰装画一新，栽种百花，映掩湖光景色，以便都人游玩。”朝廷每年都拨专款更新修缮景区设施，用提点检酒等赋税，在市场募工给值，并委托官署差役管理城市园林修缮。将市民游乐与公园设施维护费用纳入政府预算，确保了城市公共园林发展所需要的大量人力、物力投入，从体制层面解决了城市公共园林长期发展的问题。

北宋城市之开明先进首先体现在城市管理，拆迁与民生，城市政治形象，礼仪空间与商业，文化空间的兼顾与灵活性的政策掌握，避免了以往历朝都城营造与管理中，一味追求城市空间严整威仪，放弃城市活力、商业效率之弊端。

汴京公共园林不仅在绿地发展规模、城市环境质量及园林艺术等方面成就令人瞩目，其公共性特征及社会成就也达到了中国城市发展史上前所未有的高度。其城市园林的很多管理措施和规划思想更为后世所继承，在南宋、金代的汴京（南京）及元大都等城市园林绿地的发展中，都得到不同程度之继承，使汴京公共园林成为中国古代城市发展史上影响最为深远，甚至超越时代的一次实践。其历史价值，在当代中国建设宜居城市、山水城市的实践中的借鉴意义同样钩深致远。

4 结语

北宋汴京在人口密度超大、城市范围相对狭小、设施较为落后的基础上，通过五代杰出的城市规划与北宋初期灵活周到的城市管理措施，促进了城市大型公共园林、河道公园、街道公园和商业园林、寺观公园等各类城市休闲绿地空间的发展，实现了中世纪世界城市发展史上少有的，高密度条件下的花园城市打造。游憩是北宋政府通过圣旨、黄榜等立法形式，从制度上保证皇家园林与民共有，保证城市市民各阶层“士庶同游”之权利，通过将城市园林维护管理之人力物力纳入城市财政预算等机制性改革，保证了城市公共园林的长期健康发展。

参考文献

[1] 张全明 . 北宋开封的商业管理 [J]. 河南大学学报（哲学社会科学版），1990（04）.

[2] 张驭寰 . 北宋东京城复原研究 [J]. 建筑学报，2000（9）.

[3] 久保田和男，郭万平 . 宋都开封城内的东部与西部 [J]. 中国历史地理论丛，2006（04）.

[4] 王昊 . 汴京与燕京：南宋使金文人笔下的双城记 [J]. 中国高校社会科学，2016（02）.

[5] 王铎 . 略论北宋东京（今开封）园林及其园史地位 [J]. 华中建筑，1992（12）.

[6] 王铎 . 略论北宋东京（今开封）园林及其园史地位（续） [J]. 华中建筑，1993（4）.

[7] 王劲韬 . 中国古代园林的公共性特征及其对城市生活的影响——以宋代园林为例 [J]. 中国园林，2011（5）.

03　皂河与汉长安城关系研究

王韬[1]

1　汉长安城规划建设

汉长安城是公元前 3 世纪至公元 1 世纪的世界范围内的大型城市之一，无论是在人口数量还是城市占地规模方面，都是独一无二的。中国古代宫殿建筑为土木结构，先在地面上夯筑高台，在高台之上构筑木构架建筑。因此，即便是宫殿被战争焚毁，夯土台却依然存在，后世亦可在其基础之上重新构筑宫殿。汉长安城选址就是在秦朝宫殿的基础上。汉高祖五年，刘邦翻修秦朝兴乐宫并改名为长乐宫，将都城从栎阳迁于此。汉高祖七年（公元前 200），在长乐宫以西秦章台的基础上修建未央宫。汉长安城的规划建设并非一次成形，主要包括以下四个最主要的阶段：

（1）汉高祖五年，刘邦在秦代兴乐宫的基础上修建长乐宫。又令丞相萧何负责营建未央宫、武库、太仓、北宫等主要建筑。汉高祖六年建长安大市（大汉东市）。

（2）汉惠帝元年（公元前 194），汉惠帝着手筑长安城墙，至惠帝五年城墙完工。惠帝六年在大市西侧建西市，大市改名为东市，形成长安东、西二市。城墙是汉长安城规划的最关键内容之一，惠帝时期汉长安城形成了主体框架。

（3）汉武帝时期，在长安城内修建了明光宫、桂宫，扩建了北宫，营建了位于长安城西墙外的建章宫，并在秦代基础上扩建完善了上林苑，开凿昆明池。

1　西安建筑科技大学建筑学院在读博士研究生，西安，710000。

(4)西汉末年，王莽在长安城南郊主持修建了一系列礼制建筑群。

汉长安城的规划是基于天圆地方、象天法地、基本正方形概念的灵活应用。黄晓芬认为，汉长安城象天法地的规划手法，继承了秦咸阳的规划设计，以渭水象征天汉（银河），以长安城南、北墙象征南斗、北斗。笔者认同这种说法，长安北墙的曲折是迁就于渭河河道限制，南面城墙的曲折是未央宫和长乐宫的位置影响使然。

2 汉长安城周边水系变化

西安地区河流的名称古今大体相同，但水系组成与河道的平面形态均发生了很大的变化（图 1）。据《水经注疏》引《雍州图》“渭桥在长安城北二里横门外”，而汉长安城的横门在今六村堡相家巷。如按以上位置量算，今日的渭河与昔日相比已向北偏移了 5km 以上。泬水，是古代周绕长安的浐、灞、渭、滈、沣、涝、泾、泬八水之一。绵延曲折，其发源于秦岭北坡的大峪，北入渭河。泬水是汉长安城的主要供水源之一，依汉长安城西侧城墙北流入渭河，《水经注》载，汉长安辟有泬水支渠入城，又引洨注泬，以补充水量。泬水曾单独入渭，为渭河的一级支流，如今潏河流入沣河，成为渭河的二级支流。潏河和洨河是同属西

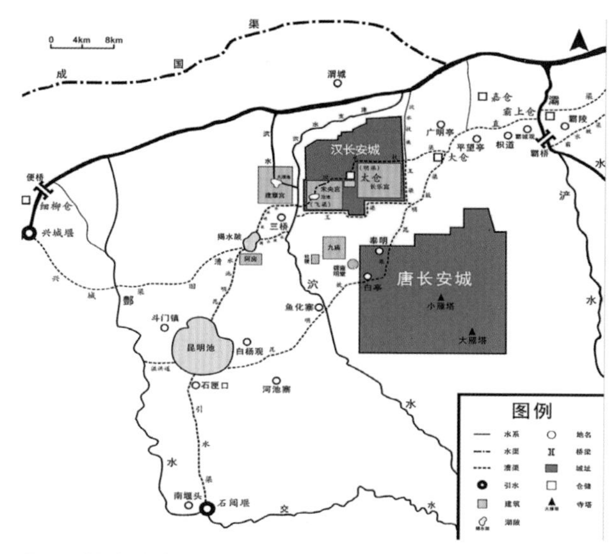

图 1　漕渠长安段诸渠（祝昊天绘）

安南侧的两条河流，潏河在韦曲以南少陵与神禾原之间。

皂河全程自南向北途径长安区、雁塔区、高新区、沣东新城、未央区和经开区等 6 个区县开发区，其中长安区段长 8.89km，雁塔区段长 4.76km，高新区段长 7.66km，沣东新城段长 8.68km，未央区段长 3.02km，经开区段长 2.84km。皂河的长度不亚于沣河，史书却没有对皂河生成的详细记载。历史上对于这条汉长安城西侧的河流叫法不一，曾有泬河、潏河、漕河、飞渠等名称，明代后还称作“通济渠”，清代以后叫“皂河”（图 2）。多数学者认为，皂河的“皂”是陕西方言“漕”的发音，或因历史上发挥过漕运作用而得名。皂河实际是历史上的泬水，泬水与潏河属同一源头，向北流的叫泬水，向西流的叫潏河。后潏河经人工开凿引流与滈河交会形成洨河汇入沣河。2001—2004 年，西安市政府对皂河进行了综合治理，形成了现在的皂河。

关于潏河经神禾原与滈河相交后，由交河汇入沣河的说法不一。多数学者依据《新唐书·杜绾传》推断，唐时杜正伦绕神禾原北侧开

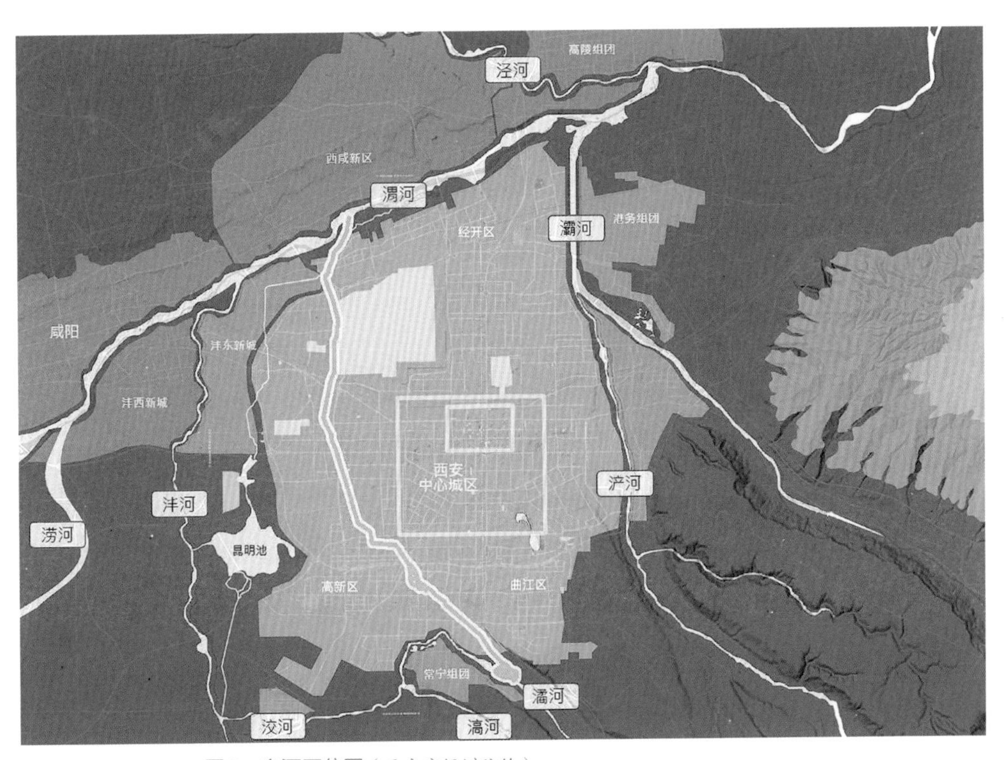

图 2　皂河区位图（西安市规划院绘）

挖了一条人工河道，使潏河改道与滈河交汇后纳入沣河水系。学者辛玉璞则认为，人工开凿引泬水经神禾原入沣河是在秦代，以减少泬水下游水量。辛玉璞还提出，现在版本的《水经注》渭水各卷只记载直接入渭之水，不论大小，都明文记载其来龙去脉。其中源流多者，必然会记录其主要源头和主流，不记或少记支源、支流。笔者认为以上两种观点都有待考证，查遍古籍并未找到关于泬水改道的时间记载，北魏郦道元《水经注》中依然记录了泬水与潏水，可见北魏时泬水与潏水同时存在。但从汉长安城选址来分析，泬水应该水量不大，否则不会在紧邻河道的地方修筑城池。

3　泬水河道与汉长安城

汉长安城的规模相当于现在西安城墙内面积的两倍，建城除了烧制砖瓦、水道构建外，还需要用到大量的木材、石材。姑且不谈修建，光是木材和石料的开采、运输就需要耗费大量的人力、物力。从汉代长安城与八水关系来分析，泬水至未央是最便捷的渠道。笔者分析，泬水可能是汉长安城最早的漕运河道之一，从长安城建设初期就承担了部分材料运输功能。

汉武帝时期，长安城扩建未央宫、北宫，新建桂宫、明光宫和城外的建章宫，原有的水系统已无法满足城市发展的需要。潘明娟研究认为，汉武帝时期干湿状况为“干旱”，此时西汉国力强盛、经济繁荣，有条件兴修水利工程。随着中央集权的不断强化，开支剧增，对粮草的供应愈发倚重，汉武帝时为改善运输，始开凿关中漕渠，逐渐构建成一套完整的关中漕渠运输系统，有力地支撑着关中的繁荣发展。在八水之中，距离汉城最近的是渭河，自西向东流入黄河，是黄河的最大支流。但从渭河至汉长安城，地势一路走高。除渭河外，泬水距离汉长安城最近，且大体是南北直线，稍有落差。汉初，最先引入长安城的是距离最近的泬水，后来汉武帝开凿昆明池，补给泬水以供长安城用水、园林用水和漕运用水。

汉长安城位于渭河的一级阶地，昆明池位于渭河的二级阶地，地势

高于长安城，便于供水。南部的潏河、滈河接纳了大量的南山峪水，流量充裕。洨河的开凿极有可能在汉武帝时期，作为昆明池给水的重要水源，洨水本身汇集了樊水、杜水，所以水量较充沛，但水流湍急。汇聚潏滈两条河流向西汇入沣河，在堰坝的作用下调节昆明池的给水流量。《水经注》中有明确记载："洨水又西南流与沣水枝津合，其北又有汉故渠出焉……经细柳诸原北流入昆明池"。昆明池虽记录有汉武帝操练水军之用，但作为汉长安城的总蓄水库，发挥着更重要的作用。

2004—2007年，在西安市西三环辅道先后挖掘两座古桥，从出土的大量汉代货币、汉砖和上林图案的瓦当，结合其建筑形式推断其所属年代是西汉时期。相距仅90m，同一地点出现多座桥，也说明此处适合建桥，水在此拐弯，水流变缓，河床更深厚，河水却不是太深。此处又是连接汉代长安城、建章宫、城南礼制区以及上林苑的交通节点，为泬水在汉长安城西南角附近的一段转弯，呈东西走向，因阻挡了向南通往上林苑的交通，所以在此修筑桥梁。此处及其周边区域在秦汉时期皆是皇家宫殿和上林苑范围，所建之桥的主要功用是皇室各宫殿通往上林苑的皇家桥梁。目前揭露的一号古桥遗址，古桥木桩东西宽48m，也就是说该桥的宽应在48m以上，推测古桥长度在百米以上。如此之宽的桥梁，依据桥下发现大量瓦片、瓦当看，极有可能桥上还有其他建筑。按古代礼仪，中间为皇帝通行的主桥；其他人员靠右桥通行，所以在主桥南北两侧建造两座规模较小的桥，这三座桥便是"三桥"的由来。

汉长安城选址于两河交汇处，泬水是关中八水中距汉长安城最近的河流，其河道是水源入汉长安城、建章宫、城南漕渠的必经之道。泬水的流线基本是沿汉长安城西城墙由南向北汇入渭水，在章城门分支流引入城中，由西南向东北流至清明门附近出城。引入章城门的水渠称作飞渠，利用地势高差控制水源高程，跨过城墙。水渠流过未央宫、桂宫之间，又流经石渠、天禄两阁旁、武库、长乐宫北，由清明门出城。出城后分别沿东垣北流注渭，河东流汇入昆明故渠。北注于渭水，又有排水渠的防洪效用。城墙西侧的泬水沿汉城西垣北上，至城西北角向东北方向流淌，沿着北边城墙，后分成两支，一支流入逍遥园汇为藕池，一支向东北注入渭河。汉长安城地上水系统的不断完善，增强了城市的军事防御能力；有效地蓄水、排水，减小水旱灾害对城市的影响；供给城内外园林景观用水。

城市大量人口聚集打破了原本的自然平衡，且相对于农村而言，城市生活污水排放大量增加，而排水系统存在缺陷，导致汉长安城水污染严重。潘明娟在其论文《汉长安城给排水系统及其启示》中论述了汉长安城排水系统存在的缺陷。据《隋书》卷七十八记载，长安城的水质污染在隋初已非常明显，“汉营此城，经今将八百岁，水皆咸卤，不甚宜人”，水环境遭到破坏，逐渐不再适合人类生活。

4 皂河新生

今天的皂河可谓是“无源之流”，大量河段以暗涵的形式埋于城市地下。皂河是西安市城区五大排洪体系（滑河、沪河、皂河、漕运河、幸福河）之一，主要接纳西安城区南郊、西郊、北郊的城市雨水，以及沿线一污、二污、六污、七污、九污、鱼化、草滩 7 座污水处理厂尾水及超溢退水，集水面积 283km^2。目前皂河排水标准为暴雨重现期 3 年一遇，根据《西安市城市排水（雨水）防涝综合规划》，其排洪标准将提升至 5 年一遇，但现状断面达不到相应排洪能力，排洪标准偏低。

2019 年 10 月，西安市市委确定十项重点工作，包括：推进绿色发展建设“生态西安”；系统推进全域治水碧水兴城，强力推进城市增绿。2020 年 3 月 1 日，西安市印发《全域治水碧水兴城西安市河湖水系保护治理三年行动方案》，形成“堤固、岸绿、水清、洪畅、景美、管理长效”的水系治理新格局。在此背景下，西安市政府于 2020 年 5 月启动对皂河的综合整治规划。为科学论证及高标准设计皂河绿色廊道，项目建构多专业团队合作的组织构架，包括整体策划、可行性研究、文化策划、绿道规划、艺术设计，具体涵盖规划、策划、水利、景观环艺等专业团队。本次规划范围以皂河为中心，向两侧外扩 40m（同蓝线），局部结合公园绿地、交通情况酌情放大，最终确定

规划范围面积约 10.9km²。研究范围参考上位规划，结合重要公共设施、主要道路等，向河道两侧外扩 1 ～ 2 个街坊，最终确定研究范围面积约 35.7km²。

皂河沿线高程为 370 ～ 432m，南北高差超过 60m；基地高程整体呈现北低南高的趋势；基地河道整体呈现北深南浅、北宽南窄的趋势。其中：北部河道与河堤路平均高差 8 ～ 9m，南部河道与河堤路平均高差 5 ～ 6m。

综合皂河的历史文化与现状，以及周边人口（图 3）、土地价值（图 4）等信息进行研究分析，西安市规划院提出了皂河综合整治的规划理念：打造一条有脸面、高辨识度的河流，彰显长安文化，避免千河一面。规划结合泬水的历史脉络发展，打造具有人文故事的 36 景。总体规划依据西安市现在的城市结构，将全段划分为以下 5 个段落：

（1）皂河入渭生态区。入渭口至六村堡收费站，6.5km，规划宽度可达 100 ～ 150m，结合入渭口及六村堡立交空间，打造出入西安的最美生态窗口（图 5、图 6）。

（2）历史文脉挖掘区。六村堡收费站至科技西路，11.7km，结合汉城遗址综合改造，规划宽度 70m 左右，挖掘汉城文化，续写皂河文脉。

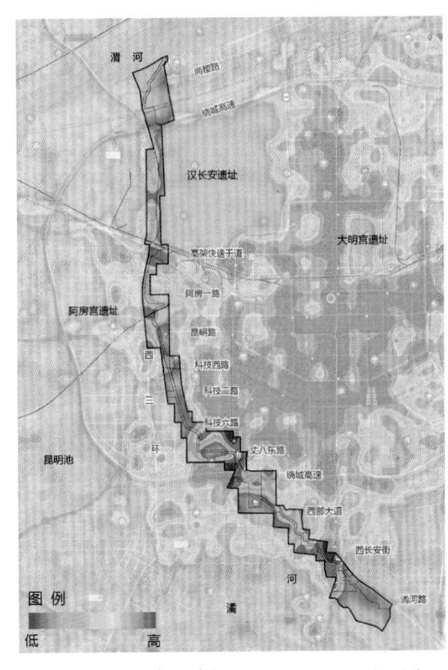

图 3　人口热力分析（西安市规划院提供）

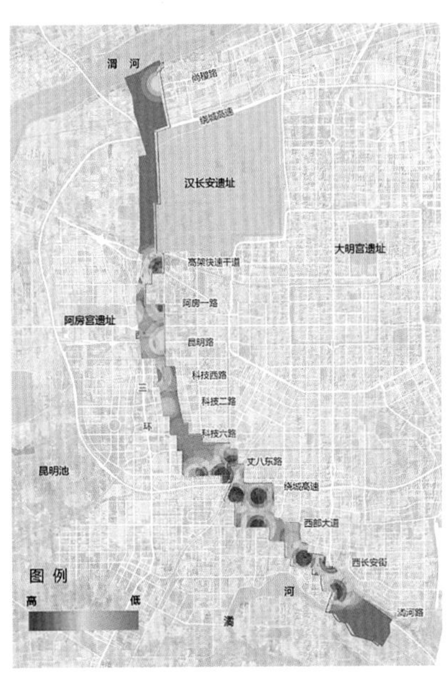

图 4　土地价值分析（西安市规划院提供）

图5　皂河由北向南鸟瞰图（西安建筑科技大学王劲韬绘）

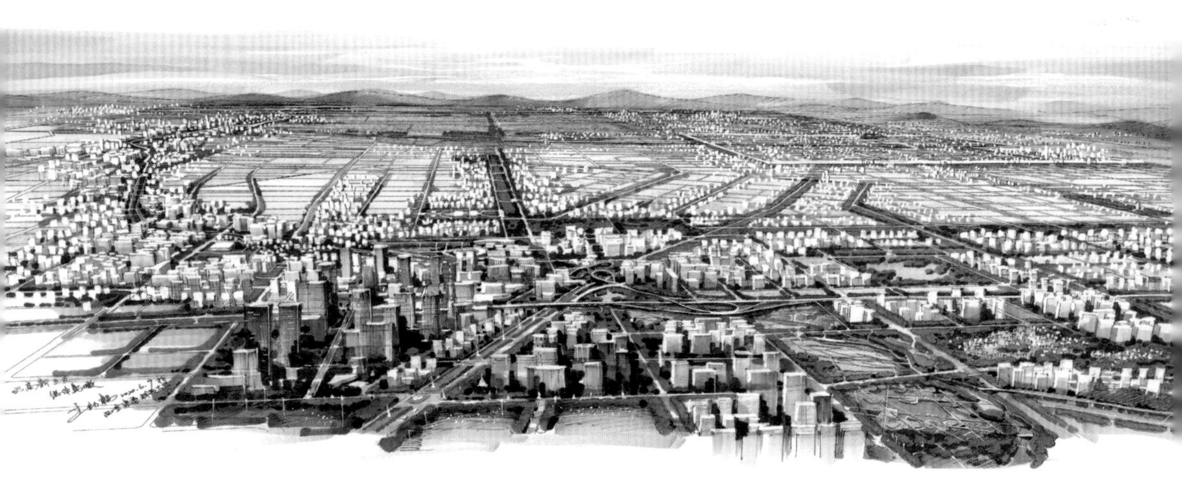

图6　皂河由南向北鸟瞰图（西安建筑科技大学王劲韬绘）

（3）高新都市魅力区。科技西路至丈八东路，7.4km，全线管涵地埋，受制于城市却能最好地融入城市，规划宽度 70m 左右，打造现代化的综合利用城市岸线。

（4）城市绿肺串联区。丈八东路至西部大道，3km，充分结合现有城市公园，还绿于民、还绿于城。

（5）山水文化融合区。西部大道至潏河，3km，望山见水，城、水、绿融合，彰显最具魅力的山水皂河，规划宽度除局部外可达 100m 以上。

规划利用流域中的交叉立交，向城市提供了最为充裕的生态湿地水处理空间，大型基础设施的超大结构体在提供风雨庇护的同时，提供了上下层区域瞭望与互动的特殊视角。跨街区的多功能适宜性空间的连续排布，满足了多个轴线上的最高可达性，是最受欢迎、使用频率最高的公园形态。特色植物大道串联模糊空间及城市舞台或集散场所，甚至是点状水景观，是街道服务性最高的空间载体。

据《水经注》记载，供应汉长安城的泬水水源，除了本身出自樊川外，其他 3 处依次是昆明故渠、揭水陂水和昆明池水。由此可知昆明池是泬水的主要水源地，昆明池废弃后泬水几乎没有水量供给，上游与潏河也已经断流，这便是今日皂河“无源之流”的原因。水资源是人类聚居、城市发展的必要条件，城市因水而兴，水亏则衰。城市的发展与水资源、水环境密切相关。水资源短缺和水源污染都会给城市造成严重的后果，甚至造成城市的衰败、废弃。在城市的发展过程中，水资源、水环境是否有保障，至关重要。通过研究皂河与汉长安城的关系，梳理泬水的历史变迁以及河流所承载的历史价值，旨在为汉长安城遗址保护、皂河治理以及周边城市设计提供策略。

参考文献

[1] 刘庆柱，李毓芳．汉长安城［M］. 北京：文物出版社，2003.

[2] 王自力．汉长安城泬水古桥遗址发掘报告［J］. 考古学报，2012（07）.

[3] 祝昊天．西汉关中漕渠运输系统的构建［J］. 中国古都研究，2016（12）.

[4] 李令福．汉昆明池的兴修及其对长安城郊环境的影响［J］. 陕西师范大学学报（哲学社会科学版），2008.

[5] 潘明娟．汉长安城给排水系统及其启示［J］. 唐都学刊，2016.

[6] 吴庆州．中国古代城市防洪研究［M］. 北京：中国建筑工业出版社，1995.

[7] 吕卓民．西安城南交潏二水的历史变迁［J］. 中国历史地理论丛，1990.

04 运河与长江岸线影响下的扬州城格局变迁

成佳贤[1] 宋桂杰[2]

1 引言

长江和运河作为我国自然和经济地理的一横一纵，对经济社会发展产生了深远影响，并较早形成了城市体系，二者交汇于扬州，共同塑造了扬州的城市格局。

公元前486年，吴王夫差开邗沟，筑邗城，开启了扬州城建城史。扬州城内水系丰富，符合城市选址条件，而且也为大运河的开凿提供了绝好的条件。随着时间的推移、城市经济的发展、自然地理的变化，从城壕环绕的"方"字形军事小城到多城，再到水系发达的经济大城，城市规模不断壮大，到唐代时期最为繁盛。唐以后因战争原因，城市规模才有所减小。然而，扬州城址一直未有大的变化，后人都是在旧城遗址上新建城市，这也就形成了扬州独特的"叠城"形态。

扬州城以邗沟为发端，又凭借大运河，使得城市规模扩大、经济繁荣，获得了"扬一益二"[3]的美誉，所以，扬州城的发展，城市的格局与运河、长江有着极大的关系。本文将以运河与长江岸线的历史变迁为线索，探讨两者对扬州城市格局的影响。

1 扬州大学建筑科学与工程学院，225100，961377564@qq.com。
2 扬州大学建筑科学与工程学院，副教授，225100，364010709@qq.com。
3 唐时谓天下之盛，扬州第一，益州第二。益州为成都。

2　不同时期下的扬州城市格局

2.1　先秦时期建“口”字形邗城

长江奔流不息到扬州，南北江岸愈见开阔呈喇叭状，从喇叭湾起点仪征，沿着北岸线瓜埠、胥浦、湾头、宜陵一路向东汇入海湾。秦时，长江扬州段北岸在蜀岗之下。蜀岗东有小茅山，西有观音山，此处水系发达，是绝佳的建城选址。同时宽阔的江面成为天然的屏障，使得南北交通困难，所以扬州在古代一直都是兵家控制中原的军事要地。春秋末期，吴王夫差于长江北岸的蜀岗之上筑邗城，并凿邗沟，沟通南北。邗沟的开凿为吴国控制中原提供了重要保障，其可通过邗沟运送粮草、士兵等，邗城则用来储备军需。[1]

在对邗沟的发掘中，1987年，在蜀冈城址进行考古勘探与挖掘时，于城冈东部挖掘出春秋时代的印有几何图案的陶片，通过对其研究得以确认古邗城（图1）的范围。古邗城的城址范围在学界一直存在争论，纪仲庆先生认为邗城与汉代广陵城址一致，朱江先生认为广陵城西半区是古邗城，而王勤金先生与之相反，认为东半区是古邗城。本文认为广陵城西半区为古邗城城址范围。根据考古发现，春秋时期邗城又分内外两城，内城为边长1100m、1400m的高台，主要是宫殿建筑。外城为1400m、1600m，其作用是对内城起到保护。城市建成区面积1.5km^2。

长江在春秋时期河面宽阔，北岸就是蜀冈，古邗沟自邗城西南处连接长江，一路向东北，到达古邗城南面，向东到城东南角再向东一段后北上，入淮河。在扬州城考古发掘中发现，扬州城北，东到黄金坝、西至螺蛳湾桥的这段水道仍有保存。

此时邗城呈“口”字形，依古邗沟而建，城四周有城壕，东西各设一道门，北面设一道水门，南面是蜀冈断崖未设城门。根据历史推测，古代邗城的建设分内外两城，内城为高台式，主要是宫殿建筑，外城则作为内城的屏障，起到保护作用。邗城的建造具有很高的水平，

1 历史学家童书业在《春秋末吴越国都辨疑》中认为邗城是吴国的都城。

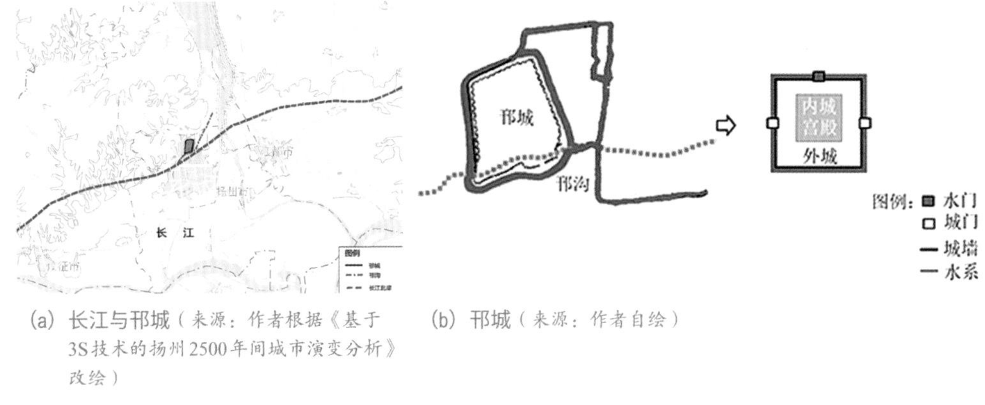

(a) 长江与邗城（来源：作者根据《基于3S技术的扬州2500年间城市演变分析》改绘）　(b) 邗城（来源：作者自绘）

图1　春秋时期长江、邗沟和扬州城的关系

据《吴越春秋》记载，大城陵门八以象天，北门八以法地，象天法地[1]的道家思想运用其中。

2.2　两汉至六朝时期“口”字形邗城东扩

长江水在入海口处受到海湾强大潮水的挤压，开始逆向回流，由于长江入海口的东移、北岸的南移、河道向近河口的转变以及大江和曲江的形成，在施桥羊尾处又受到江心沙屿的阻挡，因而形成了“陵山触岸，从直赴曲”[2]的广陵潮，导致古邗沟水道在东晋时期发生一次重大改变。东晋时期，江都城以南的沙洲逐渐淤积，长江北岸南移，邗沟在长江的出水口也逐渐堵塞，对邗沟水源造成了很大影响，其中最直接的影响就是使得江都断水，江都城下河水逐渐干涸。所以，为了解决这一问题，邗沟水道开始做出改变（图2）。邗沟不再直接通长江，而是向西流去，直至今仪征境内的欧阳埭连通长江，这也正是后来的仪扬运河：西从仪征欧阳埭引长江水，向东经三汊河、扬子桥，向北直至广陵城，从引水口到广陵城约60里（1里＝0.5km）。这在《水经注》中有所记载：“江都水断，其水上承欧阳埭，引江入埭，六十

1 象天法地是中国古人在观测天象、勘测地理的前提下，根据天象和自然的运行和发展规律来设计和规划城市、园林、器物的设计理念。
2《太平御览》卷六十八《地部三十三》。

里至广陵城。”邗沟历经多次修凿之后，到东晋时期开始稳定下来，形成了特定的线路。其线路在《汉书·文艺志》和《水经注》中都有记载：从欧阳埭将江水引入，到观音山旁的邗城西南角，绕道至铁佛寺南边的邗城东南角，再经螺蛳湾到黄金坝，最后一路北上。

地理上的改变推动了后期邗城（图 2）的发展。两汉时期，长江北岸位置也由春秋时期的“邗城的西南角滨临长江”变为后面的“蜀冈以南五华里”[1]。春秋末期，楚国建造广陵城（图 3），而后汉朝迁都于此，并向东扩建，气势宏大。汉内城建在邗城遗址之上，内城以东即外城，也称东郭城。广陵城介于南北之间，吴军北上必由邗沟，魏国南下必经广陵，因此，广陵城是江淮地区的军事重镇。广陵城分大小城，城南以蜀冈断崖为界，西墙自观音山下向北至西河湾西北处，转而向东至江家山坎形成北墙，东墙自江家山坎向南 700m 再向东 200m 后继续向南至铁佛寺以东结束，广陵城城周“十四里半”，城门设置在古邗城基础上，在南面又开一道水门，城东、西、北三面环以城壕，南面有邗沟，面积约 $3km^2$。

2.3 隋唐时期“吕”字形城 - 港双核结构

隋朝时期，隋炀帝在广陵城之基础上，于蜀冈东峰营建江都城，分宫城和东城，为不规则多边形。宫城与东城相连，城内有东西、南北各一条大道。宫城为皇帝、皇后、嫔妃的住所，平面呈长方形，南

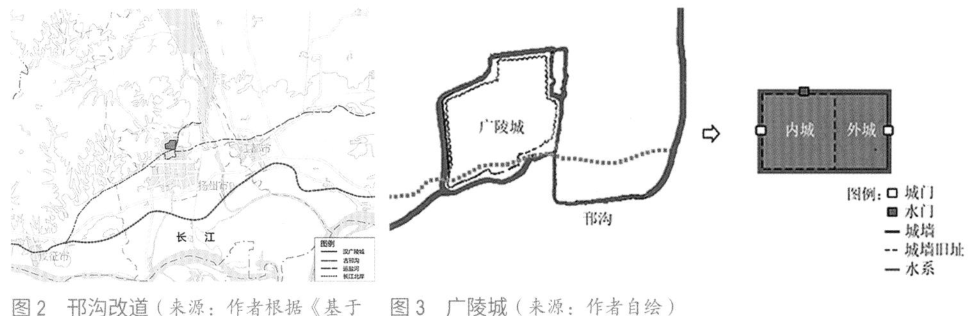

图 2 邗沟改道（来源：作者根据《基于 3S 技术的扬州 2500 年间城市演变分析》改绘）

图 3 广陵城（来源：作者自绘）

1 华里：古代长度单位，1 华里 =0.5km。

北 1.4km，东西 1.3km。东城为亲王与百官的住所，平面呈不规则曲尺形。广陵城内有长 1860m、宽 11m 的东西长街和长 1400m、宽 10m 的南北大街，城周长约 7km，面积约 $5km^2$。

隋朝时期陆续开凿了广通渠、通济渠、山阳渎、永济渠，疏浚了江南河，沟通了东西南北，实现了中国历史上第一次真正的融会贯通，凭借着优越的地理位置，扬州成了海上丝绸之路的重要起点和著名港口，南可通杭州，北可至洛阳、北京。四通八达的水路使得扬州在唐代必然成为通商大港，经济飞速发展，城市扩张。

同时在这个时期，长江北岸不断南移，淤积使得瓜洲出现，让扬州有了自己的港口，形成了独特的“城 - 港”双核结构（图 4），带动扬州的发展。长江北岸南移，砂石淤积，瓜洲渐涨，横亘在扬子津入江口，过往船只能绕行瓜洲进入运河。此时，第二个连接邗沟和长江的口岸出现——伊娄河。这不仅节约了船只通行时间，也为邗沟持续的水源提供了保障。据《旧唐书》记载：开元二十五年（738）冬，伊娄河在时任润州刺史齐澣的主持下开凿，伊娄河贯穿了瓜洲，让过往船只通行距离由原来的 30km 缩短到 10km，既减少了船只在长江通行的损耗，又为政府减少了大量的管理经费。齐澣还在入口处设立了伊娄埭，建设斗门，征收赋税，促进了扬州经济的发展。因此，大运河的入江口也随之南迁到瓜洲，自此，伊娄河将长江、运河、淮河连通。唐朝末期的瓜洲建起城堡，到宋代则发展成巨型城镇。

长江北岸的南移产生大片陆地，于是在扬州城南新建了罗城，旧城则称为子城（图 5）。功能分区上，官衙府署区聚集在子城，蜀冈之上，居高临下。工商业区和居民居住区则聚集在罗城，蜀冈之下。在里坊制度的影响下，罗城棋盘状布局，规格严整，分区明确。子城和罗城，两城相连，运河穿城而过。据《雍正扬州府志·城池》记载：“唐为扬州，城又加大，有大城又有子城，南北十五里一百一十步，东西七里三十步，盖联蜀冈上下以为城矣。”先有市后有城，因为市场的形成而发展成城市，这是唐代扬州城的形成方式。罗城以子城东城壕向南延伸的河道作为其中轴线，罗城的建设与运河等水系有着密切关联：罗城的建设虽受到“里坊制”的影响，四方规整，但是内部的结构都沿着水系

展开，仓场、馆驿、市肆、民居、作坊都沿水系建设。罗城位于子城东南方，其北城墙的西半段即是子城的南城墙，因蜀冈地势原因，东半段的西边一半是西北—东南走向，而东边一半基本呈东西走向。此时的扬州城经济活跃，人口众多，扬州城也形成了五大功能分区：“钞关—东关街”的运河集聚区，“埂子街—多子街—新胜街—教场街—彩衣街”的商业区，旧城的文化教育区，新城的手工业生产、经销区，以及瘦西湖风景游览区。

发达的水系使得漕运在隋唐时期得到迅速发展，江淮地区成为经济重地。长江与邗沟的存在使江都成为南北水路交通的交汇点、要冲之地。江都自此成为全国各地物资的转运集散港口，随之城市开始发展，蜀冈之下，河道两侧的市街和码头相继出现。路、桥的布局也初步形成。除去沿用漕渠和漕沟，唐代的邗沟多称官渎。漕运需求日益增大，隋唐时期的扬州主要做了两个方面的努力：一是自扬州城南西七里港开凿河渠向东经禅智寺桥连通旧官河，维护和修缮连接长江与淮河的邗沟。二是解决扬州城南河道的淤积，开凿伊娄河使河道顺利通入长江。

2.4 宋元时期“吕”字形三城格局

由于筑城政策，历经战争的扬州一直沿用五代时期的旧城，直到

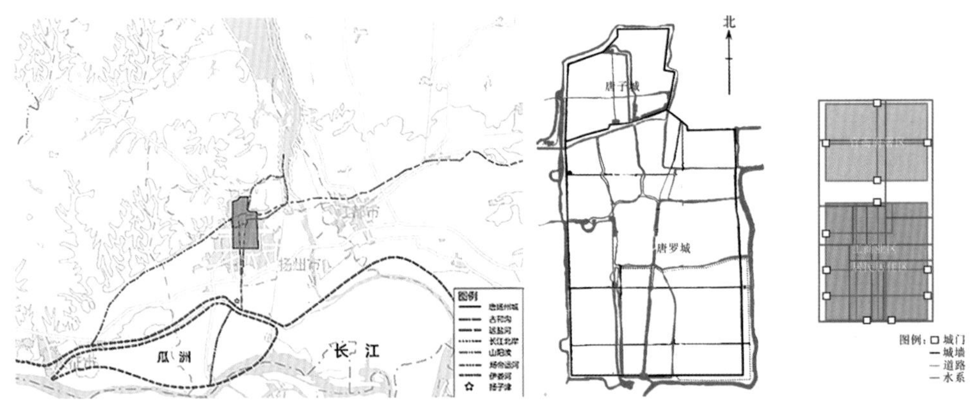

图4 “城-港”双核结构（来源：作者根据《基于3S技术的扬州2500年间城市演变分析》改绘）

图5 子城（来源：作者自绘）

两宋之际都未得到修复。到南宋时期，由于需要抵抗金兵，扬州又是险要之地，不得不修筑城池。南宋时期的扬州城（图 6）有三座城：宋大城、堡城、夹城。

宋大城（图 7）是在唐代罗城的基础上建的，是三城中最南面的城池。宋大城南面、东面临近运河，北临柴河，西接市河，四面环水。宋大城周长约 1.2 万 m。堡城是在唐子城的基础上修建的，是三城中最靠北的，南、北墙长度分别为 1300m 与 1100m，较唐子城稍短一些，也就是截取了唐子城南北墙的部分，沿用了西墙，新建了东墙，所以在规模上有所减小。其周长约 5.6km。夹城位于大城和堡城之间。这种三城的城市格局有利于抵抗战争，三城互相照应，蒙元骑兵迟迟没有攻下。扬州城总面积约 145.79hm^2，城市围墙周长约 4951.51m。

在宋代，“里坊制”被废除，市井变得开放。在宋大城内，商业都沿着交通要道分布：商业区在市河以东，街坊场巷都集中于城内两条东西大道边。行政机构多位于市河以西。城中水系发达，有浊河、官河（市河）、邗沟等，这些河道也是商业活动的聚居地。

到宋元以后，淮河淤积，河床抬高，导致河水逆流，加之长江水道变迁、长江北岸南移等原因，北部入江河流也随之增加。宋初时，邗沟称淮南漕渠。宋代加快对河流的整治，把解决淮河带来的风险作为重点，邗沟的修筑工程和运输管理进入了鼎盛时期。

宋代时期，在今扬州宝塔湾向北绕到黄金坝之间开凿古运河。唐

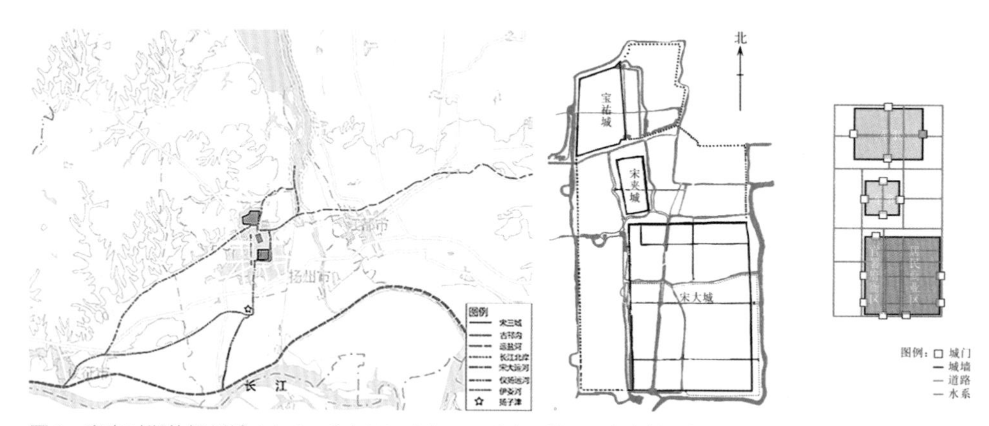

图 6　南宋时期的扬州城（来源：作者根据《基于 3S 技术的扬州 2500 年间城市演变分析》改绘）

图 7　宋大城（来源：作者自绘）

时已有部分河流存在，宋代天禧二年（1018）古运河的开发由江淮发运使贾宗主持。据《宋史•河渠六•东南诸水上》记载：“二年，江淮发运使贾宋言：诸路岁漕自真、阳入淮、汴，历堰者五，粮载烦于剥卸，民力罢于牵挽，官私船舟，由此速坏，今议开扬州古河，绕城南接运渠。”古运河由城南门外转向向东再转朝北开凿，至黄金坝与运河主线连通，避开城市，绕城而过，保护了城市的完整性。古运河代替邗沟作为运河主要航线使用，邗沟因此而淤塞。今天，扬州运河的起点在邵伯，运河从湾头绕至五台山北麓，沿着扬州东城壁向南，绕城向西流经扬子桥与仪征运河相汇。古运河在五台山与古邗沟相接，在扬州城南门与城内漕运河相接。河流相接，水系发达。

2.5　明清时期建新城回归“口”字形

明清时期，黄河对扬州的影响逐步增加超过淮河。明末开始，扬州地区河水泛滥，水害频繁。由于扬州地势南低北高，古运河不具蓄水功能，能蓄水的三湾又处于下游，南下的河水下泄迅速，致使运河北部河水不足，漕运船只常常搁浅。明万历二十五年（1597），扬州江都运河在二里桥处水流直泄，无法蓄水，严重影响了盐船和漕运船只的安全行驶，为此巡盐御史杨光训令扬州知府郭光复对运河进行整治。郭光复带领百姓从南门二里桥河口向西开凿新河，忽折向南，忽折向东，到姚家沟与原始河道相接，原本平直的河道被改为曲折形的（图 8）。新河道称为新河或者宝带河，也就是现在的“运河三湾”。此法减缓了迅疾的河水流速，为河道留住了水流，过往船只得以顺利通行，生动体现了扬州先民尊重自然、顺应自然、保护自然、利用自然的特点。这种河道整治技术在当时中国运河工程技术上具有一定的代表性。

与此同时，坍江一直影响着古运河南端的瓜洲。康熙五十四年（1715），长江干流向北挺进，直趋瓜洲，坍江自此开始，并日益严重，瓜洲面积渐小，直至光绪二十一年（1859），瓜洲城不复存在。今天的瓜洲是唐瓜洲的北关。

明初，在原城西南处筑城，这就是明旧城（图 9），“周九里，计一千七百五十七丈”。随着人口增加，旧城规模偏小，居民开始向城外转移，居民们大多选择在运河边居住，为此，在旧城东修筑新城。明新城平面呈“口”字形，南北长 2000m，东西宽 1000m。此时明新、旧城面积总计约 5km²。明城有城门七座，运河自城南向西后向北，绕城而过。明旧城主要是官署、学校等公共机构的用地，城内有东西向和南北向轴线，河道平直，街道、建筑、道路都沿河布置，道路网规则。新城则是商业区，“市肆稠密，居奇百货之所出，繁华甲两城，寸土拟于金云”[1]。所以，旧城多士人，新城多富商。清代沿用明城，未有扩建。

扬州城地理位置优越，盐业兴盛，手工业、商业发达，各类市场商铺以及茶馆随处可见。居民大多选择沿水系筑房，尤其盐商，因而形成富商大甲聚居的繁华居住区。这些建筑依河而建，布局随意，形成了曲折狭小的街巷，与高大的建筑外墙形成强烈对比。

3 结语

长江与运河水系在促进扬州经济发展的同时，也深刻地影响了扬州的城市形态。

长江岸线南移为扬州城带来了巨大的发展空间。秦代的长江北岸

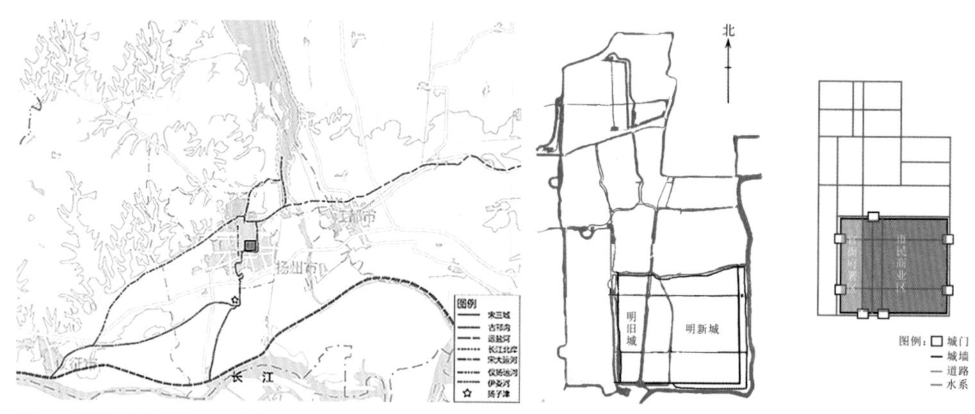

图 8 运河三湾（来源：作者根据《基于 3S 技术的扬州 2500 年间城市演变分析》改绘）

图 9 明旧城（来源：作者自绘）

1 焦循《扬州足征录》。

位于蜀冈之下，扬州城只能建在蜀冈之上。东汉时期，长江岸线开始南迁，到东晋时期，长江岸线向南迁移 10km 到达扬子津附近，带来了 335km^2 的城市发展空间，奠定了唐朝建设罗城的地理条件。唐代，长江岸线继续南迁 10km 到达瓜洲附近，进一步加强了建设唐罗城的条件。从唐代开始，扬州城突破了蜀冈的界限，在蜀冈下建罗城，城市格局由秦汉时期的单城格局变为南北双城格局。唐代以后，长江岸线未发生较大变化，所以后期的扬州城都是在唐代的基础上建设的（图 10）。

运河的发展为扬州城带来了繁荣。吴王夫差开邗沟筑邗城于蜀冈之上，当时的邗沟是用来运输粮草，扬州城的作用之一是军事阵地。隋朝时期开凿、疏浚了一系列运河，使得南北连通，扬州凭借其优越的地理位置，成为重要港口，漕运、盐运发展，到唐时鼎盛，扬州城也从军事重镇转化为经济重镇，人口增加，城市发展，形成了独特的“城 - 港”双核格局。唐以后水系变化不大，宋元时期运河由穿城改为绕城，明清时期为疏通淤塞开凿“运河三湾”，而漕运、盐运受到战争的影响，扬州经济开始衰败，城市发展受到限制，城市格局也不断变小（图 11）。

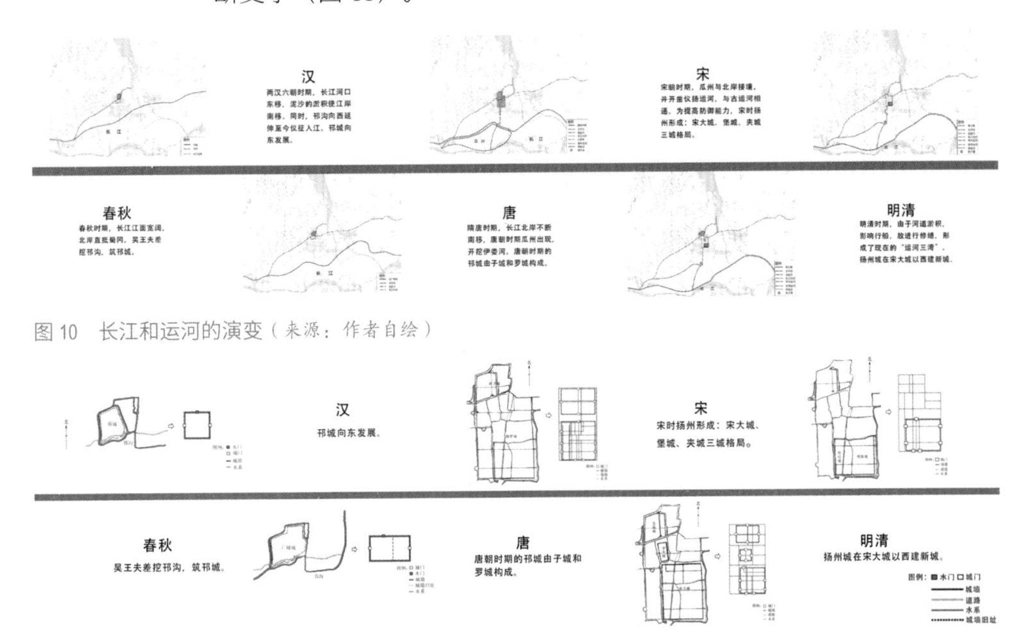

图 10 长江和运河的演变（来源：作者自绘）

图 11 扬州城市格局的演变（来源：作者自绘）

国家统一时期，大运河作为南北枢纽，造就了扬州汉、唐、清的三次辉煌。这是由扬州作为长江、大运河交汇口并且靠近大海的地理所决定的。以唐代为例，随着唐朝的建立与兴盛，中国经济进一步发展，扬州城因其地理以及唐在扬州设立管理漕运的江淮转运使等原因而一跃成为仅次于两京的经济城市及国际都会。“扬一益二”经济社会的发展带来了城市形制的转变，扬州城在唐代中、晚期迅速发展，扬州唐罗城具有从中古封建封闭型里坊制城市向以经济生活为主的开放式城市格局过渡的特征。

国家分裂时期，大运河地位下降，扬州则不可避免地作为战争前线而陷入衰落的境地，此时运河更多地是作为城防体系的组成部分而存在。如后周时期的周小城和南宋时期的扬州城，它们的规模都较小。宋大城以潮（漕）河、二道河等水系作为防御城壕。

从各个时期来看，扬州城的兴建、扩建、改建等一系列建设都与大运河的开凿、修缮，以及长江北岸南移有着密切关联。从先秦时期邗沟的开凿到两汉六朝时期河口向西迁移，伴随着这城市的向东扩张，到隋唐时期开凿新运河、长江北岸南移，城市向南发展，形成了独特的“城 - 港”格局。宋代开始战争不断，扬州开始走下坡，形成了三城模式，运河作为城壕，防御能力强，再往后到明清时期，居民依河而市，发展出新城。由此可见，运河水系、长江岸线，对城市格局产生了重大且深远的影响。

现代扬州城不断发展，成为我国历史文化名城。在发展时，如何保护历史古城、发展历史古城，如何保护运河、振兴运河等问题是城市规划建设者所面临的重要问题。本文从城市规划角度，探寻了水系对扬州城市格局的影响，从而把握扬州城市发展的前后传承关系和历史发展脉络，将有利于我们解决这些问题，帮助我们更好地理解扬州城、保护扬州城、发展扬州城。

参考文献

[1] 汪勃，王睿，王小迎，等. 江苏扬州蜀岗古代城址的考古勘探及初步认识 [J]. 东南文化，2014（05）：57-64，66.

[2] 印志华 . 从出土文物看长江镇扬河段的历史变迁 [J]. 东南文化，1997（04）：13-19.

[3] 孙林，高蒙河 . 江南海岸线变迁的考古地理研究 [J]. 东南文化，2006（04）：11-17.

[4] 赖琼 . 扬州城市的空间变迁 [J]. 湛江师范学院学报，1996（04）：84-88.

[5] 杨静，张金池，庄家尧，等 . 基于 3S 技术的扬州 2500 年间城市演变分析 [J]. 北京大学学报（自然科学版），2012，48（03）：459-468.

[6] 王虎华 . 扬州城市变迁 [M]. 南京：南京师范大学出版社，2014：18-50.

[7] 朱芋静 . 扬州城市空间营造研究 [D]. 武汉：武汉大学，2015.

[8] 中国社会科学院考古研究所，南京博物院，扬州市文化局，等 . 扬州城考古工作简报 [J]. 考古，1990（1）：36-45.

[9] 何适 . 从内地到边郡—宋代扬州城市与经济研究 [D]. 上海：上海师范大学，2016.

[10] 汪勃 . 扬州唐罗城形制与运河的关系——兼谈隋唐淮南运河过扬州唐罗城段位置 [J]. 中国国家博物馆馆刊，2019.

05 古代风景园林水利功能适应性探微

刘海龙[1] 孔繁恩[2]

风景园林水景营造历史由来已久，世界范围内不同地区、不同风格园林的出现及发展，几乎都有水元素贯穿其始终。“理水”是中国古代风景园林的核心内容，充分体现了以自然山水园为代表的中国古代风景园林在水景营造方面的卓越成就。

自然条件决定了水利工程在中国历史上的特殊地位。中国被称为“河川之国”，原因不仅在于有众多的河流，而且在于对河川的治理极大地影响了中国的历史。中国古代的人居环境是基于水利系统而形成的复杂系统，水利系统深刻影响着城市风景体系。以水利视角作为古代风景园林研究的切入点，可以发现，在中国古代园林历史中，许多园林都是在水利建设的背景下产生的，现存的如杭州西湖、惠州西湖、北京颐和园、成都都江堰、扬州瘦西湖等；文献记载的如春秋时期的章华台东湖、姑苏台天池、汉长安昆明池、南朝建康秦淮河、宋开封金明池等。适应性是园林发展和扩张的必然要求，以上列举的园林是人类在与自然及水的长期交互过程中，因生存和休闲游憩方面需求的不断升级，通过缓慢适应和改造水生态系统，逐步形成的综合水适应性景观实践产物，直接体现了风景园林的水利功能适应性。

尽管水利之于风景园林的影响并非风景园林历史发展的主要线索，但若跳出造园意匠、艺术审美等传统层面的风景园林认识边界，着重从水利建设的角度对古代风景园林理水进行分析，以此来探讨园

1 清华大学建筑学院副教授。
2 清华大学建筑学院在读博士研究生。

林理水与水利系统之间的关系，可进一步把握风景园林兴衰的制约与影响因素。因此，本文将园林理水和城市水利功能两者进行关联，以“园林水利”这一园林所具有的功能特性作为研究切入点，以城市风景园林（包括城市型和城郊型两类）为对象，根据城市水利的内容，将园林水利分为“园林水利与城市供水”“园林水利与城市排水”“园林水利与城市防洪”“园林水利与灌溉及水运”“园林水利与水质保育”5个方面，以代表性园林为案例，建立园林水利的分析框架，检验风景园林的水利功能适应性。

1　园林水利与城市供水

城市水利是一个综合系统，很大程度上改变了区域水资源的空间分布状态。城市供水是古代城市水利工程的基础性内容，以满足生活、生产、航运、灌溉、园林景观以及消防用水等需求。湖泊、河渠、池沼、井泉等共同构成城市水利工程系统，为古代城市园林水利的兴建提供了用水保障。

解决古代城市供水的重要措施有凿井取水、开渠引水、筑坝蓄水三种方式，此外还有人工水车送水的辅助措施。上述三种方式也是不同类型、不同尺度的城市园林水利工程所普遍采用的引水方式。通常来说，位于郊区的大型园林，一般采用筑坝取水的方式，比如清代北京颐和园昆明湖、宋代杭州西湖等；采用开渠和凿井方式引用水源的园林，在城市比较多见，在园林发展的后期，多地小型私家园林以凿井取水为主要引水方式。

从供水工程的性质和目的来看，中国古代的大部分园林都是城市供水工程的直接产物或衍生产物。商周秦汉时期，园林的实际供水功能是高于其休闲游憩功能的。据吴庆洲先生的研究结果显示，汉长安城地区的昆明池可蓄水3549.7万m^3，相当于一座中型水库，昆明池及引水渠道的修建，使汉长安城的供水得到可靠保证。经过两千余年的发展，至清代，北京大型的园林水利建设仍以发挥城市供水功能为首要任务，与水利工程互相影响、互相发展。这一现象与不同时期的社会发展水平、工程技术水平是吻合的。对水资源的合理开发和利用，是园林水利建设的动力和依托；园林水利工程，是营造和改善人居环境的有效手段。

以供水功能为导向而形成的园林，常具备以下特点中的 1 ～ 2 个特点：①显著的公共特性；②大部分皇家园林都是“供水 / 蓄水型园林水利工程”；③水景形态以大中型湖池为主。这类园林存续的关键是城市供水系统的维护与管理，除去自然灾害及战乱等不可避免的原因，这类园林因关系生产生活而成为社会水循环的关键环节，因此由官方 / 皇家主导建设，建设系统持久（表 1）。

表 1　基于城市供水功能的古代园林水利实物列举

园林名称	所属时代 / 园林发展分期	园林类型	园林水利建设理念	水源及引水方式	考古发现 / 现存遗址情况
长安未央宫沧池	西汉 / 园林生成期	皇家园林	宫苑日常供水、蓄水	昆明池水 / 开渠引水	未央宫位于汉长安西南部。2011 年进行的未央宫普遍勘探中发现各类遗迹达 100 余处，其中包括沧池、明渠等水利设施。沧池为一处人工湖遗迹，平面略呈曲尺形，面积 39 万 m^2；南北两岸存在进水口和进水道的可能性；池底有石块堆积物，池西岸有石子路；池岸全部用砖砌；所在基址范围为广阔的低地
南越国宫苑水景	西汉 / 园林生成期	皇家园林	宫苑日常供水、蓄水	—	宫苑遗址发现大型石构水池一角，池底有向南延伸的木制导水暗槽；水池南面发现长逾 150m 的石渠，其北端与大石池底部暗槽相接；石渠南北向延伸，再蜿蜒向西，最终与西边暗槽相接，而暗槽的去向正是 1974 年发现的秦汉遗址（造船或建筑）
洛阳陶光园九洲池	隋唐 / 园林全盛期	皇家园林	宫苑日常供水、蓄水	瀔水 / 开渠引水	九洲池遗址总面积约 55600m^2；九洲池西北和东北各发现 1 个引水口，南面发现 3 个出水口；发现池内有小岛和亭台建筑
绛守居园池	隋唐 / 园林全盛期	衙署园林 / 公共园林	灌溉、蓄水	开渠引水 / 挖土成池，蓄水为沼	国家级重点文物保护单位
惠州西湖	宋 / 园林成熟期	公共园林	供水、蓄纳、灌溉、防护	自然湖泊 / 筑堤蓄水	国家级风景名胜区

2 园林水利与城市排水

《管子·乘马》中“高毋近旱而水用足，下毋近水而沟防省”“地高则沟之，下则堤之”等反映了合理的城市规划思想及城市供排水设施建设原则。中国古代城市，特别是都会，都会建有完整的城市排水系统。

一般来说，城市建设之初，通过开渠引水的方式将城市附近作为水源的自然江湖河流之水引入城中，由此形成供水系统；另外开凿一条或数条专用于自然河湖之水流经及维持城市日常运行而使用后的水，流向同一河流下游阶段或者低洼地段，由此形成排水系统。这是中国古代城市供水和排水系统设计的一般模式。其中，城市排水系统主要由排水沟渠、排水河、护城河及城内河渠组成：（1）排水沟渠：主要分布于城市各居住区空间，包括宫苑区，按形式分类有地下、地上两类，由排水干渠连接通往不同功能分区的数条排水支渠形成网状结构，用于将雨水、生活生产之使用产生的废水、污水排入城内河渠。（2）排水河：穿城而过的河流，或由城内往城外而建的沟渠，主要功能是将城内污、废水排出城外。（3）护城河：绕城而建，形成城市的物理边界。早期城市护城河的功能以防御为主，之后其功能主要以雨洪排蓄、排水、园林观赏为主。（4）城内河渠：城市水系统的关键组成部分，由自然河流水系或人工沟渠水系组成，是城市内水体进行“自然—社会”循环的主要空间场所，以发挥供水和排水作用。（5）池塘 / 池沼：一般与城内河相连，以排水、泄洪为主要功能。

基于排水体系营建的园林，从属性上来看，多属于公共园林和私家园林，这是由水体的水质决定的。皇家园林为追求良好的景观效果，对园林水体的水质要求较高，因此往往有为园林景观供水的专用水道，经由排水系统的水体一般不会作为皇家园林引用水源的最优选，但是属皇家园林的个别大中型池沼在丰雨季节也可以充当排水池，比如隋唐洛阳宫城内的九洲池。滨河型公共园林、湖池型公共园林以及池沼型私家园林是“排水型园林水利”的常见形态，对应的代表性实例如南京秦淮河滨水园林、济南大明湖园林、苏州私家园林。

滨河型公共园林对城市风景体系的形成有显著的影响。例如隋唐洛阳、北宋东京等城市。隋唐东都洛阳城跨河而建，洛水穿城而过，宫城西面引谷水，东面引入泄城渠和瀍水，环城水系作为护城河防御体系加以利用。分布于城内外发达的自然河流及人工渠道，使城内具备了建设大量池沼园林的可能，并带动了漕运的发展和河道周边滨河景观的繁荣。洛河与漕渠是当时洛阳城内众多河流水道中以排水为主的重要河道。唐代洛河沿岸筑有横堤。在河道岸边开挖池塘，流量大时，河水会泄到池塘中，从而调节河水流量。这些池塘大多分布在城市外围用以削减外来洪水的冲击。众多池沼园林与河流渠道结合布局，形成城市的排水体系。

相似的情景也曾出现于北宋东京城。东京城水系发达，包括3重城壕、4条穿城河道（汴河、蔡河、五丈河、金水河）、各街巷的沟渠以及城内外湖池、外城城壕护龙河。城内丰富的河渠水系造就了东京繁荣的滨河景观。自宋以来，中央及地方政府都非常重视城市河岸的堤防绿化保护，如太祖建隆三年（962）十月诏："缘汴河州县长吏，常以春首课民夹岸植榆柳，以固堤防。"因此，多元的城市滨水园林成为汴京城一大特色。此外，城市大街小巷有明渠暗沟等排水设施，另有凝祥、金明、琼林、玉津4处大型池沼型水景园林分别位于城市外围，在不同时节发挥排蓄功能。由此形成了北宋东京城市排水系统河道密度大、排蓄容量大的主要特点。

3 园林水利与城市防洪

洪涝灾害是中国古代主要的自然灾害，水资源利用和水灾害防护是城乡聚落营建的关键。在水灾害的防护方面，建城前选择合理的城址，建设一套完整的城池系统，在城池外留有分洪和排涝的余地以及配以相应的技术措施，是古代城市防洪工程技术的主要内容。

风景园林的防洪排涝功能是值得肯定的，这在古代的杭州西湖、惠州西湖以及绍兴鉴湖、湘湖等众多湖泊建设的动因中能得以充分证明。比如位于杭州与绍兴之间的湘湖，宋代之前已经由一片天然泄

湖变为低洼农田。宋代以来，为抵御汛期发生的洪水，在地方政府的主持下完成了复湖工程，以保证萧山城免于水患，经过当地民众的经营，最终形成了“洪水灾害适应性园林景观”。具有防洪型园林水利功能的湖泊，一般都是由政府主导的大型水利工程，通过人为干预的手段对区域水文进行管控。由于具有优质的湖、山等风景资源可资利用，并具有重大的基础设施作用，这类风景园林的生命力非常旺盛。

保证城市排水通畅，直注江河，是城市防洪的要义。风景园林在这一环节发挥的防洪功能是通过与其他城市水道共同组成完善的排水系统而实现的，护城河及城墙等城池系统在其中发挥非凡的作用。对护城河的建设是城市风景园林营造的重要内容，通过植物造景的方法，利用植物的生态作用加强对河堤的防护，“堤成之后必密栽柳华菱草，使其苗衍丛布根株纠结，则虽遇飙风大作总不能鼓浪冲突”，由此形成风景化的防洪水工体系。

尊重自然水文循环，保护及修建湖泊湿地，保证水系空间结构的系统性，建立“蓝”“绿”“灰”基础设施，是“防洪型园林水利”的功能适应性机制。

4 园林水利与灌溉及水运

4.1 园林水利与农业灌溉

中国古代有许多兼具农田水利和城市供水双重作用的水利工程，长期发挥着基础设施的作用，经过人为的经营和管理，往往会形成具有一定农业生产特质的“农业景观”。比如许多古代城市内外的水域，都可种植菱荷茭蒲，养殖鱼虾龟蟹。许多见于文献记载的名园，都是在基于农业、园圃灌溉水利工程而形成的“农业景观”的宏观背景下择址修建而成的。例如在曹魏邺城区域的园林，曹操修建的天井堰使得邺城区域形成了“墱流十二，同源异口，畜为屯云，泄为行雨。水澍粳稌，陆莳稷黍。黝黝桑柘，油油麻纻。均田画畴，蕃庐错列。姜芋充茂，桃李荫翳”的独特农业景观，于是在此基础上引漳水入城，修建玄武池、铜雀园等具有水利功能的皇家园林。

又如明代宁夏镇城的金波湖及宜秋楼。宜秋楼是位于金波湖畔的滨湖景观建筑，登楼可望秋收之景，“禾黍尽实，东皋西畴，葱茏散漫，芃芃薿薿，极目无际。有民社寄者，值时年丰，置酒邀宾，睹禾黍之盈畴，金穗累累，异亩同颖”。可见金波湖水与周边的农业灌溉用水之间是存在联系的。

四川崇庆的罨画池，始建于唐代，是巴蜀园林中的名园。唐代，罨画池及其周边已成为文人雅士游赏集会的场所。北宋时期，发展为地域景观特色鲜明、人文气息浓郁的衙署园林。北宋嘉祐二年（1057）江原（今崇州）知县赵抃诗《蜀杨瑜邀游罨画池》曰：“占胜芳菲地，标名罨画池。水光菱在鉴，岸色锦舒帷。”崇庆《本志》记载：“州治判官廨后池，即罨画池。”《纪胜》也写道：“西湖（即罨画池）在郡圃，盖皂江之水，皆导城中环守之居，因潴其余以为湖也。”《蜀中名胜记》载：“宋皇祐间，赵阅道为江原令，其二弟扬抗与俱，有‘引流联句’……江原县江，缭治廨址而东，距三百步。泷湍驰激，朝暮鸣在耳，使人听爱弗倦。遂锸渠通民田，来囿亭阶庑间。环回绕旋，沟行沼停，起居观游，清快心目。”罨画池是在知州赵阅道因引水灌溉农田的同时，将水导引进入城中原本景致优美的“郡圃”，在地势低洼之处潴水为沼，并以水域为中心植花栽木、构筑亭阁而成的风景游憩之地。对此，范成大《吴船录》曰：“十里至蜀州，郡圃内西湖（罨画池水域）极广袤，荷花正盛，呼湖船泛之，系缆古木修竹间，景物甚野，游宴繁盛，为西州胜处。”经过历代增建及修复，并在地方官员、文人雅士的经营管理之下，罨画池逐渐发展成为结构完整的人文园林。就其发端来看，也是基于农田水利建设，体现了“农业灌溉型园林水利”在社会生产方面的功能。

4.2 园林水利与水运

以传统意义上具有明显实体围合边界的园林空间而言，其与城市水运之间几乎并无直接的关联，但若跳出传统园林边界之外就可发现，

古代许多城市都拥有具公共特性的滨水景观，其形成与发展就得益于发达的区域航运体系。

如元大都什刹海区域是因城市漕运而成的典型园林场所。自元朝起，西山诸泉通过人工渠道引至什刹海，将其作为京杭运河的终点码头，在交通区位优势和浓郁人文气息的双重作用下，什刹海成为以水域为核心的景观复合体。其中恭王府花园、昆贝子府花园等名园均为什刹海园林的组成内容，形成了城市公共园林与私家园林之间的嵌套型格局。

扬州园林不论是个体或是整体，其风格和内涵都源于大运河的直接影响。扬州园林特征的形成，是以京杭大运河作为载体的。运河的岸线、支流乃至运河疏浚、游览行为，直接影响与塑造了扬州园林的空间、建筑、叠山风格。现存大部分传统扬州园林，都是与运河互动产生的结果。扬州地处平原，除蜀冈外并无自然山水，故其城市沿运河一带成为建设园林的首选地带。扬州园林与运河之间的关系除了体现在选址上，也体现在各类宅园因运河而产生的多种造景处理方式上。比如叠山，康山与梅花岭就是因运河疏浚产生的淤泥堆积而成的人工山体，其后便成为园林聚集之地。入清之后扬州成为“四方豪商大贾，鳞集麇至，乔寄户居者，不下数十万”的经济高度发达城市，在此期间所营造的所有园林，均带有大运河的“文化基因”。大运河不仅是扬州园林可资利用的外部景观条件，其本身也因园林建设的影响而成为具有景观特质的城市公共空间，形成了鲜明的观光游赏特征。可以说，传统扬州园林所具有的不同于江南私家园林的独特景观风格，其根本原因是大运河从风景资源和人文事件等方面对其所发挥的多重作用。

借力河流营建具有水运功能的滨河园林是“水运型园林水利”的最常见形态，除此之外，城市中大型的池沼也通常具有水运功能，比如隋唐洛阳城的新潭。《唐会要》载：“大足元年六月九日，于东都立德坊南，穿新潭，安置诸州租船。”《大业杂记辑校》载：“重津渠，阔四十步，上有浮桥。津有时开阖，以通楼船入苑。”由此可见，在当时，船只可沿着水道进入规模较大的池沼。池沼的水运功能得益于隋唐洛阳城纵横交错的河渠与池沼之间的连通。

5 园林水利与水质保育

水质保育一方面强调如何确保园林内部景观水体的水质水量，另一方面重视通过园林水利建设发挥城市水体水质的保育作用。在古代，园林可以发挥水质保育功能的基本原理就是维护健康的水循环状态。

就园林内部景观水体的水质保育而言，常用的方法有引水、补水、生物净化、生态净化、径流阻断等。凿渠引水、凿井取水、围泉入园等常见的引水方式就是为了通活地表水或地下水。保证水量稳定及水质清洁的关键在于引用活水，这也是《园冶·相地》中所总结的“卜筑贵从水面，立基先究源头。疏源之去由，察水之来历”。所以，梳理水系不仅对园林布局有至关重要的影响，同时也是保证和促进水体正常流通功能的关键。

园林水景形态的塑造，其实质可视为一种创造和维护园林水体内循环系统的方法。蜿蜒曲折的岸线形式和动静结合的水体形态，为各类生物提供了栖息地，并形成生物多样性，看似诗情画意的背后，实则是一个个功能完整的小型生态系统。

生态治水是古代园林保证水质的常见方法。其措施主要有植物配置、水生动物培养以及水体驳岸、池底材料的选用等。水体与植物景观融为一体的经典景致不胜枚举，如“柳浪闻莺”“曲院风荷”“水芳岩秀”，等等。几乎所有园林水体中都有水生动物，比如考古工作者在广州南越王御苑遗址的水池底部发现大量龟鳖残骸，并在连接水池的石渠中发现3处用于龟鳖登岸的斜面出入口，可见当时御苑中有大量动植物，尤其是龟鳖。这是利用生态系统食物链原理达到稳定水体生物群落结构关系，从而改善水质，保持健康的水体内循环的做法。明代徐光启所著《农政全书》对古代凿井技术中的“澄水”环节有详细说明：“作井底，用木为下，砖次之，石次之，铅为上。既作底，更加细石子厚一二尺，能令水清而味美。若井大者，于中置金鱼或鲫

鱼数头，能令水味美，鱼食水虫及土垢故。”这种净化饮用水的做法也被引入了园林水景的营造。中国古代园林水景水质保育机制见表2。

表2　中国古代园林水景水质保育机制

园林水景水质保持途径	方法	措施
外循环	引水、补水	梳理水系：疏源之去由，察水之来历 寻找水源：地表水、地下水
	径流阻断、径流下渗、径流蓄留	岸形、岸线处理 场地竖向设计 植物空间营造
内循环	水形态塑造	水面开合有度 水体动静、缓慢结合
	水生植物净化、生物操控	植物配置 水生生物放养 驳岸及池底材料的选用 人工水池结构的设计

特别值得一提的是，考古工作者于浙江永嘉溪口村李氏民居中发现的净水池（图1）。该净水池为明代晚期构筑，是目前我国发现的最早的水处理净化工程，对于古代水处理工艺具有一定的代表性。水池四壁均用大块鹅卵石垒砌而成，石头间缝隙用黄泥与蛎灰拌和而成的金灰泥填抹。全池分为5个大小不一的小水池，各自之间互不相通，

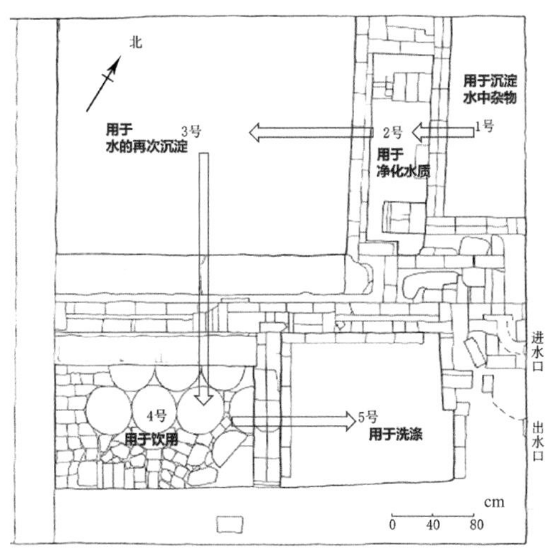

图1　永嘉溪口村李氏民居净水池平面图

（来源：作者根据参考文献改绘）

池壁间无流水孔或预埋管道，各水池间流水通过溢流方式输送。水池的结构和材料反映了其应为一套水处理净化系统，每个水池有各自的功能。此净水池的工艺若运用于园林中小型水池类水景的水质处理也是完全有可能的，其原理即通过溢流方式对引入的水体进行层层输送，各水池因各自的功能而确定在整个系统中的位置，以及池底、池壁所选用的材料。古代园林中的水体往往呈现不规则形态，并且动静相间。从表现形式上来看，采用以上方式进行景观水质的净化处理是可行的。

古代园林对于城市水体的健康循环在多数时候是能发挥正效应的。这与园林水体在城市供排水体系中所具有的排蓄、滞纳功能是相辅相成的。比如济南古城大明湖与其他小型园林水体之间共同形成调蓄系统，大明湖作为城市泉水利用系统中最大的调蓄设施，由南至北承接来自城市各地的排水及充溢的泉水。水体在排入大明湖之前，将会在各类中小型的滞纳水体中进行过滤、澄净，之后通过各明、暗渠道排入百花洲，最后排入大明湖，再由大明湖排入小清河。园林贯穿这一过程的始终，以人工的方式联络城市水循环的各个环节或阶段，遵循水的自然循环规律，发挥了水系的衔接、过渡和过滤、净化作用。

“水质保育型园林水利”在古代城市水系中发挥水质净化的作用，通常有4条途径：（1）在城市及其周边通过保留或设置湖泊湿地，以发挥其绿色基础设施服务功能。明代宁夏镇城的园林文化达到鼎盛，城市周边的大量自然湖泊湿地被保留，素有“七十二连湖”的赞誉，这些湖沼湿地园林对城市防洪、供排水以及水质净化都发挥了重大作用。（2）通过水系梳理，保证城市中各类水体之间的连通，使城外河流、城内河流、供排水设施、蓄水池、护城河、排水河、池沼园林等共同组成良性的水循环系统，同时发挥城市供、用、排水功能。（3）“活水长流”。在所有水质净化的措施当中，引用活水始终是最重要的措施，这一点通过洛阳园林的盛衰可以见证。洛阳园林全面繁荣时期，城市伊、洛二水长流不息，以上阳宫为代表的皇家园林因此呈现出“上阳花木不曾秋，洛水穿宫处处流”的繁盛景象。唐末以后，中国东中部地区气候逐步变冷，导致降水减少，河流径流量减小。此

外，流经洛阳周边的伊、洛、瀍、涧等主要河流上游地区的森林被大量破坏，河流水质水量明显受损，由此造成池沼及园林数量大幅减少。

（4）生态治水。“深柳疏芦”是源于古代生态治水护滩的一条最重要的策略，园林植物可以起到护岸固土、净化水体等生态作用。

6　结语

中国古代风景园林的建设成就，许多是在历代城市水利系统发展的基础上取得的。上至皇家园林中的大型人工湖，下至私家园林中的小型池塘，以及城市范围内常见的湖、池等各类各型公共园林，从形成和发展过程来看，都是园林理水体系与城市水利系统相结合的结果。这是园林水利系统的生成机制。

园林水利的生成和发展反映了人类两大需求的结合：生存和休闲游憩。园林的形成条件和发展背景依赖于水利，同时也影响水利工程的功能变迁和效益演化。因功能的不同，人类的生存和休闲游憩需求两者之间的变化，使园林和水利系统之间互相影响、彼此成就。水利与园林之间的第一层关系，即水利工程往往是园林水系形成与发展的支撑性因素。水利与园林之间的第二层关系，即水利工程向园林景观的演化，体现了不同社会发展阶段下对水体价值认识的变迁。这是园林水利关系的层次性。

中国古代风景园林从萌芽至成熟，前后历经数千余年，营建数量庞大。但从可持续设计视角审视中国古代园林可以发现，不论类型、规模、功能等外在表现，还是管理、维护等内在机制，具有综合性功能的园林水利系统的可持续性更强，在综合解决城市问题方面的作用也更大。园林水利功能的综合性，是其可持续发展的本质。

“园林水利”的研究视角具有开放性。依照“园林水利”的研究思路，可以进一步认知：园林理水模式的根本在于对区域水文环境及水利功能的适应，只有适应了环境及水利功能特性，才能形成具有文化内涵的园林景观，促进区域人居环境的可持续发展。

参考文献

[1] 黄朝鼎.中国历史上的基本经济区与水利事业的发展[M].北京：中国社会科学出版社，1981.

[2] 杜鹏飞，钱易.中国古代的城市给水［J］.中国科技史料，1998（01）：4-11.

[3] 吴庆洲.中国古代城市防洪研究（第一版）［M］.北京：中国建筑工业出版社，1995.

[4] 郑晓云，邓云斐.古代中国的排水：历史智慧与经验［J］.云南社会科学，2014（06）：161-164+170.

[5] 寇文瑞.隋唐洛阳城水系结构与当代水系规划建设关系研究[D].郑州：河南农业大学，2016.

[6] 杜鹏飞，钱易.中国古代的城市排水［J］.自然科学史研究，1999（02）：41-51.

[7] 郑连第.古代城市防洪［J］.中国水利，1989（05）：40-41.

[8] 毛华松.城市文明演变下的宋代公共园林研究［D］.重庆：重庆大学，2015.

[9] 侯慧粦.湘湖的自然地理及其兴废过程［J］.杭州大学学报，1989，16（1）：89-95.

[10] 斯波义信.《湘湖水利志》和《湘湖考略》：浙江省萧山县湘湖水利始末［J］.中国历史地理论丛，1985（2）：220-248.

[11] 邵之棠.皇朝经世文统编•卷二二地舆部七•河工［M］.新北：台湾文海出版社，1980.

[12] 曹学佺.蜀中名胜记［M］.重庆：重庆出版社，1984.

[13] 赵鸣，李培军，王国强.人居环境•古典园林•水［J］.北京林业大学学报（社会科学版），2002（Z1）：80-83.

[14] 都铭.扬州园林变迁研究［D］.上海：同济大学，2010.

[15] 杜宝.大业杂记辑校［M］.辛德勇，辑校.西安：三秦出版社，2006.

[16] 王溥.唐会要［M］.北京：中华书局，1955.

[17] 孔繁恩，刘海龙.现代风景园林视角下对于中国古代园林理水科学特性的思考［J］.西部人居环境学刊，2018，33（05）：64-68.

[18] 郑力鹏，郭祥.秦汉南越国御苑遗址的初步研究［J］.中国园林，2002（01）：52-55.

[19] 徐竟成，顾馨，李光明，等.城市景观水体水景效应与水质保育的协同途径［J］.中国园林，2015，31（05）：67-70.

[20] 任拥政，章北平，章北霖，等.住宅小区景观水体生态保持系统工程［J］.中国给水排水，2004（04）：66-68.

[21] 杨念中.永嘉溪口李氏民居建筑及水处理技术特征[J].东方博物，2017（01）：101-106.

[22] 葛全胜.中国历朝气候变化［M］.北京：科学出版社，2011.

[23] 王军.中国古都建设与自然的变迁——长安、洛阳的兴衰［D］.西安：西安建筑科技大学，2001.

[24] 陈云文.中国风景园林传统水景理法研究［D］.北京：北京林业大学，2014.

[25] 张建锋.汉长安城地区城市水利设施和水利系统的考古学研究［M］.北京：科学出版社，2016.

[26] 韩建华.唐宋洛阳宫城御苑九洲池初探[J].中国国家博物馆馆刊，2018（04）：35-48.

06 试从乾隆对西湖的改造探清漪园之相地

张冬冬[1]

清漪园建园前，西湖（今昆明湖）与瓮山并不是一处完整的园林，甚至二者山水关系始终是尴尬的。乾隆及其规划设计者们为何看中这里，又如何扭转局面，并将其改造成中国风景园林设计中的杰作[2]，这就需要对其建设之初的相地进行研究。而相地包含两个方面，一是择址，二是对用地基址进行全面勘察与构思。

1 选址诱因

北京西湖历史悠久，有史记载于金代得到开发，自元代就已是北京西北郊著名的公共游览地。元人周伯琦诗曰："茂柳垂密幄，层莎布柔毯……芙蓉濯新雨，迥立方婵娟。"明代更有诸多文人为这里留下了诗文绝句。明初诗人王英咏："雨余凫雁满晴沙，风静花香霭芰荷……好是斜阳湖上景，芙蓉千叠映回波。"明代后期《长安客话》载："环湖十余里，荷蒲菱芡，与夫沙禽水鸟，出没隐见于天光云影中，可称绝胜。"可见西湖风景秀美、生态环境优良由来已久。乾隆七年（1742），弘历途经青龙桥诗赞西湖："屏山积翠水澄潭，飒沓衣襟爽气含。夹岸垂杨看绿褪，映波晚蓼正红酣。风来谷口溪鸣瑟，雨过

1 西安交通大学讲师，西安，710000。
2 1998年12月，颐和园被联合国教科文组织（UNESCO）列入《世界遗产名录》。世界遗产委员会评价："其亭台、长廊、殿堂、庙宇和小桥等人工景观与自然山峦和开阔的湖面相互和谐、艺术地融为一体，堪称中国风景园林设计中的杰作。"

河源天蔚蓝。十里稻畦秋早熟，分明画里小江南……”所以，历次往返于东西四处皇园[1]的乾隆早已对这片水域有所关注，但因规模浩大的圆明园工程而一时不便再造苑囿[2]。

不过另一诱因随圆明园扩建完成之后逐渐浮现。原本就已缩减的上游水源此时变得捉襟见肘，西北郊诸多大型园林、稻田与都城、漕运用水之间的矛盾日益凸显[3]。此情之下，乾隆不得不考虑广开上源，而西湖如稍加改造恰可作上游水库，调蓄用水。但行造园之实，还需师出有名，因此弘历借为母后祝寿，选址近畅春园的瓮山为母[4]依山建刹。加之此时玉泉山已被建为静明园，且清初西湖水域较元明时代已经东移。由此，初步的择址就划定在了西湖、瓮山一带。

2 场地初步分析

当然基址选择并非一蹴而就，而是在上述诱因下，对预先谋划的场地外部形胜与内部地望进行勘察，进而分析选址利弊与其可行性。以下根据清漪园建园前的周边环境复原成果进行分析。

2.1 外部形胜概要

《怀麓堂集》载：“西山自太行连亘起伏数百里，东入于海。而都城中受其朝。灵秀之所会，屹为层峰，汇为西湖。”《长安客话》曰：“西湖去玉泉山不里许，即玉泉龙泉所潴……汇为巨浸，土名大泊湖。环湖十余里……”《天府广记》录：“瓮山在玉泉山之旁，西湖当其前，金山拱其后。”乾隆诗赞：“一带西山展黛眉，高低翠影入沧池。”的确，从借景角度而言，西山一带堪称为首。此外，若从此处登高东望，圆明园、畅春园甚至京师皆可尽收眼底。从风水学角度而言，元明清

1 此时，西湖东侧已有畅春园、圆明园，西侧已有静宜园、静明园 4 座大型皇家园林。
2 辉煌的圆明园工程告一段落之后（1744），弘历在《圆明园后记》一文中明白昭告“后世子孙必不舍此而重费民力以创设苑囿，斯则深契朕法皇考勤俭之心以为心矣”。
3 乾隆《御制万寿山清漪园记》载：“昔之城河水不盈尺，今则三尺矣。昔之海甸无水田，今则水田日辟。”虽多溢美之辞，把人民大众的辛劳统统划归自己的功劳簿，却也可见西湖改造后北京用水矛盾得以缓解。
4 弘历母后夏季由紫禁城移居畅春园，地近瓮山。

历代都将西湖北端收束处的闸口桥梁称作“青龙桥”，似以玉泉山作主山、香山西山作少祖山，而尊太行山脉为来龙之祖山。南北另有虎头、石景、八宝、红石等众山作左右砂山环护，前有瓮山为案朝。尽管朝向为东，但仍是不可多得的风水宝地。然而新的选址显然是以瓮山作主山，而这一矛盾又当如何转换？

2.2 内部地望分析

面对湖山关系矛盾重重，如何将其最大优势发挥出来？我们先就西湖与瓮山各自及其周边环境的利弊展开探讨。

（1）西湖

优势：①自元代白浮—瓮山渠断流后，经青龙桥下注肖家河成为西湖又一重要出水口，分担了原仅有响水闸一个主出水口的压力。而引水方面，乾隆通过反复调查发现“盖西山、碧云、香山诸寺皆有名泉，其源甚壮，以数十计”。因此，扩建后的西湖上有充足的水源，下有多条河渠以疏导。乾隆十九年（1754）三月初八，内务府大臣允禄奏折：“……乾隆十六年五月遵旨，（长河）广源闸至白石桥清挖河底，两岸开宽并添补柏木桩丁，挡土板片，荆笆查席、堆砌云步泊岸……”。②湖域轮廓长于南北，故沿西堤各处均可借景西山，且西部山峦如临湖面，特别是玉泉山与香山、西山诸脉前后层叠错落，步移景异变化万千。③顺水路自长河经西湖、玉河到玉泉山，沿途更是风光绮丽。

劣势：①西湖恰位于西山雨水汇集的必经之地，因此极易受到雨洪威胁。另外，乾隆改造前玉河入注西湖正对古西堤北段且距离很近。前代防洪多仅是加强此段堤坝强度[1]。但增加西湖水源后，如遇暴雨该段堤坝首当其冲，必将严重威胁堤坝以东的农田。②西部湖岸随水位涨落，不利于建造环游式的皇家园林。③西湖虽号称环湖十里，但自瓮山南望并非烟波浩渺的广阔湖景，而是大片稻田豆场，与京师西北郊他处无异。如此看来，若将西湖与瓮山划归一园，利用西湖成景

1 1991年清淤期间岳升阳先生发现湖底的此段古西堤遗迹布设了较他处更为密集的成排柏木钉。

的优势必将无法呈现。

（2）瓮山

优势：①东西走向的瓮山基本位于基址正北，这对帝王面南而统的心理层面有着重要意义，当然也是中华民族长期营造选址积累下来的经验。②瓮山是太行山余脉，最高点海拔约 105m，高于周边近 60m，为多样的园林视角与环境体验创造了条件。西湖、田地可见的远景在这里则步移景异，平地借不到的园外景色在这里则一览无余。

劣势：①《帝京景物略》载瓮山“土赤濆，童童无草木”，是座植被稀少的荒山。②由南而视，万寿山山形单板，中央凸起两翼对称、缺少变化。其后金山支脉红石山（约 115m）、百望山（约 220m），虽略高于瓮山，但因位于瓮山西北且部分被瓮山遮挡，所以导致从基址范围北望瓮山，均无法获得如玉泉山与西山诸脉般深远的层次感。③瓮山北麓中段北望、东望基本无景可借。西北向红石山虽有起伏，但每座山头海拔过于平均，因而缺少动势。

3 湖山构园的结合点与山水间架初步构思

由上述分析可见，夹在西湖与瓮山之间的农田地带正是扭转湖山关系的关键所在。

首先，“山得水而活，水得山而媚”。将瓮山前农田转变为湖域可使山体相对临近湖面，连同原西湖水域可扩大自瓮山南眺的湖域视野。另外，将湖域逼近瓮山，可使游人近感山之高大，而远处西山延绵低矮，进而强化瓮山在全园中的主景突出作用。

其次，除山体外基址附近整个大地势呈西南高东北低。开挖山前农田后，利用瓮山天然山体拦蓄湖水，较原先的人工堤坝稳固可靠。另外，挖湖土方可置于地势较低的新开湖域东北角，堆土为山[1]，亦

1 光绪朝《颐和园工程档案》载：“光绪十六年（十二月），大戏台院（德和园）起刨余土、土山。”据此分析德和园修建前该处曾是瓮山东麓南延的土山一区，为开拓昆明湖时的土方堆筑而成，其上曾有清漪园时期修建的怡春堂，焚毁于道光二十四年（1844）。

可丰富瓮山形体。而湖水东岸一旦东移导致湖面扩大，对于玉河西来之洪水的冲击力亦具有一定的缓冲与分散作用。再而，利用挖湖保留湖中陆地为岛屿并修整岸线，则可进一步完善其山水结构。瓮山前湖保留原龙王庙为主岛，堆土于上，以作案山，可与瓮山互成朝揖之势；保留瓮山东麓前方一小块陆地作知春亭岛，西麓西侧一条形地块作小西泠岛，并于其上栽植乔木，进而构成左右砂山以环护主山。此外，于圆静寺前保留一片台地突出山前，并于其上植柏，从东侧再视瓮山，其南麓与玉泉山、西山远近错落交替[1]，从而改观其单板的形体。另外，可用大量挖湖之土堆筑瓮山之上，为后期绿化山体创造条件。

最后，中国古典文化素有“仁者乐山，智者乐水，比德山水”的情怀素养。乾隆十六年（1751）湖始成，弘历便以诗言意，“山名扬万寿，峰势压千岚。……载赓天保什，长愿祝如南”，表明一番孝心。可见这一山水相合的大手笔的确有着因名成景的益处。

在进一步明确湖山构园的大构思后，继而是如何构建全园山水间架。其一，于西湖东北侧就瓮山前开辟东北湖域。湖域北岸近万寿山，留出一定平地以供前山往来交通。选定位于瓮山中部的圆静寺后山体，垒石叠山构筑高台，修建大报恩延寿寺。以瓮山东麓迤南一线为界拓展湖域，并保留耶律楚材墓[2]。其二，于西湖西南侧开辟西南湖域界定湖水范围，并连同原有西湖湖域、新开东北湖域构成北宽南窄略似桃形的总体水域轮廓[3]。其三，在扩展后的瓮山南部整个湖域内，就原有陆地或利用清淤修造岛屿以象征海上仙山，修建长堤分割湖面以摹杭州西湖。其四，于瓮山北侧开挖后湖，营造有别于前山的幽邃深远景象，同时经此引水至圆明园。其五，在西湖汇水、防洪方面，于西山诸处修建引水石渠汇于玉泉，一同补给西湖水源；另于玉泉上游修建东北、东南 2 条泄水旱河，用于防范雨季来自西山方向的山洪。

1 分析此即今排云殿前云辉玉宇牌楼处湖岸呈弧形向外突出的原因之一。
2 该处湖域不宜再向东扩的另一原因在于，东部地势低下，一旦超出瓮山东界，对构筑湖堤防洪来说极为不利。
3 似有烘托建园祝寿之意。

4 落定山水间架的进一步构思

深入历史条件与环境分析上述构思后，我们会逐渐发现当初面临的复杂问题。

4.1 历史条件与环境回顾

《御制万寿山昆明湖记》载乾隆展拓昆明湖始于1749年冬[1]。乾隆十五年（1750）《御制西海名之曰昆明湖而纪以诗》录："西海受水地，岁久颇泥淤。疏浚命将作……蒇事未两月，居然肖具区。"说明自1749年冬季2个月后，昆明湖的大体湖廓已经形成。之所以选择冬季是因为该时段水域流量小且处于冰冻期，施工起来相对安全、便利[2]。但另据《御制万寿山清漪园记》载："万寿山昆明湖记作于辛未（1751），记治水之由与山之更名及湖之始成也。"也就是说昆明湖成于1751年，这似乎说明此前开挖成的湖域并未放水[3]，而弘历又在乾隆十五年（1750）《御制西海名之曰昆明湖而纪以诗》中提及"昨从淀池来，水围征泽虞"[4]，则从另一方面证实了湖域开挖形成后并未完全放水的事实。

为何湖廓挖成之后，时隔一年却不放水？我们再看一段史料。乾隆年间翻新西直门外高梁桥，弘历特地以诗记之"高梁岁久事重修，庳水横堤筑两头"，并注："（高梁桥）桥名，为往来能行，久未葺治，命将作易而新之，于桥东西作重坝障水，以利甃筑，复于坝外架便桥济行人。"相比西湖改造，高梁桥工程要小得多，但仍关注施工安全与便利。因此，西湖改造必然更为慎重。首先，湖域改造过程中要严格确保施工安全、降低水患；同时要保证堤岸、岛屿、桥梁修筑过程中的施工便利[5]。因此，湖成但不能立即放水。另外，湖域改造

1《御制万寿山昆明湖记》载："岁己巳（1749），考通惠河之源而勒碑于麦庄桥。元史所载引白浮、瓮山诸泉云者，时皆湮没不可详。夫河渠，国家之大事也。浮漕利涉灌田，使涨有受而旱无虞，其在导泄有方而潴蓄不匮乎！是不宜听其淤阏泛滥而不治。因命就瓮山前，芟苇茭之丛杂，浚沙泥之隘塞，汇西湖之水，都为一区。"

2 1991年昆明湖清淤同样选择在冬季进行，部分也是出于这一考虑。

3 至少并未全部放水。

4 意即："昨天朕经长河水路从西海（西湖）而来圆明园，见筑堤围挡湖水（修筑工事）特地征询可有大水溃堤的隐患。"

5 新开东北湖域沿岸因防洪等级较高，似采用了柏木钉打底、三合土夯实、外砌规则的大型方石砌筑等复杂施工工艺，因此施工大为费力、耗时。

全过程中西北郊诸皇园、农田以及都城、通惠河等下游仍有用水之需，显然湖廓完成后的一年间仍要保证西湖通水[1]。那么，“围挡与通水”间的矛盾又该如何协调？

4.2 进一步构思（图1）

（1）开闸疏水，先期准备

首先于1749年冬开工前开启西湖青龙闸与响水闸放水，而后于古西堤（自玉河口以南部分）及西湖西北边界（玉河口至青龙桥段）沿岸水域清理湖底[2]，以利水流尽量向清理地段收拢。

（2）筑堤填湖，三区开挖

待湖水退却、冰冻期来临，就玉河口以南，沿残留湖水西界外缘修筑一条新堤[3]，使其南部与古西堤南段以西湖南端为中心大致呈旋转对称，同时仿杭州西湖苏堤六桥于其上预留桥洞闸口。就玉河口以北湖中堆土填湖[4]，布置耕织图等水村景色[5]。

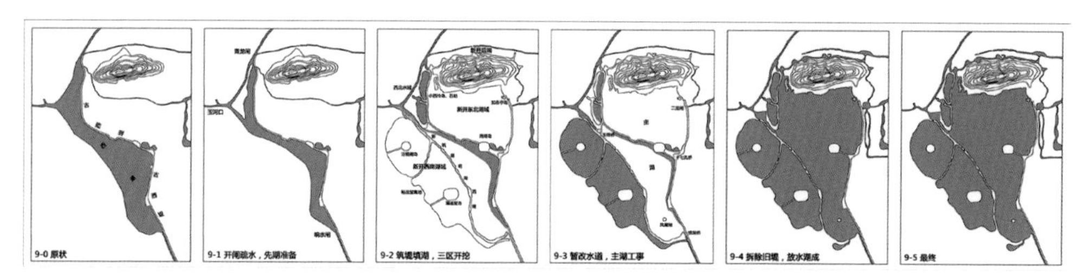

图1　落定山水间架的进一步构思（来源：作者自绘）

1《日下旧闻考》卷八十五载：“影湖楼在高水湖中，东南为养水湖，俱蓄水以溉稻田。复于堤东建一空闸，泄玉泉诸水流为金河，与昆明湖同入长河。”而乾隆二十四年（1795）作《影湖楼》诗有序：“迩年开水田渐多，或虞水不足，故于玉泉山静明园外接拓一湖……湖之中筑楼五楹……名之曰影湖而系以诗。”该湖即高水湖，并开拓于乾隆二十四年。因此，连接玉泉山与长河的另一条水系“金河”疑应为乾隆二十四年后为便于新开之高水、养水二湖泄洪而建。亦即乾隆改造西湖时，除玉河西湖外，自玉泉山至长河并无其他水道可供连通。

2 1991年昆明湖清淤时，岳升阳先生曾于南湖岛至其西约200m的古西堤遗迹南侧范围发现：“一条宽约8m的浅灰色淤泥带，其土质特征与昆明湖表层淤泥相似，而与其两侧露出的早期淤积层不同。”“昆明湖清淤深度平均为50cm，木桩处昆明湖淤积层厚度约为30cm，而此浅灰色淤泥带处淤积层厚度却超过50cm。”由此岳先生推测其“当为一条昆明湖建湖前即已存在的，由人工挖掘而成的河道遗迹”。

3 疑此即今昆明湖西堤南段与东堤南段曲折走势相仿的原因之一。另外，此新堤包括今昆明湖西堤南段及其向西北延伸的一小段。

4 查北京市测绘设计研究院1996年测绘图，此处地坪海拔高于50m，而原西湖北部湖底应低于此高程。

5 乾隆三十五年（1770）《水村居》诗载“可因验民计，益切祝丰年。茅土风犹在，小停着系船”，因此该处水村景色似与瓮山西麓曾为村舍的旧日景象有关，而乾隆建园前已将此地居民另迁他地。

此后，即可开挖3处新增湖域。

新开东北湖域可利用原有古西堤围挡湖水，从内侧开挖；新拓东北湖岸沿线以圆静寺向南之延长线为轴大致与古西堤北端走势对称[1]；拓湖北界至瓮山南麓，并于圆静寺前作弧形凸出状；于龙王庙东侧修筑重坝，以利甃筑十七孔桥[2]；就龙王庙东黑龙潭处作岸线兜回，则恰可增强主山与湖域边缘顾盼有情之势。保留原有陆地作南湖岛、知春亭岛、小西泠岛、石舫等。

新开西南湖域[3]以（昆明湖）西堤为东界向西扩展，使得整个瓮山南的湖域轮廓略呈桃形。按“一池三山”的皇家园林传统在该湖南北两侧分别堆筑治镜阁、藻鉴堂二岛，并与南湖岛互成犄角之势，远朝瓮山为尊，近则统摄各自水域。正如《管氏地理指蒙》所谓“使无朝案遮拦，未免飘散生气，焉有融结”。另于湖之西南岸就开濬之土堆山，其上仿杭州西湖蕉石鸣琴景筑畅观堂。

新开瓮山北麓后湖，连缀后山旧有零星水泡，将土方堆筑于水道北侧，遮蔽园外无景可借之处，以成寂静幽邃之感。但瓮山北麓西侧借景较好，所以留后湖西段朝向西山的视线通道。于瓮山北麓东西两侧各依山势开凿桃花沟，以利排水。最后，引湖水流至瓮山东麓，由此分两路流向圆明园，并利用山地环境摹写无锡寄畅园建惠山园。

（3）暂改水道，主湖工事

在来年（1750）春季湖水即将解冻时，关闭事先在玉河口下游所筑闸坝[4]及响水闸，开启新筑西堤北端桥闸[5]新拓西湖南端入长河之闸坝[6]放水，改换水道，从而以两重大堤，保障此后一年间东北湖域施工安全。此间，即可陆续完成主湖东北岸石质湖堤、小西泠岛、知春亭岛、南湖岛等诸工事。

1 分析此即今乐寿堂、玉澜堂处湖岸较文昌阁迤南湖岸靠西的原因之一。
2 疑此即1991年清淤时翟小菊、岳升阳两位先生所描述的堤坝遗迹位置走向不一之因。
3《日下旧闻考》载“昆明湖东西为长堤，西堤之外为西湖”，此西湖大体即本文所述新开西南湖域与西北水域。
4 今玉带桥西北侧临时修筑的闸坝，用以便利甃筑玉带桥，并暂时阻隔玉河水流入原西湖南部范围。
5 清漪园时期治镜阁所处湖域北端与玉河河口相连的桥洞附近。
6 清漪园时期藻鉴堂所处湖域南端与长河相连的水道上之闸口。详见国家图书馆藏《清漪园地盘图》，图中昆明湖南端有一分叉水湾曲而连向藻鉴堂湖域方向，疑为西湖改造时藻鉴堂湖域连通长河之水道，后或改作昆明湖船坞等用途。

新开西南湖域西岸，以临时修建的短堤连接湖内 2 座岛屿，以便岛上建筑施工。由于此二堤所处湖域水较浅，事后较易拆除 [1]。新开东北湖域东岸修筑二龙闸及其他涵洞闸口，以利将来灌溉东部稻田。在该年冬季来临时，对原西湖南部进行清淤 [2]。并于其最南端仿无锡运河之黄墩埠修筑凤凰墩岛。

（4）拆除旧堤，放水湖成

推敲至此再看横亘于瓮山前湖中部的古西堤中段，其封锁了自瓮山南望之视野，加之新建昆明湖西堤，整个湖面支离破碎、毫无主次，极不利于发挥西湖烟波浩渺及瓮山主景突出之优势。

因此，于 1751 年春在湖水解冻前，人们先拆除古西堤中段，从而保留其北段并与新筑西堤一起构成今昆明湖西堤。拆除十七孔桥南北两侧堤坝，使新开东北湖域之东堤与古西堤南段相连构成今昆明湖东堤。

然后，同时开启昆明湖西堤及后湖各处临时桥闸堤坝，放水充盈所有湖域 [3]。拆除响水闸，使西湖与长河上游水位等高 [4]，以利船只经长河过广源闸换舟后即可直达清漪园。由此，乾隆对西湖的改造在其系统的相地思想指导下解决重重矛盾，最终顺利完成（图 2）。

5　结语

由于条件所限，本文仅据现有材料试对清漪园之相地进行探讨，完全厘清这一议题还有待更多科考进展与史料发掘。不过我们仍可通过以上研究将清漪园相地的核心思想总结如下。其一，清漪园的择址

1 但其中仍有待考证的疑问。如若保临时水道更为畅通，为何还在新开西南湖域修建西堤支堤？查乾隆御制清漪园风景诗、《日下旧闻考》清漪园卷，均未有任何文字提及该支堤。而弘历诗文以此湖作“西海、滇海月”之比喻非常多见，其所述西海、滇池均为长条形，且中部无堤。此外，目前所知清漪园地盘图上绘有此堤，但均为乾隆朝之后的样式房图纸。笔者试想是否乾隆改造西湖之初并无此支堤，其出现则是在此后增设清漪园西南门后等。

2 推测此时西湖南部因此前清理湖底而汇聚于古西堤西侧沿线的积水仍有少量没有排出，其存水范围疑即此后岳升阳先生所发掘的河道遗迹。

3 乾隆《万寿山昆明湖记》于该年（1751）称：“湖既成，因赐名万寿山昆明湖。”

4 参考乾隆三十六年（1771）《御制过广源牐换舟遂入昆明湖沿缘即景杂咏》：“广源设牐界长堤，河水遂分高与低。过牐陆行才数武，换舟因复溯洄西。”

图 2　建成的万寿山、昆明湖的位置（来源：作者自绘）

并非十全十美，而是基于建设目的，在对场地利弊多方因素的综合权衡后，寻求出满足建设需求、化解基址矛盾的具体思路，最终变不利为有利。其二，清漪园相地的原则是以尽可能小的代价换取园林建设最大的收益。其中包括利用原有西湖扩建水库、利用濬湖之便改良湖山关系等。其三，清漪园相地具有前瞻性，其构思周密考虑到了园林艺术效果与工程进展等诸多方面，最终创造出有别于其他皇家园林一池三山的新的园林艺术理水形式，继承并发扬了皇家园林的传统。

参考文献

[1] 清华大学建筑学院 . 颐和园［M］. 北京：中国建筑工业出版社，2000：65.

[2] 孟兆祯 . 园衍［M］. 北京：中国建筑工业出版社，2012：28.

[3] 颐和园管理处 . 颐和园志［M］. 北京：中国林业出版社，2006：310.

[4] 蒋一葵 . 长安客话［M］. 北京：北京古籍出版社，1982：50.

[5] 于敏中，等 . 日下旧闻考［M］. 北京：北京古籍出版社，1988.

[6] 于敏中，等 . 日下旧闻考［M］. 北京：北京古籍出版社，1988：1392.

[7] 张冬冬.清漪园建园前的原初环境考［J］.中国园林，2015（2）：120-124.

[8] 李东阳.怀麓堂集•游西山记［M/OL］.中国古籍全录.http：//guji.artx.cn/.

[9] 孙承泽.天府广记［M］.北京：北京古籍出版社，1982.

[10] 北京市颐和园管理处.清代皇帝咏万寿山清漪园风景诗［M］.北京：中国旅游出版社，2010：15-88.

07　园林活动视角下“汴京八景”与城市水系互动发展研究

董琦[1]

自古以来的园林造景都离不开水景观的营造。由于人具有亲水性，水元素的合理利用可以增加园林景观的利用率，甚至对百姓的活动起到引导的作用。本次研究选取北宋时期的“汴京八景”为研究对象，试从较具代表性的公共园林中研究人与景观中水的互动关系，通过史料的挖掘，了解这种互动关系是如何吸引市民、引领城市风尚的。

1　研究背景

1.1　历史背景

北宋时期，百业兴旺，在经济因素的刺激下发展了众多的园林。加上这一时期“重文轻武”政治思想的影响，文人化的园林成为这一时期的一个主要象征。在文人当道的历史背景下，北宋时期的园林更突出了公共性和文人化的特征。园林不仅仅是皇权贵族、士大夫阶层才拥有的景观体验，从官衙府邸到寻常百姓家，从沿河街市到一处小小的茶馆小院，处处有园林的影子，园林从不同用途上深入市民的生活之中。

1.2　“八景”的发展演变

“八景”一词最早见于道教的典籍之中，是道教中的一个重要概

1 山东华宇工学院设计艺术学院助教，德州，253000。

念。有很多以八景命名的典籍，如《上清八景飞经》《太山八景神丹经》《赤书八景晨图》等，其中多以“八”做时间的指代。后来的文学中“潇湘八景”多与时间相关联。也有学者对“潇湘八景”四字进行拆解寻找其中规律，发现有很多是由时间加对象或时间加地点组成的。道教在方位上的指代也有相关的记载，《三一九宫法》云：“太上所以出极八景，入骖琼轩，玉女三千，侍真扶辕，灵犯侠唱，神后执巾者，实守雌一之道，用以高会玄晨也。”这里的“八景”就有八方之景的意思了。

“八景文化”在起源时撷取数字“八”，但从广义上讲，后来如“西湖十景”“巴渝十二景”等的出现，也被涵盖在“八景文化”之中，从这个方面讲，“八”字只是多种景色的一个概括。众多学者对此问题也有过很多探讨。衣若芬指出，中国文人们对风景的概念始于南北朝时期，“‘潇湘八景’的八个取景观点根植于六朝山水文学会传统”“‘潇湘八景’的偶数形式，两相对仗以及近乎押韵的题名内容，显示近体诗格律完成后对于群组数目结构概念的影响”，他从风景“六朝”诗歌形式的发展演变来推导“八景”的选择，这一方法显得很新颖。

北宋至明清时期，科举制度不断完善，造就了大批舞文弄墨的文人。到明代后期，中央要求各地方修撰地方志，大量关于“八景”的记录便自此出现在史料记载上。北宋时期的汴京，是“汴京八景”的发源地，这一时期的“汴京八景”是流传至今的“汴京八景”演变的发端和基础。

2 “汴京八景”的演变及发展

2.1 “汴京八景”的景名变化

“八景”文化源于北宋，但“汴京八景”出现在文献记载中的时间并不是北宋时期。宋朝衰败灭亡后，历经金、元后的开封城，在明

代时期才开始出现了后人对古时城市八景的评选记载，后经过多次的演变与修正，至光绪年间，确定了流传至今的“汴京八景”版本。开封的“八景”从不同的时间与空间上代表性地体现了这一城市或者说这一区域的动态景观状况，从侧面也反映出了开封的地方性精神。

嘉靖年间，李濂所著《汴京遗迹志》中又出现了“汴京八景”的两个新的版本：“汴城八景：铁塔行云、金池过雨、隋堤烟柳、相国霜钟、州桥明月、大河涛声、繁台春晓、汴水秋风。又八景：艮岳春云、夷山夕照、金梁晓月、资圣薰风、百冈冬雪、吹台秋雨、宴台瑞霭、牧苑新晴。”与此同时，李濂也参与了嘉靖年间《河南通志》的编撰，收录的“汴京八景”版本与朱有燉版本相同，可见官方公布的“八景”还是具有一定权威性的。

明后期万历年间，中央诏令各地定八景，报朝廷，“八景”文化迅速在全国各地盛行起来，并且作为官方地编制在各地方志中。“汴京八景”的编撰也不例外。

明末战乱，李自成三次围攻汴京开封，致使大量的房屋、建筑和园林遭到毁灭性破坏，“汴京八景”中的许多景致也不复存在。以此为时间上的节点，之后的“汴京八景”便已与原有记载呈现出很大的不同。如清代顺治十八年的《祥符县志》至光绪县志，收录的由无名氏所拟的“汴京八景”为繁台春色、隋堤烟柳、汴水秋声、相国霜钟、铁塔行云、梁园雪霁、州桥明月、金池夜雨。由此可见，清代八景在明代的基础上有了新的延续和发展，又重新构建了汴京人心中的文化象征。

八景的多个版本不仅仅是景名的不同，景地和内容也都有变化。这说明汴京的生态环境不是一成不变的，而是处于不断的变化之中，随着地理环境的变化和历史的变迁，原来的景观有的消失、有的改变，出现了内容和名称不同的新景。通过梳理史料中对“汴京八景”的记载，明清时期的记载有 9 种文献共 7 个版本（表 1）。

表1 明清时期记载“汴京八景”的相关文献

时间	文献	作者	记载
明初期	《诚斋录》	朱有燉	城八景：艮岳晴云、大河春浪、开宝晨钟、夷山夕照、金梁晓月、资圣薰风、百冈冬雪、吹台秋雨
	《于忠素集》	于谦	
	《河南总志》	胡谧	
明中期	《汴京遗迹志》	李濂	八景：铁塔行云、金池过雨、隋堤烟柳、相国霜钟、州桥明月、大河涛声、繁台春晓、汴水秋风
			又八景：艮岳春云、夷山夕照、金梁晓月、资圣薰风、百冈冬雪、吹台秋雨、宴台瑞霭、牧苑新晴
清顺治	《祥符县志》	李同亨	繁台春色、隋堤烟柳、汴水秋声、相国霜钟、铁塔行云、梁园雪霁、州桥明月、金池夜雨
清康熙	《开封府志》	管竭忠、张沐	繁台春色、汴水秋声、隋堤烟柳、相国霜钟、铁塔行云、金池夜雨、梁园雪霁、州桥明月

注：明代总的有3个版本，其中初期的记载更接近北宋时期的“汴京八景”，为后人对往时胜景的总结记载。另外，李濂的《汴京遗迹志》也是对北宋汴京的景色描述，其中加入了个人的情感与见解。明后期至清朝，八景的景名内容已经重构，并在官方的认可下较为稳定，只在顺序上出现少许变化。

2.2 “汴京八景”中的水环境

汴京城市地势平坦，地处黄河下游地区，黄河的冲击在这一平原形成了众多的河道，如京水、济水、汝水等。另外，隋唐时期京杭大运河的开凿，又留下了沟通北方的汴河一水。综观北宋汴京，水路网络四通八达，漕运船只往来频繁，与水相关的人文景观可以说是遍布全城。而“八景”也借助于这些流动的水与漕运活动，记录下了春夏秋冬、风花雪月的浪漫主义的宋人生活情怀。

《宋史》中关于“八景”的水体景观涉及大河、汴水、金明池、金梁桥、州桥五处；孟元老的《东京梦华录》中与水相关的仅涉及州桥和金明池两处；李濂的《汴京遗迹志》中涉及大河、汴水、百冈、隋堤、金明池、金梁桥、州桥七处；《宋会要》中相关记载有大河、汴水、金明池、州桥四处。总的来看，与大河与汴水相关的景色是最为普遍的城市生活的一部分。金明池是皇家每年三四月份对百姓开放的具有公共性质的皇家园林，在史料中的记载得较为翔实。州桥作为北宋汴京中心处繁华地段的人文胜景，记录在册的也不在少数。至于

剩下的金梁桥、百冈和隋堤则相对记录较少，这也与其景观的生态环境变化有关。

（1）大河（黄河）

明代的《河南总志》、朱有燉的《诚斋录》中用“大河春浪”描绘了黄河水流湍急、一泻千里的壮阔景观，正如于谦诗云：“大河滔滔涌地来，腾波起浪如奔雷。”可见北宋时期的黄河水是量大且急的。查阅《宋史》，其中有“冬十月辛亥，洛口、广武大河溢”“康定元年九月甲寅，滑州大河泛溢，坏民庐舍”“四年十月，河决澶州，陷北城，坏庐舍七千余区，诏发卒代民治之”等记载，可见当时的黄河确是来势汹汹，因河而生的水患严重，发生频繁，并且与百姓的生活息息相关，同时，治理水患也就成为当时北宋的一项重要国事。李濂在《汴京遗迹志》中改“大河春浪”为“大河涛声”，虽在名称上有了轻微变化，但对于大河之水的描绘仍然是汹涌澎湃的，可见直到明朝，这处景观一直在延续。而且其作为八景中难得的一处自然景观，又与百姓生活息息相关，大河的描绘一直是被人们认可的。

（2）汴河

汴河是京杭大运河流经汴京城市的一段，它将长江与黄河联系起来，是汴京沟通南北、进行粮食运输和文化交流的命脉，“半天下之财赋，并山泽之百货，悉由此路进”，甚至很多学者称汴河为汴京的“生命河”。汴河贯穿了北宋汴京的南部大半个城市，沿河有百姓的住宅，有茶肆酒楼，也有粮仓码头。“每年秋季来临，汴水猛涨，碧波万顷，宛如银练；河中波涛轻拍两岸，恰似伊人在拨弄琴弦，演奏着一曲动人的乐章”，秋季汴河水量的增加形成了“汴水秋声”一景，试想丰盈的水量载着穿梭于汴河之上的来往大型船只，翻滚着浪花带来滚滚不断的粮食与财富，身处河边必然会萌发胜景之感。“汴水秋声”一景一直延续到了明中期，说明明清时期的都城市民，虽然受河患之苦却依然铭记和享受河水给生活带来的各种便利。

（3）金明池

在汴京众多节日和游园活动中，最为繁盛的当属三月的“开池”活动了。这里的“池”便是指当时城西的金明池。金明池是北宋首都东京西郊著名御园琼林苑的一部分，为水军演习而建，后盛世太平而改为观水嬉的皇家园林场所，每年阳春三月都要在此举行诸如“龙舟争标比赛”一类的节目，由皇帝临幸观赏，赐宴百官。周火军在《清波别志》中记载：“三省同奉圣旨，开金明池，许士庶游行，御史台不得弹奏。”开池活动是皇家与民同乐的表现，与金明池有关的诗文佳话流传甚多，且有描绘当年金明池争标活动情景的《金明池争标图》描绘了当时园林的繁荣盛况。相比黄河与汴河，金明池一景中的人文活动更为丰富，时间上更为明确，人水互动的描写也更为具体。水与人的互动体现在各种人文活动中，人们可感、可观、可赏、可玩，是人与水交流最为密切的一处景观。

（4）桥梁景观

州桥与大相国寺相连，地处繁盛地，人流密集。孟元老在《东京梦华录》中有详细记载：“州桥之北岸御路，东西两阙，楼观对耸。桥之西有方浅船二只，头置巨干铁枪数条，岸上有铁索三条，遇夜绞上水面，盖防遗火舟船矣。”又描写了州桥夜市的繁盛：“出朱雀门，直至龙津桥，自州桥南去……谓之杂嚼，直至三更。”《宋会要》在嘉定十三年（1220）有记载：“既而本府分委官吏于城内外被火处沿门逐一抄札，除杂卖场南至州桥一带及都亭驿一带拆拽过民屋姓名、大小口数令项供申外，所有城内外被火之家，计二千五百七十五户，条具来上。”可见州桥一处，灯火兴旺，易发火灾，也确实发生过火灾，但北宋对于火灾的预防以及灾后的统计与安抚工作都做得比较到位。笔者认为，北宋时州桥处的火灾记载仅有一次的史实与州桥下常设当时的消防部队“防遗火舟船”有很大关系。水在这一景中于人的作用较大一部分是防火救火的实用性，也为其灯火通明的繁盛提供了保障。

关于金梁桥的记载，史书中一般不做重点描述，可见其地理位置不如州桥那样重点，在《汴京遗迹志》中对金梁桥的周边环境有记载：“礼宾馆。旧名番译院，在金梁桥西南，汴河南岸，景德三年改为礼宾院。”在城西金梁桥之南，相传元时邑民刘道源，因牲来人众，造舍于上，设汲水之具，遇盛暑时，则汲以济人，故名。可以推断金梁桥实在城西汴河之上，此处是西部的经济文化中心，但景色比起州桥

略有不及。至元末，桥下水势渐弱，兵燹城西众多建筑，这一处景观却仍被保留，想必后人再提“金梁晓月”已有物是人非之感。不过这也侧面反映出这一景观在汴京还是具有很强的代表性的。图1为汴京城市四河及桥梁总图。

2.3　“汴京八景”中与水相关的园林活动

北宋时期，园林遍布大街小巷，已经渗入百姓生活的方方面面，潜移默化地影响了这一时代人们对于园林的追求和趋向性。诸如“八景”的代表性园林对人流的季节性去向产生了一种引导的作用。由于节庆、季节等因素的影响，不同时段人流的去向呈现规律性，逐渐形成了一座城市的习俗和风尚。在北宋时期，园林成为百姓生活，尤其是士庶重要的活动场所，人们游园所赏的，除了美景，还有美景中的人以及人与景的互动。北宋的园林中有着丰富的游园活动，如垂钓、籍田、龙舟竞赛、赐宴、射宴等，也是这个时期文艺在园林中的具体表现。

“八景”中与水互动最为密切的当属“金池过雨”一景，每年

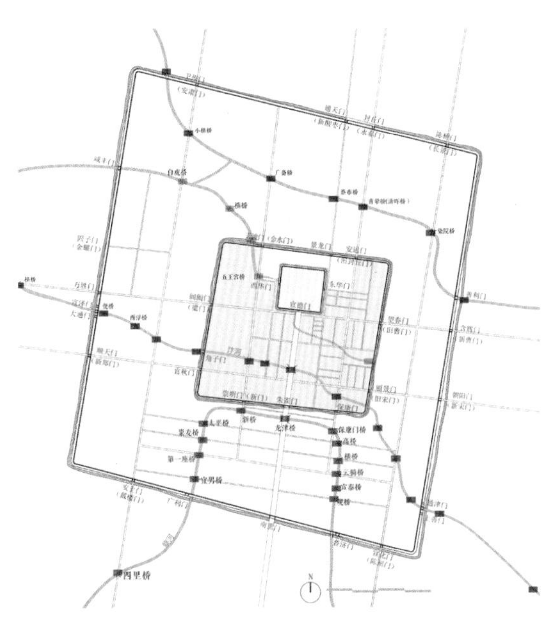

图1　汴京城市四河及桥梁总图

（来源：西安建筑科技大学东方古典园林研究中心）

三月的金明池“开池”活动有当时最受人们欢迎的游园项目——水嬉表演和龙舟争标赛。金明池的龙舟竞渡是最受欢迎的节目，竞渡所用的龙舟是两浙地区所供，规模可观，有记载描述其“长二十余丈，上为宫室层楼，设御榻，以备游幸”。皇室出行，规模壮观，市民对于金明池的游园活动也是倍加关注。“都人只到收灯夜，已向樽前约上池。”孟元老的《东京梦华录》中在《驾幸临水殿观争标锡宴》一节中详细地描写了水嬉和龙舟争标的盛况：“驾先幸池之临水殿，赐宴群臣。殿前出水棚，排立仪卫。近殿水中，横列四彩舟，上有诸军百戏，如大旗、狮豹、棹刀、蛮牌、神鬼、杂剧之类。又列两船，皆乐部。又有一小船，上结小彩楼，下有三小门，如傀儡棚，正对水中。乐船上参军色进致语，乐作彩棚中门开，出小木偶人，小船子上有一白衣人垂钓，后有小童举棹划船。辽绕数回，作语，乐作，钓出活小鱼一枚，又作乐，小船入棚。继有木偶筑球舞旋之类，亦各念致语，唱和，乐作而已，谓之‘水傀儡’。又有两画船，上立秋千，船尾百戏人上竿，左右军院虞候监教鼓笛相和。又一人上蹴秋千，将平架，筋斗掷身入水，谓之‘水秋千’。水戏呈毕，百戏乐船，并各鸣锣鼓，动乐舞旗，与水傀儡船分两壁退去。有小龙船二十只，上有绯衣军士各五十余人，各设旗鼓铜锣。船头有一军校，舞旗招引，乃虎翼指挥兵级也。又有虎头船十只，上有一锦衣人，执小旗立船头上，余皆着青短衣，长顶头巾，齐舞棹，乃百姓卸在行人也。又有飞鱼船二只，彩画间金，最为精巧，上有杂彩戏衫五十余人，间列杂色小旗绯伞，左右招舞，鸣小锣鼓铙铎之类。又有鳅鱼船二只，止容一人撑划，乃独木为之也。皆进花石朱勔所进。诸小船竞诣奥屋，牵拽大龙船出诣水殿，其小龙船争先团转翔舞，迎导于前。其虎头船以绳牵引龙舟。大龙船长三四十丈，阔三四丈，头尾鳞鬣，皆雕镂金饰，楻板皆退光，两边列十阁子，充阁分歇泊中，设御座龙水屏风。楻板到底深数尺，底上密布排铁铸大银样，如卓面大者压重，庶不欹侧也。上有层楼台观，槛曲安设御座，龙头上人舞旗。左右水棚，排列六桨宛若飞腾。至水殿，舣之一边，水殿前至仙桥，预以红旗插于水中，标识地分远近。所谓小龙船，列于水殿前，东西相向，虎头、飞鱼等船，布在其

后，如两阵之势。须臾，水殿前水棚上一军校以红旗招之，龙船各鸣锣鼓出阵，划棹旋转，共为圆阵，谓之‘旋罗’。水殿前又以旗招之，其船分而为二，各圆阵，谓之‘海眼’。又以旗招之，两队船相交互，谓之‘交头’。又以旗招之，则诸船皆列五殿之东面，对水殿排成行列，则有小舟一军校执一竿，上挂以锦彩银碗之类，谓之‘标竿’。插在近殿水中。又见旗招之，则两行舟鸣鼓并进，捷者得标，则山呼拜舞。并虎头船之类，各三次争标而止。其小船复引大龙船入奥屋内矣。”

孟元老的描写可谓是十分详尽了，这些活动中单是提到的船只种类就有五种之多，“水傀儡”“水秋千”“钓鱼”之类的水嬉和船只“海眼”“交头”“标竿”的表演，均在金明池水中进行，气势庞大，让人为之目动心眩。也难怪会给人留下“二十余年成一梦，梦中犹记水秋千”的深刻印象了。

现在学术界讨论得热火朝天的《清明上河图》（图 2），描绘的便是东水门外一段的繁华景象。学者们在图画所述季节的讨论上，有的说是春季，有的说是秋季。但可以看出的是，这一时段的人们聚于城东南角，有隋堤处相迎送景象，亦有来往船只踏波而行的浩荡。可见这一时段在东水门一段的人流密度是很大的，这一处的景象吸引了百姓到此游赏，进行一系列与园林相关的活动。

3 园林活动对“八景”发展的影响作用

宋代“重文轻武”的政治思想提升了文人的社会地位。文人与士大夫合流的现象非常普遍，众多能诗善画的文人担任中央及地方的重

图 2 清院本《清明上河图》（来源：https：//www.fengshui86.com/special/qmsht/）

要官职，这也为文人化的园林建造和与之相关诗词的创作提供了有利条件。因此，除了皇家的干预和各类表演的吸引，这些文人们的诗词雅作对于八景的“宣传”和延续也起到了非常重要的作用。

在这一时期涌现了大量的文学作品，文人给汴京的景色加入了人文主义的色彩，通过感情的带入与抒发引起更多人的共鸣，于是更多的人会想要到这诗词中的景色里一探究竟，就像是今天所谓的名人效应，也像是如今热火朝天的“网红”城市效应。这些景观为文人墨客提供了创作的素材和灵感。不同的文人对于景观的感知有所同有所不同，在感知环境的同时又反馈了大量的作品，为景色打出名声，吸引客流。这种在文化层面的交流可谓是“双赢”的。

3.1　文人作品流传推动了景观发展

北宋时期的文学作品中留下了大量“汴京八景”的描写记载。八景中与水相关的园林活动地点可以分为以下几类：

（1）以金明池为典型的园池景观。由于金明池是皇家的一处休憩地，所以关于金明池的描写是记载最多的了。司马光在《会钦金明池书事》中写道：“日华骀荡金明春，波光净绿生鱼鳞。烟深草青游人少，道路苦无车马塵……”诗中描述，金明池在早春时节波光净绿但游人却很少，道路上甚至都没有马车压过的痕迹；而在龙舟竞渡的时候，却又是眼花耳热的热烈场面。这也反映了金明池的游园活动时段性很强，笔者认为，这与北宋的“开池”规定有关，也与适合玩水季节的选择有关，在“青天白日春长好”的时节踏青出游，过着“行袂相朋接，游肩与贱磨”的美好生活，对寻常百姓来讲也是再快乐不过的事情了。

（2）赖水而生的桥梁景观。据《东京梦华录》记载，伫立在“四水”上的桥梁多达三十六座，历史上著名的虹桥、州桥都在其中。州桥一段就是繁华似锦灯火通明的“汴京八景”之一。州桥周围香火兴旺，门面店铺又很多，人气自然也是很高，似是一幅“落日笙歌迷汴水，春风灯火似扬州”的美丽画卷。

（3）黄河和汴河一类的自然水体景观。相比前两类景观，自然

景观的尺度更大，体现的文人胸怀也多为广阔。如黄庶在描写汴河时写到：“沐都峩峩在平地，宋恃其德为金汤。先帝始初有深意，不使子孙生怠荒。万艘北来食京师，汴水遂作东南航……”汴河是当时漕运的主要河流，大宋的财富、粮食多由此路进，诗人们怀着对汴河的感恩与自豪流传了大量的文学作品，这些记述也是我们了解研究北宋的历史、经济以及文化的重要依据，进一步肯定了汴河在当时的地位之重，对于它的保存和发展起到了一定的推动作用。

3.2 名人出行对景观吸引力的提升

这里的名人出行有两层含义，一方面是当时皇家贵族或者有声望的名门出行带来的吸引力提升，其带来的效应往往是积极的、热烈的；另一方面是古人对旧地出行的记录，给当代人带来的往往是精神情感的追求。

第一个方面的典型例子还是金明池的“开池”活动。《宋史》在太宗时便有记载：“幸金明池，御龙舟观习水战。”说明从太祖时期开始，便有游金明池的记录。又据《宋会要》记载：“咸平四年，枢密院言‘准例，春季金明池习水戏，开琼林苑，纵都人游赏，又大宴明光殿……其三月春宴及上巳日金明池苑，并合举乐’。从之。”可知从真宗时，金明池已由军事功能转变成游乐功能，且定期对百姓开放，由君主与民同乐。韩琦有诗写道：“帐殿深沉压水开，几时宸辇一游来。春留苑树阴成幄，雨涨他波色染苔。空外长桥横螮蝀，城边真境辟蓬莱。匪朝侍宴临雕槛，共看龙艘夺锦回。”此后，皇家临幸金明池成为惯例，金明池的热度也持续上升。可见一处园林的利用率和名气与其热度有着直接的联系，官方的认可与参与也是提升其吸引力的一条有效途径。

另外，宋人有大量诗词中在借景抒情时，会提到古人、故国或者故游。如李濂的《梁台怀古五首》中写道：“晨出南薰门，驾言登吹台。邹枚骨已朽，梁王安在哉？吁嗟歌舞地，樵牧令人哀！世运几兴废，宫殿皆芜没，汴水无停波，岁月去超忽。不见古时人，荒台上新月。”汴水没有停止过流淌，岁月却已经匆匆而过，故时的梁王、古吹台也已没有往时的歌舞升平了。又如《汴京遗迹志》中有“杜甫诗‘昔我游宋中，惟梁孝王都。气酣登吹台’云云，而满云：‘甫尝从李白及高适过汴州，登吹台。’此又何也？”的记载，可见像李白、杜甫这样的一代名人，其出行、诗词亦对景观的保留和名声的打造起着不可小觑的作用。

4 “汴京八景”中人水互动活动引领的城市风尚

4.1 中央政策的引导作用

汴京是一个依水而生的都城，中央对于水系的重视力度也是其他朝代所不能比拟的。政府利用得天独厚的水资源优势，从许多方面对园林景观实施了管理和发掘。这些政策也就成为汴京水系发展与园林活动兴盛的一个重要支撑。而这些园林生活中的人水互动又成为引领一个城市风尚的重要原因。

一方面，中央在政策管理和执行上有效地推动了这些园林活动的发展，引领了一个时代的风尚。汴京的地势低平，水资源充足，在郊野的许多低洼处形成了池沼，中央便利用这些现成的水源出资种植了大量的湿生植物，如有记载的菰、蒲、荷花、柳树等，又构建了台、榭、亭、桥等建筑构筑物，因水而形成了许多公共景观。这些景观也吸引了百姓出城探春，形成了当时的一种城市风尚。孟元老的《东京梦华录》有记载：“……四野如市，往往就芳树下，或园囿之间，罗列杯盘，互相劝酬；都城之歌儿舞女，遍满园亭，抵暮而归；各携枣锢、炊饼，黄胖、掉刀，名花异果，山亭戏具，鸭卵鸡刍，谓之‘门外土’；轿子即以杨柳杂花装族顶上，四垂遮映。”由此可见当时的汴京是有多么的发达与繁华。

另一方面，中央对于祭祀、节庆等的重视也对其景观的发展起了一定的推动作用。如相国寺作为皇家祭祀、祈雨等重大活动场所，也离不开水的运用。《东京梦华录》记载：“悉南去游相国寺。寺之大殿，前殿乐棚，诸军作乐，两廊有诗牌灯云：‘天碧银河欲下来，月华如水照楼台。’并‘火树银花合，星桥铁锁开’之诗。其灯以木牌

为之，雕镂成字，以纱绢幂之于内，密燃其灯，相次排定，亦可爱赏。资圣阁前安顿佛牙，设以水灯。”可见每年的正月十六日这天，在资圣阁处有燃水灯的习俗。我国一般在中元节时有这一习俗，孟元老也在天宁节的描述中写到“并诣相国寺罢散祝圣斋筵，次赴尚书省都厅赐宴”的情形。这项活动是人们寄托心愿希冀的一种表达，也是人与水互动的一种具体表现形式。水灯中蕴含着宗教的感情机制，是佛教文化与灯文化的和谐交融。

4.2 不同季节时段人流去向不同

孟元老的《东京梦华录》中按照时间顺序记述了一年中的人们生活与活动去向，《收灯都人出城探春》一节中写到：“收灯毕，都人争先出城探春……园馆尤多，州东宋门外快活林……百里之内，并无闲地……于是相继清明节矣。”至三月一日，又描写了金明池“开池”活动的盛大局面。对于适宜游玩的日常生活中，人们也在与水进行着密切的交流：“池上水教罢，贵家以双缆黑漆平船，紫帷帐，设列家乐游池。宣政间亦有假赁大小船子，许士庶游赏，其价有差。”到七夕时节，“潘楼街东宋门外瓦子，州西梁门外瓦子，北门外、南朱雀门外街及马行街内，皆卖磨喝乐”。人流又多聚集到马行街、州桥一带。

通过一年中人流的去向研究，我们可以看到，不同时段景观的承载力不同，这样给了园林呼吸的空间，给了人们四季不同的游园生活感受。并且，人们在园林生活中与水的互动方式也不是一成不变的，初春踏青时多为对水景的观赏感受，体验春天的到来；金明池活动中是以看节目、戏水为主要参与互动方式；日常的游玩以租船乘船为主要互动体验；天宁节等则是以观灯、放水灯等活动方式与水互动。不同的人水关系互动营造了不同的生活氛围，使宋时的百姓园林生活多姿多彩，也体现了当时社会的盛世太平。

5 结语

在北宋时期人们的园林生活视角下，我们从史书中看到了当时社会文明昌盛的影子。一系列的游园出行的活动反映了城市中水与人的密切关系，也让我们从这些互动发展中总结出一些景观营造和提升其利用率的有效方法。

（1）有效管理。从园林景观的选址开始，到景观的营造与维持，有关部门应积极参与并采取有效措施。园林是跨多行业依附性的泛产物，其外延和边界都较模糊，所以可利用的资源非常丰富。我们可以观察到几乎所有的园林中都少不了水景观的打造。在当代的景观旅游方面，很多掌权者往往急功近利，没有把“以人为本”的观念贯彻在管理中。北宋对郊野山林的景色打造是一个十分值得学习的例子。借助水资源的优势因势成景，合理利用景观植物，从而吸引大批踏青的市民百姓，有效地提高了景观的吸引力和利用率。由此想到我们当代，少一些大开发，多一些水资源的深度利用，把更符合景观发展的规律作为指导思想，应会使现有资源获得更有效的利用。

（2）民俗文化引领。当代旅游业有句话：“文化永远是卖点。”传统文化是经过时间和历史的洗礼传承至今的，民俗文化又是最贴近百姓生活的一部分，民俗文化的引入易形成热烈的氛围，是吸引客源非常有效的途径。利用传统文化中的节日打造游园活动，并充分利用水这类园林中必不可少的元素在活动中加入与民俗文化相关的游戏项目，增加游人在园林活动中的参与度，可以引领一种可持续发展的风尚。如中元节组织水灯活动，既可以传承民俗文化，为市民提供一个了解和学习的机会，又可以为园林打出名气，利于园林活动的开展和魅力的提升。

（3）活动方式多样性。水资源的合理应用可以推动水上活动的产生。如北宋金明池有龙舟争标、水秋千、抛水球和泅水等多种多样的水上活动，又将百戏活动融入水元素后形成的水傀儡，产生了内容丰富、形式多样的水上运动。游泳和垂钓等水上活动也深受人们的欢迎，直至今日，开封的民众仍保留着在龙亭湖冬泳的传统，在龙亭湖、包公湖以及御河岸边常常聚集着许多热爱垂钓的人群。我们可以以此为启发，从活动的多样性上打造景观的吸引力。如在较大的水面可以开展租船游湖的活动，从不同的视角拓展新的观景体验；在小尺度的

溪边湖边，可以引入像水灯一样的景观新元素，同时可以延长景观观赏时间；更小尺度的如许愿池、温泉水体验处等景观点的设置也会增加游园活动的公众参与度。

历史本身带给我们的远不止它呈现出的表面，有许多根深的作用等待我们去学习挖掘。现代城市发展与景观营造依赖于历史理论的研究，也依赖于系统的古代文献整理挖掘和系统分析。好方法的继承与推广有利于更有效、更合理地发展城市相关园林景观。

参考文献

[1] 董琦 . 北宋皇家园林“公共性”探究［D］. 北京：北京林业大学，2015.

[2] 高青青 . 李濂《汴京遗迹志》中的汴京八景［J］. 现代商贸工业，2015，36（22）：100-101.

[3] 运迎霞，王林申，王艳玲 .“八景”的传统美学思想体现及对当代城市规划的启示［J］. 规划师，2014，30（03）：107-111.

[4] 邓颖贤，刘业 .“八景”文化起源与发展研究［J］. 广东园林，2012，34（02）：11-19.

[5] 司艳宇 . 明清汴京八景与生态环境变迁研究［J］. 兰台世界，2016（15）：109-112.

[6] 吴小伦 . 开封水环境的历史变迁［J］. 农业考古，2014（03）：162-167.

[7] 孙盛楠，田国行 . 从北宋东京人工水系看“天人合一”［J］. 河北工程大学学报（自然科学版），2014，31（01）：36-39.

[8] 陈岩，许维超，于辉，等 . 宋代皇家园林空间环境分析——以金明池为例［J］. 建筑与文化，2018（09）：123-125.

[9] 储建新 .《金明池争标图》与宋代水上体育活动[J]. 体育文化导刊，2010（01）：124-126.

[10] 常卫锋 . 北宋东京游园活动及文化内涵探析［J］. 文化学刊，2015（02）：49-52.

[11] 张晓鹏，申建红，郑钧，等.《清明上河图》中的城市空间格局研究［J］. 城市发展研究，2016，23（01）：13-16.

[12] 毛现华. 宋代节日生活研究［D］. 成都：四川师范大学，2010.

[13] 梅国宏. 宋词都城意象的文化阐释——以汴京为中心［J］. 齐齐哈尔大学学报（哲学社会科学版），2007（06）：12-15.

08　浅析元大都水系规划及其意义

惠子[1]

1　元大都水系建设

1260 年，忽必烈登基后，将元朝首都从和林向南迁移到开平，之后在刘秉忠等人的建议下，定都燕京[2]。选址原金中都东北部的离宫——大宁宫。从此，历代开始把北京作为首都。北京位于华北平原的西北部，地势由西北高向东南低倾斜，西、北和东北三面环山。历史上北京城有关的所有水系和水泡子大多是在永定河冲积逐渐形成的。在永定河长期摆动中，不仅形成了丰富的地下水，还留下了大量的沼泽、湖泊。

元大都的新城建设是典型的先规划后建城，城市的规划设计一直领先于城市的建设。元大都的水系建设大致为两个阶段：第一个阶段是开通漕运用水和生活用水，从 1262 年到 1279 年完成，其间引西山水系接济漕运，开通金口河、金水河、坝河。第二个阶段是 1292 年至 1293 年开通通惠河，实现京杭大运河南北贯通。前后历经三十年，大都城建立了一套承载漕运、都城生活用水、园林用水的全面引水系统，奠定了之后北京城市水系的基础格局。

1.1　金口河

金中都时期，为了补充下游运河的水量，从石景山以北引卢沟河

1 西安建筑科技大学建筑学院在读博士研究生，西安，710000。

2 朱耀廷．山河形胜之地，应运而兴之都——从金、元定都北京看北京的地位与作用［J］．北京联合大学学报，2003（01）：72-81.

水，导入北护城河。但是由于新开的金口河水位高地势落差大，水流湍急，冬夏水量差距明显，使中都备受洪水威胁。并且金口河因为引自泥沙量巨大的永定河，泥沙含量很高，金口河开通不久就很快淤塞了沿途闸坝。因此金代开凿的金口河于 1187 年中断。

1267 年，由于新的元大都的建设材料基本都需要从西山运来，陆运车马、人力、物力损耗严重。再加上大都的漕运和农田灌溉都需要大量水源。郭守敬因此上奏重开金口河，“上可致西山之利，下可广京畿之漕”，开渠之始就意识到应在“金口西预开减水口，西南还大河，令其深广，以防涨水突入之患”[1]。同时，郭守敬也预计到，为了大都的长治久安，在这条河完成自己的使命之后，就必须退出大都的水系规划。因此，之后修建的通惠河开通不久，就停止了金口河的使用。金元两代三次开通金口河，只有这一次，是成功的一次开通。由于设计周密，它被成功地使用了近三十年，顺利完成了它的使命。

1.2 金水河

至元八年（1271）开通金水河，主要是为了解决宫苑用水。金水河因其河道从西面来，西方的方位属“金”而得名“金水”。“金水河源出玉泉山，流入皇城。”[2] 金水河的源头是玉泉山的泉水，入城后蜿蜒流向北面，最后注入太液池，成为皇城内专用的河道。

都城内开槽河流主要目的有城市用水和皇家用水两个方面，城市用水又包括城市景观用水和城市生活用水，皇家用水包括禁苑景观用水和生活用水。金水河的开通，使都城的海子分为北段积水潭水系和南段皇宫内的太液池水系，这样就可以防止城市用水的水系对皇宫水系的污染，前者负责漕运给水，后者则保证皇家用水。

对金水河水质的保护做到了极致，金水河从西山玉泉水始引，为了保证其水质不被其他水系干扰，在其与其他河流交汇的时候都架设“跨河跳槽”。《元史·河渠志》中有这样的记载：“至元二十九年二月，

1《元史·郭守敬传》。
2《元史》卷 58《地理志·宛平县》［M］. 北京：中华书局，1992：1348.

中书右丞相马速忽等言金水河所经运石大河及高梁河西河，俱有跨河跳槽，今已损坏，请新之。”同时，金水河的水位也比其下流经的护城河河道高出 3m 左右，这样既能防止水质受到污染，又能使河水在皇城内实现自流水。这样，就从两方面对水质进行了技术上的有效保护。

1.3 通惠河

通惠河历史悠久，是京杭大运河最北端的一段河道，是北京城重要的漕运、排水河道[1]。

1276年，丞相伯颜向元世祖提出开通通惠河的建议，“今南北混一，宜穿凿河槽，令四海之水相通，远方朝贡京师者，皆由此至达，诚国家永久之力”[2]。《元史》中记载：“通州至大都陆运官粮，岁若千万石，方秋霖雨，驴畜死者不可胜计。”大都城的粮赋供给全由江南上贡，但是只能通过漕运到通州之后，改为陆运最后到达都城。随着都城规模扩大，人口增长，都城对粮食货物的需求量增加，从通州到都城的陆运不堪重负。都城急需开通通州到都城的漕运，以减少陆运损耗。

从金到元，其间有多次开凿运河实践，却都因为各种原因导致了失败。1292 年春，元世祖命时任都水监的郭守敬主持开凿通惠河的修建工程。他经过多次实地考察勘测，终于找到了理想的水源地——白浮瓮山泉。《元史》中这样记载：“大都运粮河，不用一亩旧源，引别北山白浮泉水，西折而南，经翁山泊（今昆明湖），自西水门入城，环流于积水潭，复东折南，出南水门，令入旧粮河，每十里置一闸，比至通州，凡为七闸，距闸里许，上重置斗门，互为提阏，以过舟之水。”他利用地形地貌将大都西北昌平神山（今凤凰山）脚下的白浮瓮山泉西引后，向南汇入瓮山泊（今昆明湖），从西水门进入大都城，流入积水潭（今什刹海），再绕过宫城东边，从东南角的南水门出大都城，流入金旧闸河。沿河修建 11 组，12 座水闸。1293 年秋，通惠河建成，

1 李裕宏 . 京水钩沉（三） [J] . 北京规划建设，2007（03）：100-103.
2（元）苏天爵《元朝名臣事略》卷二。

忽必烈赐名“通惠河”。漕运最终获得了丰富的水源，从此通惠河成了京杭大运河最北的人工河道，积水潭成为大运河的北终点。黄仲文在《大都赋》中写道：“华区锦市，聚万国之珍异；歌棚舞树，选九州岛之秾芬。”通惠河的开通，使得江南北上都城的船可以只走水路，并且可以直达大都城内的积水潭。从此大都城商贾云集，热闹非凡，达到了全盛时代。

2　元大都水系规划特征

2.1　最先规划城市的排水基础

元大都的新城建设是典型的先规划后建城，城市的规划设计一直领先于城市的建设。考虑到金中都时经常受到永定河河水泛滥的原因，很大程度上是因为金中都的都城地势低导致的。因此元大都在进行新的都城选址时，将都城位置选定到金中都东北部冲积扇脊部的台地上，这样不仅可以避免永定河泛滥的威胁，还为都城的排水提供了非常好的基础条件。《析津志辑轶》里讲道：“初立都城，先凿泄水渠七所。一在中心阁后，一在普庆寺西，一在漕运司东，一在双庙儿后，一在甲局之西，一在双桥儿南北，一在干桥儿东西。”由此可得，元初在都城地基建设之时，根据地势的自然倾斜角度依次向南、东、北这三个方向铺设地下排水道，这在当时是很先进的地下排水系统。元大都城市的规划也都是因为稳定都城，发展国家经济为首要目的。比如1266年通金口河，是为了稳定国都；1271年，为了解决都城内用水，通金水河入城。

2.2　完善的都城内外水网系统

金代的水利建设一直都在努力为都城构建一个完整通畅的水网系统[1]。在大都新城的街道两旁，修建有排水渠道，这是为了保护道路

1 张涛，王沛永．古代北京城市水系规划对现代海绵城市建设的借鉴意义［J］．园林，2015（07）：21-25.

的畅通，以免因大雨淹滞而阻碍交通。流经元大都城内的河流有高梁河、坝河、金水河、护城河、通惠河，城内大型池塘湖泊有积水潭、太液池，还有很多低洼地、小池塘等。城内完善的排水系统和城外的护城河、通惠河、高梁河等的紧密联系，两个水系的互相配合，不仅为都城内的生活娱乐提供了丰富的水源，还使得都城在雨季可以非常轻松应对雨洪侵袭，保证都城内的安全。雨季暴雨倾城之时，雨水或直接通过地面流入早已铺设好的地下排水道，或顺着地面排水沟渠汇入城内的湖泊、池塘，然后通过湖泊、池塘顺着河道流出城外。

此外，都城外的河流系统与城内的水系贯通，城外的物资可以顺利通过连贯的水运进入都城，减少了车马劳顿。元代诗人的诗词中写有“金沟河上始通流，海子桥边系客舟。却到江南春水涨，拍天波涛泛轻舟”[1]。“酒家亭畔唤渔船，万顷玻璃万顷天。便欲过溪东渡去，笙歌直到鼓楼前。”[2]这两首诗描绘出了当时大都内漕运的畅通。

城内排水系统完善通畅，城外接应的河流网络可以进行及时的雨洪调蓄，城内城外共同组成了一个完善的水网系统，保证都城的雨洪安全。

2.3 通过水源分类，保护水质

金水河是皇城内专用的河道。其功能主要是作为皇家园林景观的一部分，满足皇室用水和园林供水需要。为了防止水源被其他相交河流污染，郭守敬在金水河与护城河交汇处，就设计了“跨河跳槽”这一水利技术。“跨河跳槽”工程是使金水河的河槽横跨过与其交汇的河流之上，避免两个水流的直接交叉，从而有效防止水源的污染。

元代也有规定对金水河加以管理。1322年，元英宗针对金水河污染的问题，做出专门批示（敕），据《元史·河渠志》（卷六十四）记载：“昔在世祖时，金水河濯手有禁，今则洗马者有之，比至疏涤，禁诸人毋得污秽。”《都水监纪事》中：“金水入大内，敢有浴者、浣衣者、弃土石瓴甑其中、驱牛马往饮者，皆执而笞之。”“昔在世祖时，

1 杨载送别南方友人的诗《送人二首》。
2《德胜门水关竹枝词》。

金水河濯手有禁，今则洗马者有之。比至秋疏涤，禁诸人毋得污秽。”[1]

积水潭相关水系，则主要为百姓和宦官服务的。位于皇城之外的积水潭水系，作为南北大运河北方的终点站，它主要是为了漕渠供水需要。

2.4 将水系作为核心进行规划设计

1215年蒙古人攻占金中都。忽必烈执政后，没有将中都故城作为新首都的选址，而是看中了金中都东北部的离宫。因此，1267年，忽必烈命刘秉忠为总设计师，以该离宫为中心建造了新的元朝的首都。新首都的建设围绕着北海和中海设计规划，使北京城的外围呈长方形[2]。这样的选址较金代明显的优势就是水源相对充足得多，而且有很好的漕运水道。金代的水源主要依靠中都城西莲花池水系供水，但莲花池水源有限，只够中都城内的用水。到了元代，人口猛增，再加上倍增的漕运压力，寻找水源更充足的地方建设新首都是首选。

新都城的总体规划遵循“面南而王”的建城传统，都城面向正南方向，皇宫位于都城偏南的位置。根据《周礼考工记》中“左祖右社”的传统，在皇城东侧建太庙，西侧建社稷坛。

如此中规中矩的都城，却因为以湖泊为中心规划，而将皇城建在中轴线偏西的位置，元大都城这样的规划设计既尊古制又因地制宜的艺术特色，在我国历代的都城建设史上是一大创新之举。

曾有一位英国建筑大师来华访问，他在参观元大都遗址时感叹道：“中国人真伟大，在这样一个呈对称式的城市里，突然有这样不对称的海，这是谁也想不到的。能有这样的规划建设思想和手法，真是一个大胆的创造。”[3]

3 元大都水系建设的意义

3.1 环境效益

元大都的水系建设也包含原有水面的扩大和整修。积水潭在扩大

1 李恩军．我国古代饮用水源的保护［J］．环境教育，2009（08）：71-73.
2 侯仁之．试论元大都城的规划设计。
3 蔡青．城市设计的艺术属性研究［J］．天津：天津大学，2016.

和整修之后，湖面更为辽阔。其东北岸规划了全城的中心市场。积水潭除了当时作为大运河终点满足漕运外，位于都城中心的它还是城内百姓最重要的休闲娱乐场所，百姓可以在此游水玩水，洗涤衣物。

元代积水潭景色秀丽，风景宜人，周围也临水而建了很多私人园林，更增添了积水潭的青翠秀丽。《析津志》中记载："花头鸭与江南者盖多来海子内，与太液池中水鸭万万为群。"如宋本《海子》诗："渡桥西望似江乡，隔岸楼台罨画妆。十顷玻璃秋影碧，照人骑马过宫墙。"

宫墙内的太液池也毫不逊色，刘秉忠在《春日效宫体》写道："雨洗芳尘绝点埃，桃花零落海棠开。沉香亭小围红树，太液池清映绿苔。夜月也曾悬汉殿，朝云何只在阳台。六宫帘卷东风软，一派仙音翠辇来。"

什刹海的水面开阔浩荡，湖里婷婷莲花，高风亮节，湖边杨柳依依，惠风和畅，周围花园林立，玉楼金殿。一切美景因湖而兴，城市因湖而美。

3.2　文化效益

水源是文化之源。

元代以后，明清也将什刹海作为城市规划和水系的核心，数百年的文化积淀，各阶层的文化汇集于此。这里的风俗文化，成了老北京历史重要的一部分。什刹海地区的漕运文化、宗教文化、王府文化、士大夫文化、平民文化等，成为首都文化的重要组成部分。

郭守敬的杰出建树也是在拓展城市的文化之源。

当时郭守敬主持修建的解决都城用水和漕运的工程技术，历经几百年后，被现在的学者文人学习研究。他主持的漕运河流和湖泊，经历几个朝代的变迁，成为现代的风景名胜和历史古迹。比如通惠河成了千年大运河之源，昆明湖作为颐和园的重要景点，无数游客在此流连忘返。

3.3　经济效益

经过多次的修整和扩大湖面后，积水潭作为城市中心区巨大的水景，给城市带来了非常良好的城市环境效应。积水潭沿岸形成了元大都著名的商业、风景和文化区。

1293 年，通惠河的成功通航，至此京杭运河全线贯通。积水潭作为京杭运河的终点码头，使得元大都达到历史上最繁荣时期，对元大都的发展起到了举足轻重的作用。元代漕运的通达，使得元大都成为当时世界上最繁华的都市，百货齐集，商业经济十分发达。它不仅是元朝的政治中心，也是当时世界上最大的商业都市。《马可·波罗游记》中有记载："外国巨价异物及百物之输入，世界莫能与比。"

参考文献

［1］朱耀廷．山河形胜之地，应运而兴之都——从金、元定都北京看北京的地位与作用［J］．北京联合大学学报，2003（01）：72-81.

［2］李裕宏．京水钩沉（三）［J］．北京规划建设，2007（03）：100-103.

［3］张涛，王沛永．古代北京城市水系规划对现代海绵城市建设的借鉴意义［J］．园林，2015（07）：21-25.

［4］张涛，王沛永．古代北京城市水系规划对现代海绵城市建设的借鉴意义［J］．园林，2015（07）：21-25.

［5］李恩军．我国古代饮用水源的保护［J］．环境教育，2009（08）：71-73.

09 唐长安公共园林与城市水系发展研究概述

贾慧子[1]

中国古代园林虽然总体具有封闭内向的特点，大多数园林是为皇家所有或针对部分人群服务，但另一方面，作为城市市民游乐活动与市民文化的重要媒介，中国园林却很早就体现出一定程度的开放与公共性特征，并且这种发展一直伴随着古代园林发展的始终。从东晋修禊活动的片光零羽到隋唐公共游乐的汪洋鸿篇，伴随着城市水系统的完善，文人执笔再现了曲江游宴的恢弘巨作，描述了寺观在节庆日时举行的万人空巷的百戏观演，描绘了可登高远眺长安盛世的乐游原，记述了具有半公共性质的市井坊里的城市园林。但是由于公共园林的数量以及历史文献中的详细记载较少，加之其特点的模糊，对中国古代城市公共园林的研究具有局限性，因此研究基于城市水系发展的唐长安城市公共园林是对中国古典园林体系补充的有益的探讨。

1 唐长安城市公共园林的概念探析

中国古典园林体系中对于公共园林的定义相较于皇家与私家园林较为模糊，因此在展开探讨唐长安城市公共园林之前首先对“公共园林”进行定义。

公共园林在现代指由政府或公共团体建设经营，作为自然或人文

1 西安建筑科技大学建筑学院，西安，710000。

风景区，供公共游憩、观赏或娱乐的区域。[1] 在现代概念中，首先建造者是公共性质的政府或团体，目的在于为全体城市居民提供交往娱乐的开放空间。然而在皇权至尊的古代社会，皇权统治下的一切使用空间和使用功能都是皇帝个人的，皇帝有权收取个人或团体宅邸，城市内举办的活动也是在皇帝批准的情况下展开，因此古代公共园林的建造者仅有朝廷。现代理念中理想状态下的“公共”指公共领域中展现的任何东西都可为人所见、所闻，具有可能最广泛的公共性[2]，城市公共园林被视为居民交流融合、解决差异化和提升公平性的场所。同时古代先贤将建造“与民同乐”的公共场所建立在君王“仁治”的道德自觉基础之上，公共园林营造的主要目的在于缓和阶级矛盾，通过举办城市活动创造各等级居民其乐融融交流的城市文化。针对城市公共园林的营建目的而言，古今是一致的。不同的是古代城市公共园林的公共性具有局限性，大多仅在特殊时期根据活动内容对城市居民或部分团体开放。

综上所述，唐长安城市公共园林作为此次论述的对象，其研究范围包括由政府所有，可为城市居民提供公共游乐服务的各类场所。

2 黄渠与南郊风景区公共园林

唐长安南郊风景区引黄渠之水，黄渠水，出义谷，北上少陵原，西北流经三像寺……自鲍陂西北流，穿蓬莱山，注曲江，由西北岸直西流，经慈恩寺而西。[3] 通过黄渠连接曲江、芙蓉园、杏园、乐游原等城市园林，开展人文荟萃的游乐活动，并作为大唐最大的城市园林片区形成以曲江池为核心的大型公共游乐场所，成为进士文人的狂欢之所，市民百姓的畅游之地，帝王与民同乐的宴饮之处，体现了科举制下文人展开的自下而上的庆祝活动。在南郊风景区举行的初春踏青、曲江赐宴、杏园赏花、雁塔题名等活动成为唐长安最具代表性的城市

1 王绍增．城市绿地规划［M］．北京：中国农业出版社，2004：284，286．
2［美］汉娜·阿伦特．人的条件［M］．竺乾威，等译．上海：上海人民出版社，1999.
3 张礼．游城南记［M］．

文化，曲江由此也成为长安城唯一具备现代意义的城市公园[1]。

2.1　宴请群臣

曲江池西南部的皇家园林芙蓉园四周筑有城墙并与长安城北部的禁苑遥相呼应，又被称为“南苑”。芙蓉园早期是帝王单独游赏的皇家御苑，每逢出行均要清理园内杂人。直至唐中宗、睿宗时期芙蓉园逐步开放，在皇帝诏许的情况下被用于宴饮群臣和接待外邦使者。唐玄宗时期为了方便游赏从大明宫、兴庆宫前往曲江，沿东城墙加修了一条并行的复道，即“筑夹城，通芙蓉园”[2]。当皇帝的车辇经过柳荫的夹道之时，地上铺满的郁金和龙脑香使得“十里飘香入夹城”[3]（图 1），骁勇矫健的天马口衔尊贵的銮铃，天子乘坐于金碧辉煌的车辇之上，百人仪仗环绕在帝辇周围高举鲜红的旗帜行进于柳树成荫的夹道中，百姓纷纷登上夹道外围的阁楼并趁机从尚未关闭的宫门中窥视芙蓉园盛景，由此便有了“銮舆回出千门柳，阁道回看上苑花”[4]的兴叹。

芙蓉园依托黄渠的供给，园内以芙蓉盛开的水景为主，管弦伴奏的画舫在池中和着灿烂的芙蓉花游行回旋，帝王登上芙蓉园的紫云楼与民共享曲江池美景。在玄宗时期芙蓉园的公共性达到鼎盛，尤其是正月晦日、三月三日、九月九日，都会举办与群臣、文人雅士、诸王的宴饮活动，号

图 1　仪仗出行图

（来源：http：//www.sxhm.com/index.php?ac=article&at=read&did=10821）

1 李令福 . 古都西安城市布局及其地理基础［M］. 北京：人民出版社，2009.
2 读史方舆纪要，卷五十三 .
3《全唐诗》第 521 卷，杜牧《长安杂题长句六首》.
4《全唐诗》第 128 卷，王维《奉和圣制从蓬莱向兴庆阁道中留春雨中春望之作应制》.

称三节赐宴。皇帝兴头上更会召集新晋进士共享美景。从进士李绅留下的诗词来看，芙蓉园内“绿丝垂柳遮风暗”[1]，其中点缀有繁茂的“红药”和芙蓉，帝王端坐于凤凰池畔举樽共醉饮于花下，赋诗于山水之间。

此外唐德宗在芙蓉园赐宴百官，“宜任文武百僚择胜地追赏”[2]游赏曲江，同时在“三节”时期根据官职的不同执行带薪休假的制度，其中宰相、参官赏赐最多，为500贯；北衙十军作为直接保卫皇家安全的禁军同样享有极高的待遇，被赏赐500贯；卫府兵十六卫作为“文武勋臣出入转迁”[3]之处，为奖励勋臣和征战的士兵赏赐200贯，翰林学士和外族客省使赏赐100贯，并“永为定制”。唐代带薪休假政策自高祖时期开始，出于巩固政权、笼络人心的目的明确鼓励假日休息不必顾及事务，为官员游赏提供了充足的时间和身心放松的机会，由此在唐代开放之风的引领下往往相邀玩乐，宴集之风盛行。盛唐时期国力强盛，经济位列世界前茅，人们有了更多的时间享受眼下的生活，玄宗颁布了《许百官游宴诏》并亲自倡导游宴活动，形成“天子骄于佚乐而用不知节，大抵用物之数常过其所人”[4]的奢侈之风，促进了开放自由的民风的形成，但亦因此导致朝政腐败，政务荒疏，难以抵御安史之乱的纷争。安史之乱之后的唐朝已逐渐走向末路，德宗为了恢复盛唐盛世，巩固政权，恢复与鼓励政府官员在曲江片区的游赏活动并形成与民同乐、其乐融融的场面。此时的游宴活动一方面将佳节由天子、政府高官举办的大规模聚会视为自上而下政通人和的表现，另一方面减轻官员工作压力，积极地调动了官吏的工作热情从而更好地服务于政府。

唐代休假制度的建立增加了官僚文人的游山玩水活动，促进了社会节假日的娱乐活动，为迎合上层阶级的休假安排，商人充分利用这一商机推出形式多样的娱乐活动，出现专门服务于官员的游乐场。在商品经济发展已初见雏形的唐代，由官员商贾稳定的经济来源带动的商品市场形成融合节日特色的消费链。市民作为占据社会人口比例较

1《全唐诗》第480卷，李绅《忆春日曲江宴后许至芙蓉园》.
2《全唐文》卷五十一《德宗》第二“三节赐宴赏钱诏”条，北京：中华书局，1982年影印本，第一册，第562页.
3《全唐文》卷五十一《德宗》第二“增置金吾十六卫料钱粮课诏”条，北京：中华书局，1982年影印本，第一册，第558页.
4（宋）欧阳修，宋祁等撰：《新唐书》卷五十一《食货志》，中华书局1997年，第136页.

多的阶层，对社会经济的促进至关重要。琳琅满目的商品从一定程度上对平民阶级消费观念产生影响，为平民百姓提供了开阔视野、赶超潮流的机会。在节庆时期的百戏、歌妓等可在公共场所表演的娱乐活动可以更好地普及到市民阶层，吸引了巨大的人流量，刺激了民众消费和货币循环；另一方面众多的娱乐项目为社会提供了更多的就业岗位，市民阶层在满足了生存需求之后即可改为精神文化的富裕，由此进一步投身于经济内循环。

长安假日巨大的人流量促进了风景区周边商业综合体的形成，一方面在政府的支持下营建临街而设的店铺为官员提供食宿，同时出现围绕于旅馆餐馆的多样化商品展销市场。商业服务对象逐渐扩大至平民阶层，形成由市民文化组成的独特节庆娱乐项目，并代代相传形成中国传统节庆文化。

2.2 进士庆典

“金榜题名，洞房花烛”一直被誉为人生快事，曲江片区作为唐长安最大的公共园林是及第进士恣意狂欢的最佳场所。及第者在礼部放榜后，首先在大明宫光范门云集谢恩并参谒宰相，之后来到杏园探花，至雁塔题目，后举办曲江官宴。进士们的庆典之景从刘沧写下《及第后宴曲江》得以一窥。根据“杏园初宴曲江头”[1]，可见在杏园宴中会选取两名青年才俊作为探花使采集长安城内最妍丽的名花，此时唐长安的各类园林均为大众开放游览以方便探花使寻觅，城市园林的公共性达到鼎盛。民间有园子的人家甚至每年都会围栏移木，汇簇芳丛，等待探花之时摆置于门前供探花使挑选，感受进士进入家门的荣耀。杏园宴过后进士们来到慈恩寺雁塔下“紫毫粉笔题仙籍”[1]，将此荣光载入史册。雁塔题名之后的曲江官宴是进士庆典活动中的高潮，考取进士的人数可多达数千人，而及第者只有寥寥几人，因此金榜题名后喜悦之情不言而喻，凉风吹拂下的垂柳和着箫声“拂御楼”，这里的“御楼”想必所指为帝王与民同乐的紫云楼。进士们肆意饮酒狂欢，乘画舫彩船畅游曲江，舟船上种类繁多的歌舞依次表演，乐声震耳，

1（宋）欧阳修，宋祁等撰：《新唐书》卷五十一《食货志》，中华书局 1997 年，第 136 页。

鼓声惊天动地，面目酡红的进士们在此盛宴中醉卧于花丛之中，只见“绮陌香车似水流”[1]。曲江官宴之时“行市罗列，长安城几于空”[2]，车马之多以至于无法用语言描述其繁盛之景，众人云集于曲江载歌载舞，商人将商品摆置于大街以便买家挥霍，极大地促进了唐代商品交易及经济繁荣。

2.3 市民同欢

曲江池作为芙蓉园外围公共开放的城市园林，为官宦、文人、百姓提供了交流融合的场所，其游赏活动不仅局限于固定的节日，更会有春季踏青、夏季赏荷、秋季观叶等四季游赏活动，如图2、图3所示。曲江池上星罗棋布地点缀有由官府出资兴建的亭台楼阁，为前来“思复升平故事”[3]的百司廨署和文人市民提供抒发胸臆及休闲的场所。《长安志》记载曲江池占地约三十顷，由于其曲折多变的岸线得以在水中荡舟赏花，桂殿兰宫隐现于花木之间。不仅可赏夏日“露荷迎曙发，灼灼复田田”[4]的映日荷花，更有春日“柳絮杏花留不得，随风处处逐歌声”[5]的生机盎然。也正得益于此，曲江池每逢百鸟争鸣、娇音悦耳的春日，众多市民纷纷前往曲江踏青，形成“万毂千蹄匝岸行”[6]，车马游人一圈圈地环于曲江池周边的盛景。曲江风景区作为世界公共园林发展史的一个重要坐标，是在封建中央集权专制下出现的万民同乐的游赏之地，开创了城市公共园林的先河。

图2 展子虔游春图

（来源：https：//graph.baidu.com/pcpage）

乐游原作为曲江池以外的完全对公众开放的城市园林，位于唐长安最高处的升平坊，登高远眺可将长安盛世、终南山美景

1《全唐诗》第586卷，刘沧，《及第后宴曲江》。
2《唐摭言》，卷三。
3 旧唐书，本纪第十七下，文宗下。
4《姚少监诗集》卷十，姚合。
5《全唐诗》第606卷，林宽《曲江》。
6《全唐诗》第606卷，林宽《曲江》。

图3 野宴图（来源：http：//r6d.cn/NyLf）

尽收眼底，成为唐长安城内市民与文人游宴的理想场所。其最早为汉代根据秦代宜春苑修整而建的乐游苑，由于高旷的地理位置，太平公主在乐游原上建造私家园林，之后太平公主事发之后将其赐给宁、申、歧、薛四人，成为文人宴请集会的最佳场所，同时太平公主建造的亭台楼阁亦大大增加了市民游赏的娱乐内容和文化内涵。每逢正月晦日、三月三日、九月九日均会在乐游原举行仕女游戏和祓禊活动。同时由于其所处的位置较为偏僻，在周边寺观的宗教氛围下，具有超凡脱俗的清逸之意。王维在登上乐游原时望见庙宇、人家升起的渺渺轻烟，由此发出“眼界今无染，心空安可迷”[1]的兴叹。乐游原作为曲江风景区的组成之一对唐长安的市民文化的兴起起着重大的作用，对中国古代城市公共园林的发展产生了重要影响。

3 市井坊里公共园林

城市公共园林在市井坊里一方面表现为私家园林作为聚会赋诗的场所对特殊团体开放所形成的具有半公共性质的城市园林；另一方面表现为东西市内酒肆旅店半公共性的园林以及放生池形成的完全对外开放的城市公共园林。由于唐朝实行严格的宵禁制度和封闭式管理的

1 [唐] 三维：《青龙寺昙壁上人兄院集》，见 [清] 曹寅编：《全唐诗》，清文渊阁四库全书本，第763页。

里坊结构，这些公共场所的出现成为城市发展的必然结果，由此产生的各阶层市民交流的纽带也是城市空间从内向封闭的单一功能转向世俗与复合功能的结果。

3.1 坊里内城市公共园林

唐代私家园林通常在园内筑山引水凿池营建山池院，唐代山池院又称“山亭院”，宅园建于城市住宅旁，一般紧邻邸宅的后部形成前宅后园的格局，或位于正宅的侧面而形成跨院，也有少数单独建置，不依附于邸宅的游憩园。作为使用者较为单一的封闭园林，宅园是主人日常游憩娱乐、宴饮雅集、读书静修的场所，一般规模不大，但随着公共交流需求的增加，园主人会定期宴请文人雅士欢聚一堂饮酒赋诗，通过诗赋与史料记载可以得知引水渠以及园内大致的景致。

如位于胜业坊东北的宁王山池院，园内水池由于曲折多变的岸线，又名九曲池，引水自兴庆宫，而兴庆宫水来自龙首渠，由此可断宁王

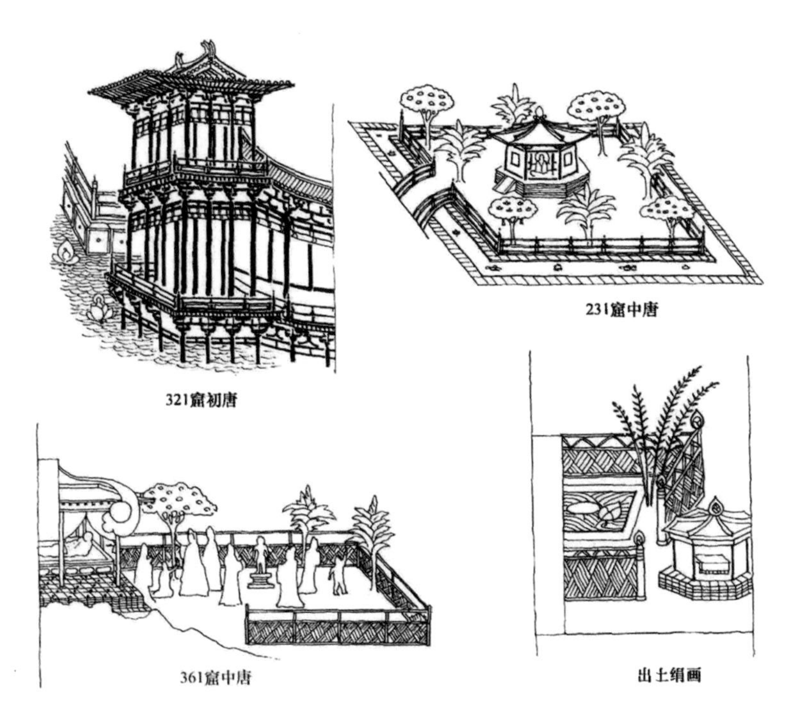

图4 甘肃敦煌莫高窟唐壁画中的池塘（来源：傅熹年主编《中国古代建筑史》第二卷第492页）

山池院的水源来自龙首渠。现今的宁王宅园早已深埋于西安城下，但园中之景通过宾客以诗文记录下来，让后人有了想象的空间。根据《类编长安志》所记载，池“上筑土为基，叠石为山，上植松柏，有落猿岩、栖龙岫，奇石异木、珍禽怪兽毕有。又有鹤洲仙诸，殿宇相连，前列二亭，左沧浪，右临漪，王与宫人宾客宴饮弋钓其中”[1]。唐人载述或多或少参照了晋人《西京杂记》对西汉梁王园林的假山记载，又多少加入当代人之观察，基本能够反映唐代盛期城市山池园林的基本特色。由此可想象宁王宅园中结合夯土堆叠假山，以高度凝练的手法营造以静态独立欣赏为主的峭壁假山。“落猿岩、栖龙岫”的叙述最早出现于《西京杂记》中对汉代梁孝王兔园的描述——“园中有百灵山……落猿岩，栖龙岫”[2]，在唐代赏石之风盛行的背景下，园中以百兽为模板抽象化堆筑假山，并如兔园一般筑有人工山洞结构的栖龙岫，同时假山石加以拼缀形成“珍禽怪兽毕有”的艺术化的造型，将叠山与构石充分融合并进一步发展。唐代李隆基《过大哥山池题石壁》诗也反映出这种山池相迎、水石相间的造园特色：“澄潭皎镜石崔巍，万壑千岩暗绿苔。林亭自有幽贞趣，况复秋深爽气来。”唐代山石构造多依附围墙形成壁山状，流水沿山石蜿蜒，背后衬托大树，形成一院阴凉，故称之“万壑千岩暗绿苔”，今日日本禅寺中的小型禅庭多体现出这种唐代城市园林的风格意象。假山石上多栽有松柏并引龙首渠之水构筑九曲池，池边“殿宇相连”，池上古桥横卧，并于九曲池左右各前置一亭——“沧浪”“临漪”。中国传统园林的植物选择大多以松柏、槐树、翠竹、杨柳、辛夷、海棠、石榴、荷花、梅树等为主，借助植物的自然属性寓指园主人的精神品质和理想意志。通过植物之间的搭配营造深远宁静的意境氛围，使园主人漫步于其间聊以慰藉亦不觉苦闷。同时宁王宅园中将四方胜境揽于一园，文人官宦交游雅集游于园中，不仅可以观赏百兽之姿的奇珍异石，亦可于池畔平台上饮酒作诗，观看伎乐表演。如此便将私密性质的“朝隐”与公共性质的交往和谐地融于一园。

1 骆天骧《类编长安志》第 2 部分，2006 年 三秦出版社出版。
2 韦述，《西京记》，见三秦出版社 2006 年版《关中佚志辑注》（陈晓捷辑注）。

3.2 东西市城市公共园林

隋唐长安城作为同时期的国际性大都市，在东西二市商业区引领下呈现出城内东、西的功能分化。西市作为丝绸之路的起点，是唐代与国际交流的经济舞台，因此形成融合了各个种族、阶层、职业的相对平民化、异域气息浓厚的特色商业区；而东市由于所处位置距离皇城较近，因此东市所售卖之物以供皇宫国戚的奢侈品为主，同时周边形成专门服务于进京官员和进士们的客栈街以及金融服务中心。东西二市内最大的城市公共园林当属放生池，其中西市引永安渠入市，东市引龙首渠供给市内生活用水以及防火灭灾。

根据《两京新记》和《长安志》中的描述可知西市南北规模可占据两坊之长，由《长安志》对东市的描述“（文）〔又〕公卿以下民止多在朱雀街东，第宅所占勋贵，由是商贾所凑，多归西市。西市有口（焉）〔马〕止号行，自此之外，繁杂稍劣于西市矣”[1]，可知公卿阶级的人大多住在官僚贵族住宅区附近，而商贾活跃的地区集中在西市。“口马行”指买卖奴婢和牛马交易，即与东市相比，西市的商品交易种类更为繁多。东市内“街市内货材二百二十行。四面立邸，四方珍奇皆所积集”[2]。“行”指一个市内经营同类商品的店铺。《河南志》中对东都洛阳南市中有记载，市内有一百二十行，三千余家店铺，如此可推断东市内商铺可多达5500余家，可见其商业的繁荣，而比东市规模更甚的西市，其规模之大则不言而喻。因此以下以西市为例，阐释东西市虽然作为商贸往来的场所，但同时并不乏有城市公共园林这一观点。其中包括由商店、旅馆、茶馆、酒肆等大型建筑院落组成的小庭院，以吸引顾客为主要目的的半公共性的城市园林，以及以放生池为主要公共交流娱乐，以游赏为主要目的的完全对外开放的城市园林。

根据《太平御览》所记载：“《西京记》曰：西市，隋曰利人市。市西北隅有海池，长安中僧法成所穿，分永安渠以注之，以为放生之所。

1 宋敏求，《长安志》，长安县志局民国二十年重印毕沅新校正本。
2《玉海》卷一百七十一。

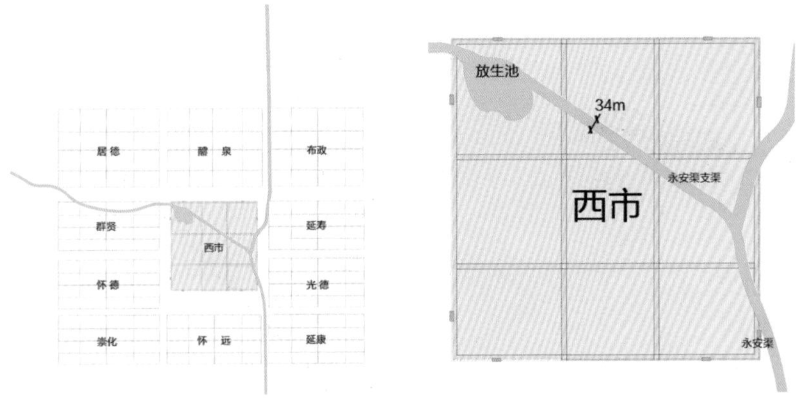

图4　西市与周边坊里关系（来源：作者自绘）图5　西市与放生池关系（来源：作者自绘）

穿池得古石，铭云：‘百年为市，而后为池。’自置都立市，至是时百余年矣。”[1] 根据《玉海》所述，放生池是“太平公主于京西撅地赎水族之生者置其中”[2]，望众人“以杀生为首戒，以好生为盛德”。唐玄宗时期以“鲤”与“李”谐音，颁布“取得鲤鱼即宜放，仍不得吃”[3]“卖鲤鱼者决六十”的规定。放生池广阔的水域得以容纳放生于此的大量“鱼鳖”，富饶的水域同时为鸟禽提供了栖息之所，而放生池的建造为西市开辟了一处风景优美的休闲场所以及静心养性的佛法圣地。

根据对西市的考古发掘表明其平面呈长方形，南北较长，东西较窄，实测西市的范围，南北长 1031m、东西广 927m。西市的北、东两面尚有夯筑的围墙基址，墙基宽（墙的厚度）皆 4m 许[4]。市内有两条东西大街和两条南北大街，街宽 16 ~ 18m，四街交叉呈井字形[5]，与李好文根据吕大防改绘的《长安志图》中的“九宫格”式布局相符。西市内店铺沿街而立，得以充分利用交通的便捷性。根据挖掘和探测显示出临街部分密集的建筑遗址，同时每格均有小街巷通向

1《太平御览》卷一百九十一居处部十九。
2《玉海》卷一百七十一。
3《酉阳杂俎前集》卷 17《广动植之二鳞介篇》，第 163 页。
4 中国科学院考古研究所西安唐城发掘队《唐长安考古纪略》（马得志执笔），《考古》1963 年第 11 期。
5 中国科学院考古研究所西安唐城发掘队《唐长安城西市遗址发掘》（庄锦清执笔），《考古》1961 年第 5 期。

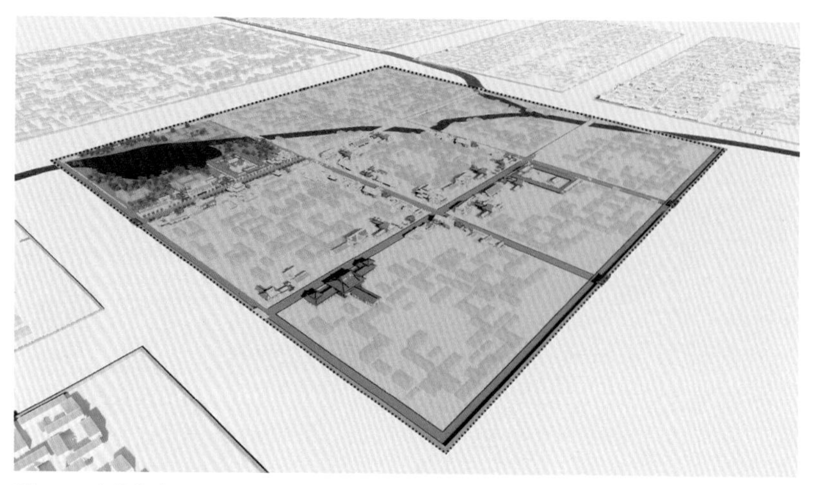

图6　西市整体鸟瞰图（来源：作者自绘）

内部，显示出西市与现代城市规划相似的布局理念。西市内四通八达的城市道路促进了商品流通的渠道，吸引了众多的人口。据《旧唐书·王处存传》载："中和元年四月……贼（黄巢）怒、召集（长安）两市丁壮七八万，并杀之，血流成渠"。[1]两市壮丁便有七八万，加之老弱妇孺即可达十万人有余，而根据日本学者妹尾达彦对唐长安人口的预估研究可知，唐长安城人口可达70余万人，两市人口占全城的十分之一，由此可见两市人流量之大。

西市的商铺建筑以木构架为主，本身具有很高的易燃性，加上关中地区天气较热，极易发生火灾。而根据《唐会要》所记录西市发生火灾的事件"十五年正月。京师西市火。焚死者众"[2]，同时根据圆仁《入唐求法巡礼行记》记载，会昌三年（843）六月"廿七日夜三更，东市失火，烧东市曹门已西十二行，四千余家，官私钱物，金银绢药等物烧尽"[3]。西市作为国际贸易往来的中心，来自世界各地的人们所开设的商铺云集于此地，如若发生火灾理应是疏散难度最大的区域，但是纵观史册，西市发生火灾的次数远小于东市及其他各坊，其得益于放生池和永安渠支渠所供给的地表水以及水井提供的地下水资源，

1 后晋刘昫等撰，《旧唐书·王处存传》，中华书局出版社。
2 王溥撰，《唐会要》卷四十四，中华书局出版社。
3 圆仁《入唐求法巡礼行记》，上海古籍出版社1986年版。

使之火灾危险得以降至最低。根据考古报告，“在钻探西市和附近里坊时，发现永安渠流经西市东侧时，在沿西市南大街北侧向西延伸的长约140m、宽约34m、深约6m的支渠，横贯市内”[1]。这条支渠大约即是永安渠由东南方向横贯西市向西北方向注入放生池的渠道。此外城市主要街道两侧均有平行于街道的水沟，水沟上有由南北向东西铺开的“石板桥”，九宫格街道内的巷道下面亦有砖砌的排水暗渠，通向大街两侧的沟内，形成西市内四通八达的城市排水系统，同时为城市消防提供充足的供水。

图7 谢振瓯《唐长安西市图》（局部）（资料来源：http://www.sxlib.org.cn/dfzy/sczl/wwgjp/wwgjtk/yz/201808/t20180807_936871.html）

放生池不仅承担着西市生活供水和消防减灾的城市功能，同时无论从规模或是公共性角度而言，是仅次于曲江风景区的城市公园，并承载着节庆时期作为城市舞台的社会娱乐功能。每逢正月十五、八月十五之夜，长安城内的妇女们相互邀约组织踏歌，结队联臂哼唱为曲，于月下载歌载舞，踏地为节。“妙简长安、万年少女妇千余人，衣服、花钗、媚子亦称是，于灯轮下踏歌三日夜。欢乐之极，未始有之。”[2]作为丝绸之路起点的大唐长安，众多外国使臣、商人长期居于此地，其中胡舞、胡乐对唐代民间歌舞的影响甚远，譬如泼寒胡戏，即乞寒戏，

图8 西市放生池意向图（来源：作者自绘）

图9 放生池鸟瞰图（来源：作者自绘）

1 宿白《隋唐长安城和洛阳城》，《考古》1978年第6期。
2 上海古籍出版社编《唐五代笔记小说大观》，上海古籍出版社2000年版。

以及《胡腾舞》《胡旋舞》和《柘枝舞》等著名乐舞在坊间的广泛流传。据《帝京景物略灯市》载："上元三夜灯之始盛唐也，玄宗正月十五前后二夜，金吾驰禁，开市燃灯，永为式。"[1] 由此推论放生池开阔的场地得以成为放灯的场所之一，放生池上燃灯纷飞，如星光般灿烂的灯火倒映在水面上，喧嚣热闹的人群在岸边遥望由灯火组成的花树。

唐人嗜酒，随着唐代酿酒技术的日趋精湛，饮酒成为人们日常不可或缺的助兴方式，故东西二市酒肆客栈林立。可想而知酒肆行业的竞争之大。唐代诗人韦应物的《酒肆行》中描述道："豪家沽酒长安陌，旦起楼高百尺。碧疏玲珑含春风，银题彩帜邀上客。"[2] 由此可见大型酒楼的外表相当富丽堂皇。基于城市封闭的里坊管理制度，想必酒醉后入住二市的不乏其人，因此唐代的高端酒楼兼备客栈的功能为客人提供方便的服务。此外，在西市的考古挖掘中发现永安渠往北流经怀远坊和西市的东部，且沿西市南大街北侧向西又伸出一段长约140m，宽34m，深6m的支渠，作为城市一般用水的来源。[3] 根据考古记录，西市内水沟分为早期和晚期两次修葺，晚期水沟由于路基抬升以及早期沟渠堵塞，两壁均砌以长方砖，沟底平铺素面方砖。[4] 就发掘的部分来看，房址的规模都不甚大，最长的也不到10m，约合三间。最小的只4m许，仅是一间的样子，从较清楚的遗迹来看，进深3m多，店铺遗址距离完全复原的水沟2m有余。由此可见临街的建筑单体规模较小，贯穿于西市的永安渠支渠足以为绝大多数的店铺提供充足的供水。唐代引水渠水主要供应宫苑、王公贵族及寺观园林用水、生产用水，一般人未经允许不能截留。由此，清洁性高、水质良好、简便易取的井水，就成为城市居民饮用水的重要来源，水井也就构成城市重要的供水设施之一。商铺内部开凿的水井，诚然足够供应西市内四万余家店铺，永安渠在此发挥的作用应主要以防灾减难、供应园林用水及辅助性供应生活用水。

1（明）刘侗，于奕正撰：《帝京景物略》，北京：北京古籍出版社出版，1980年，第57页。
2（清）曹寅.《全唐诗》.北京：中华书局，1960.
3 庄锦清，《唐长安城西市遗址发掘》，《考古》，1961年，第五期。
4 中国科学院考古研究所西安唐城发掘队《唐长安考古纪略》（马得志执笔），《考古》1963年第11期。

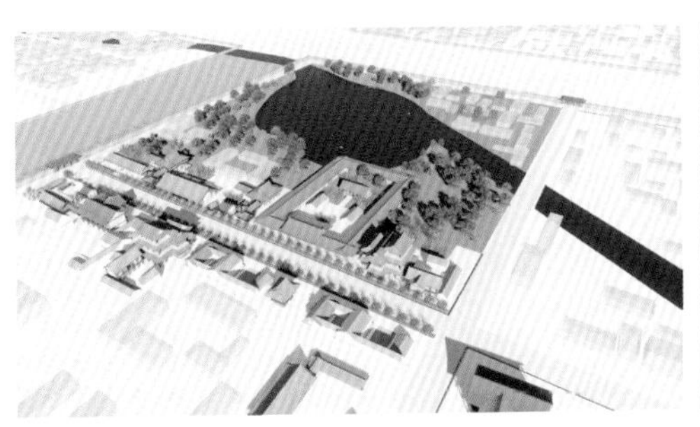

图 10 放生池鸟瞰图（来源：作者自绘）

图 11 西市酒店酒肆（来源：作者自绘）

4 寺观公共园林

唐长安城内不仅有不同开放性的公共城市园林，随着城市工商业的发展和社会思想的转变，都城作为等级森严的皇权至尊的象征，逐步世俗化演变为市民的生活居住场所，宗教性质的寺观园林以诞辰节、千秋节等活动为契机在此时成为超越阶级禁锢人人平等交流的场所。这些园林包括自隋代传承以及政府兴建的寺观，还有王公、公主的私人宅邸转变而来的，私家城市园林受文人和白居易“中隐”思想的熏陶，依托固有的山池院通过舍宅为寺形成布局精巧的公共开放园林为市民聚会活动提供了高雅的场所。

大荐福寺旧为隋炀帝在藩潜邸，唐高宗驾崩百年后立为大献福寺，后改为荐福寺。开化坊以南漕渠自西向东经过大荐福寺东街进入宫城，寺内园林引漕渠入园。唐代寺观园林不仅承担着祭拜祖先、颂教祈福的宗教功能，同时在“隐于园”思想下将文人造园思想与佛教净土的理想相融合，兼顾公共使用的实用性以及宁静祥和的禅宗思想，最终形成集百园之所长，余烟袅袅、古刹清幽的园林环境。根据李峤对大荐福寺的描述——“雁沼开香域，鹦林降彩旃。还窥图凤宇，更坐跃龙川。桂舆朝群辟，兰宫列四禅。半空银阁断，分砌宝绳连”[1]，可看出荐福寺内开凿有一汪池沼，池沼周边点缀有廊桥水榭，入座期间庄严悦耳的梵音响彻云霄，世人心中的浮躁安于平和。“鹦林”指鹦鹉

1《全唐诗》第 61 卷，李峤《奉和幸大荐福寺应制（寺即中宗旧宅）》。

聚集的树林，意指禅林坐落的地方，鹦鹉与禅宗的故事则源于达摩祖师与神光争吵之后前往河南嵩山的路上偶遇一只鹦鹉，鹦鹉向其寻求逃离牢笼的方法，经过达摩祖师的解答最终得以自由，由此将被达摩祖师渡过的鹦鹉隐喻为禅宗的化身之一。“四禅”指佛教的四禅八定，即无欲无求的初禅、外喜的二禅、内乐的三禅、静水无波的四禅以及空无边处定、识无边处定、无所有处定、非想非非想处定。后一句中“银阁断”与“宝绳连”中一“断”一“连”描述出佛教的轮回和祥和的意境。从莫高窟出土的唐代佛教壁画中依稀可见净土宗庭院的安详之景，对唐代寺观园林的构景要素及其营造的意境得以复原。通过壁画可以看出建筑群落围绕园中象征“七宝莲池”和“八功德水”的水池布置，池中种有圣洁纯净的代表佛教的莲花，园中以松柏、杉树、梧桐等乔木为主要树种，点缀以唐长安的国花——牡丹。庭院内通过合理的空间尺度建造适宜的园林小品，水边回廊的花木与池中树影相辉。

寺观园林每逢节庆日时借助寺观开阔的场地成为百姓举国同庆的重要场所，不仅达到教化民众的宗教目的，同时在与民众融合的过程中，使神圣的仙佛沾染了凡尘的烟火，从另一方面来说进一步促进了宗教传播。其中规模最大的当属百戏表演。百戏“始齐武平中，有鱼龙烂漫、俳优、硃儒、山车、巨象、拔井、种瓜、杀马、剥驴等，奇怪异端，百有余物”[1]，最初为隋炀帝宴请突厥于芳华苑开展的活动，直至唐中，百戏表演开始融入百姓日常生活，歌舞戏、幻技、俳优歌舞、杂技表演、体育运动等百戏活动极大地丰富了唐长安的市民文化并为城市带来欢庆的气氛。长安戏场多集于慈恩，小者在青龙，其次在荐福、永寿[2]，寺观作为戏场承载了大量的人流，同时促进了周边商业的发展。

5 结论

唐长安城空间格局以代表礼制和皇权的里坊结构为主，随着大唐盛世的到来和人民生活水平的提高，对精神物质文化的需求逐步成为

1 魏征《隋书 音乐志》［M］. 北京：中华书局，1973.
2 唐圭璋 . 宋词纪事［M］. 上海：上海古籍出版社，1982.

城市发展的障碍。在封闭的里坊统治下，伴随着城市水系的完善，城市内部开始自发构建层级分明、多功能、多人群使用的城市公共园林。

虽然有些城市公共园林会随着时间和活动内容的不同发生本质的变化，但随着世俗化的发展，“公”“私”之间的界限开始模糊，市民生活和封闭的封建文化开始整合。不同性质、不同特色规模的城市公共园林为不同阶级的市民的交往和交流提供了重要舞台，也为城市注入了生机和活力。至此，长安城不再是冷冰的街道，而是充满活力的传播交流之都市，丰富的城市文化和城市社会生活就是在这种公共空间的舞台上不断地演绎和发展。

参考文献

[1] 张礼．《游城南记》［M］．西安：三秦出版社，2006.

[2] 董浩，等．《全唐文》［M］．北京：中华书局，1983.

[3] 李坊．太平广记［M］．北京：中华书局，1961.

[4] 刘昫．旧唐书［M］．北京：中华书局，1975.

[5] 妹尾达彦．唐长安城的礼仪空间——以皇帝礼仪舞台为中心［M］．南京：江苏人民出版社，2006.

[6] 齐东方．魏晋隋唐城市里坊制度——考古学的印证［M］// 唐研究（第 9 卷）．北京：北京大学出版社，2003.

[7] 冈大路．中国宫苑园林史考［M］．北京：学苑出版社，2008.

[8] 徐松，李健超．增订唐两京城坊考［M］．西安：三秦出版社，2006.

[9] 杨宽．中国古代都城制度史研究［M］．上海：上海古籍出版社，1993.

[10] 郝鹏展．街市广场与寺观园林：隋唐长安城公共空间的衍化与拓展［J］．中国名城，2019.

[11] 吴永江．唐代公共园林曲江［J］．文博，2000，(02).

[12] 张清宏．唐代的曲江游宴［J］．华夏文化，1998，(2)：51-52.

[13] 中国科学院考古研究所西安唐城发掘队．唐代长安城考古纪略［J］．考古，1963（11）：595-599.

10 北宋洛阳城市园林活动及园林“公共性”研究

胡娜[1]

中国古典园林与当今城市景观的开放性理念相悖的观点由来已久，不绝如缕。实际上，中国古代园林从不缺乏同西方城市一样的“公共性”特征，甚至在中国园林发展的一定历史时期，这种“公共性”以及对古代中国都市发展和城市文化兴起所起到的引导性作用显得甚为明确。在对中国古代城市发展引导性作用方面，中国古代都市的城市私家园林和部分开放的皇家园林，籍田园圃，以及皇家出资兴建的市郊踏青园圃几乎贯穿唐代、北宋和南宋多个历史时期。本文将研究论述聚焦于中国古代园林发展史上最具公共精神和城市文化的时代——北宋，浅述了这一时期具有代表意义的，东都洛阳的城市私家园林及其公共性发展的历程。

以园林作为教化之本，让君王贵戚的园林“与民同有”，这种具有早期“公共性”萌芽特征的文化从战国孟子的时代首倡，至唐代出现唐长安兴盛不衰的城郊园林曲江池，“公共性”园林发展几乎贯穿了整个中国古典园林发展的历史长河。早在《诗经》中记载的源自上古的祭祀祓禊、踏青游憩活动可视为我国古代公共游览的开端。北魏时期洛阳城市“舍宅为寺”之风盛行，在某种程度上，北魏洛阳佛寺园林的开放是洛阳城市园林“公共性”真正意义上的开端。隋唐时期，洛阳寺观园林、郊野公共园林的发展使得城市园林的“公共性”略见雏形。北宋时期洛阳最具有市民性特征，私家园林和寺观园林受到儒

1 西安建筑科技大学建筑学院，西安，710000。

家思想、宗教理念和世俗化的影响，开始制度化的向市民开放洛阳城市园林的“公共性”特征发展达到了前所未有的高潮阶段。

1　世俗化影响下的洛阳城市园林观——“与民同乐”的公共精神

园林公共性的发展自古以来都是循序渐进的，并非一蹴而就。从唐玄宗时期曲江池畔前所未有的繁荣盛景到北宋徽宗金明池的首创式定期开放，再到洛阳文人士大夫私家园林的定期开园，中国古典园林的公共性从唐代的蓬勃发展阶段到宋代逐渐走向高潮阶段。据《长安志》记载，唐玄宗为了潜行曲江游赏且不干扰百姓游赏曲江，于开元二十年，从大明宫依城修筑复道，经通化门，达南内兴庆宫，直至曲江芙蓉园。每逢节庆赏春之际，曲江池畔人头攒动，玄宗与贵妃相携由复道乘辇而至，登紫云楼，与百官、百姓共同享受盛景。曲江芙蓉园内，皇帝游幸、百官宴饮、进士庆典和节庆习俗活动络绎不绝、久负盛名，达到唐朝前所未有的高度，正是帝王顺应“与民同乐”之典范，当然更多的是其用于教化万民之手段。而这种现象随着宋代世俗化的发展又得到进一步推进，帝王直接开放皇家园林，与万民同享，文人士大夫也直接向市民敞开园门。一系列的公共性园林的发展既是政治民安的政治取向，也是君王社会礼制的实践之地，是受世俗化影响顺势而生的公共精神进一步的发展表象。

宋代在中世纪城市革命后，成功转型为商贸娱乐型的城市，推动了宋代向高度城市化方向的发展，促进了城市人口规模的快速增长和城市型文化娱乐的蓬勃发展。城市性质、城市规模和城市文化的发展，极大地推动了宋代开放性的城市结构的形成。城市经济的繁荣促进了城市文明向着开放化、市民化的方向发展。商品经济高速发展打破了坊市分隔制度，为公共游赏的普及化奠定了基础。北宋自开国初期开始，边界城市文化和市民活动之丰富兴盛便屡见于宋人笔记文献。最早之记录大体起于中唐至五代，从最早的隋名臣令狐熙与城市商人斗智斗勇的商街之争，到遍及淮阳烟柳水岸的商业发展，整个中唐至五代时期，中原郑地——商丘淮阳区域的大小滨水城市几乎都出现了不同程度的破坊开市，城市文化的极度兴盛和旧有的街坊管理制度的矛盾日益突出，可以说，后周柴荣主导的规划职权利三结合的伟大城市改革，在相当程度上是对既有的，且早已十分兴盛的城市活动、城市商业的妥协与利用。这种从规划思想层面的巨大变革从根本上确保了中唐依赖江淮—中原经济城市的进一步发展，同时加速了城市的商业化过程。这种高度发展的城市经济与城市文化的互动性，在北宋遗民孟元老的著作里表现得极为显著。《东京梦华录》中有关市民在园林、瓦子勾栏、茶坊酒肆和寺观等场所中一幕幕的生活娱乐图景，是北宋城市经济和城市文化高度兴盛的真实写照。随着宋代城市生活市民性的提升，园林作为休闲娱乐场所的中流砥柱受到了世俗化的影响，市井俗文化也影响了文人士大夫的城市园林观——“与民同乐”的公共精神，同时也将宋代城市园林的公共性推到了高潮。

中国古典园林的三大主流园林的公共性发展表象对园林公共性达到高潮阶段起到了决定性作用。北宋汴京城的市民生活随着经济的发展而出现前所未有的绚丽多彩，而这多彩的风俗庆典和游赏活动在帝王宣布放榜开园时齐聚金明池内。每逢佳节，汴京城万人空巷、摩肩接踵，金明池内帝王亲临、百官同庆，万民欢聚一堂，普天同庆。北宋皇家园林内充满世俗的娱乐图景可称得上是中国历史长河中最为迥异且璀璨的明珠，其“公共性”一览无余。

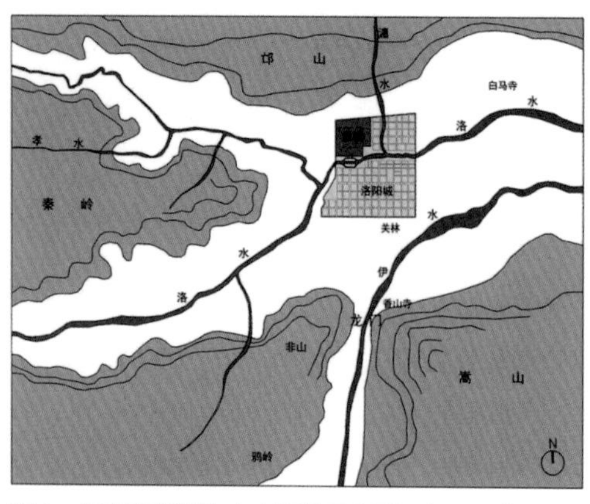

图1　北宋洛阳周边山水环境示意图（来源：《北宋洛阳私家园林综论》贾珺）

洛阳作为北宋西京，为汴京陪都，在北宋享有较高的政治地位，也是北宋著名的学术文化中心。洛阳具有得天独厚的城市环境（图1），私家造园极为繁盛，“实甲天下”。洛中私园

定期开园之风曾风靡全国，每逢游赏之际，文人士大夫更是纷纷向市民敞开大门，甚至可以收取茶汤钱。而洛阳城作为“舍宅为寺”风行一时的北魏旧都，其罗刹古寺的园林公共性更是不必赘述。

2　洛阳城市园林的“公共性”活动

宋代城市型文化娱乐和世俗化的发展，推动了宋代大众游赏的全面普及。按照主要参与对象的价值观念和文化水平的差异，游赏活动是有雅俗之分的。自孟子以来，“俗游”和“雅游”这两种游赏方式从不曾出现融合现象，然而由于宋代城市的开放化、市民化发展，不同阶层之间的生活轨迹开始出现重合，使庶族文人士大夫和平民的意识形态日渐靠拢，雅俗之间开始互相渗透。在赏春游园之际，私家园林的开放使市民阶层，不管男女老少，都能够融进文人雅士的上层阶级的世界之中。

2.1　文人士大夫的宴饮雅集

北宋初期，庶族文人逐渐兴起，由于政治失意和中隐思想的影响，园林逐渐成为文人士大夫精神的物质载体，为文人雅宴提供了主要的活动空间保障。洛阳作为北宋三大陪都之一，多有随行官员在此兴建宅园，许多文人官僚在退隐、贬谪后，都选择在洛阳定居，也不乏主动选择在洛阳任闲散官职的文人，因此洛阳逐渐成为文人士大夫的聚居地，园林之盛和汴京相比有过之而无不及，“贵家巨室园囿亭观之盛，实甲天下”。由于洛阳深厚的地域文化，洛阳早有文人在园林中宴饮雅集的传统，如西晋时贾谧门下的“二十四友”，石崇的“金谷之会”，白居易的“九老会”等，促进了北宋洛阳文人集团的产生和发展，这是文人间志趣相投、惺惺相惜的产物，当然也不乏政治因素的存在。到了北宋时期，洛阳地区文人聚集规模达到了一定程度，这项公共性活动得到了更好的继承和发展，以耆英会和真率会最为闻名。文人士大夫在园林中的诗文雅集，使园景从园主个人的孤芳自赏转为志同道合者的品评共享，在一定程度上促进了私家园林开始由封闭型开始转为开放型空间，也促进了北宋洛阳私家园林“公共性”的发展。

洛阳城作为陪都，政治氛围相对轻松，地域文化深厚，“尚齿不尚官”就是“洛中旧俗，燕私相聚”的耆英会参会标准，而其中最重要的一点是，大多为因王安石变法而遭受贬谪或自求隐退的志同道合之人。故耆英会本质上即是北宋时期以因王安石变法而遭受贬谪、隐退的守旧派为主的官僚阶级政治集团。

“元丰中，潞国文公留守西都……一旦悉集士大夫老而贤者于韩公之地，置酒相乐，宾主凡十有一人，既而图形妙觉僧舍。”[1] 北宋元丰五年，宰相富弼退休后闲居洛阳，好友文彦博时任洛阳留守。富弼向文彦博提议由二人组织一些年龄相近、性情相投、资历相当的退休或将退休的官员，仿照白居易“九老会”的形式，宴饮聚会，相携出游。二人一拍即合，汇集洛阳德高望重者在洛中名园古寺宴集，史称“耆英会”，并请画工闽人郑奂在妙觉寺僧舍作《耆英会图》壁画。

《梦溪笔谈》载：“元丰五年，文潞公守洛，又为‘耆年会’，人为一诗，命画工郑奂图于妙觉佛寺，凡十三人。”[2] 参照“九老会”入会条件，入会者年龄需要满七十，入会成员一十三人之中，只有司马光因其声名远扬而破例入会。司马光又撰《会约》共八条，《司马氏源流集略》载：“一、序齿不序官；二、为具务简素；三、朝夕食不过五味，菜果脯醢之类，共不过二十器；四、酒巡无算，深浅自斟，主人不劝，客亦不辞；五、逐巡无下酒时，做菜羹不禁；六、召客共用一简，客注可否于字下，不另作简；七、会日早赴，不待速；八、如有违约者，每事罚一巨觥。”可见《会约》主要从参会条件、活动内容、聚会方式等方面进行了规定，其本质即为“不尚官”的文人集团活动准则，而“耆英会”的本质即意在摆脱官场束缚，追求率真洒脱的北宋洛阳文人集团。富弼和司马光皆因反对新法，自知不敌而自求退居洛阳，与会成员基本上为反变法派成员，因此耆英会是以富弼、文彦博、司马光三人为主导人物的反变法官僚阶级政治集团，随即洛阳成为反对变法、遭受贬谪的官员蛰伏之地。

1 选自北宋司马光《洛阳耆英会序》。
2 选自沈括《梦溪笔谈·人事一》。

参会以文彦博、富弼为首共一十三位古稀之年的贤者，在园林中谈琴棋诗书，赏园林美景，甚至是以游赏之名相邀，谈古论今，针砭时事。“耆英会”首次在富弼宅园进行，之后与会成员按照年龄轮流坐东。《邵氏闻见录》载：“洛阳多名园古刹，有水竹林亭之胜，诸老须眉皓白，衣冠甚伟，每宴集，都人随观之。”[1]园林活动选址最初皆为园林景观极盛之地，后来活动范围扩大至寺观园林，甚至形成了“都人随观”的盛况。富弼也曾作诗描写“耆英会”的盛景：“西洛古帝都，衣冠走集地。岂惟名利场，骤为耆德会……较我集诸贤，盛衰何远尔。兹事实可矜，傅之足千祀。”[2]《五总志》曾记载耆英会名士常到独乐园中聚会，流觞投壶，觥筹交错，甚至不雇用厨师烹饪，而是随时买来，怡然自得。司马光也曾一度跟随文彦博外出赏春踏青，一连数日，流连忘返，甚至创下连续外出赏春纪录，经园丁吕直提醒，“公深愧之，誓不复出”。1998年河南省博物馆发现的巨制绢本《文潞公耆英会图》（图2）即生动向世人再现了洛阳耆英会聚会的图景：画中远山巍峨如画，厅前有小桥流水，环境清幽如同王拱辰所咏富弼宅园“铜驼坊西福善宅，修竹万个笼清漪。天光台高未百尺，下眺林岭如屏帷”。由图3可见亭中三老人围坐一桌，桌上置书卷，其中一人似做点评状，其构图为画面中心，猜想应为宰相富弼，与之对坐人物应为文彦博，而其身旁倾听点评之人应为司马光，案上书册极可能为司马光所写之序。而桌前站立二人目视司马光，似是赞赏其文笔卓然。而富弼身后一老人凭栏眺望，可见其视线范围内有二老相携过桥，童子抱琴紧跟其后。画面中间松树之下三老结伴前行，侧立童子频频回首，只见有二老携一负卷轴童子紧跟其后。画面中共一十三位老人，童子有三。画面井然有序地向我们展示了耆英会的活动内容，赴会场景和园林之景。画面上写“文潞公耆英会图嘉平中澣”，款署“叟子”，其绘画风格当属北宋时期，裴鹤章曾说“诸君各绘一图传之子孙”，推测此画为文彦博家藏品。除此之外，也有不同版本的耆英会图，如宋代佚名《洛阳耆英会图轴》和明代佚名《耆英盛会图》（图4）。

1　选自邵伯温《邵氏闻见录》。
2　选自宰相富弼《留守太慰相公就居为耆年之会承命赋诗》。

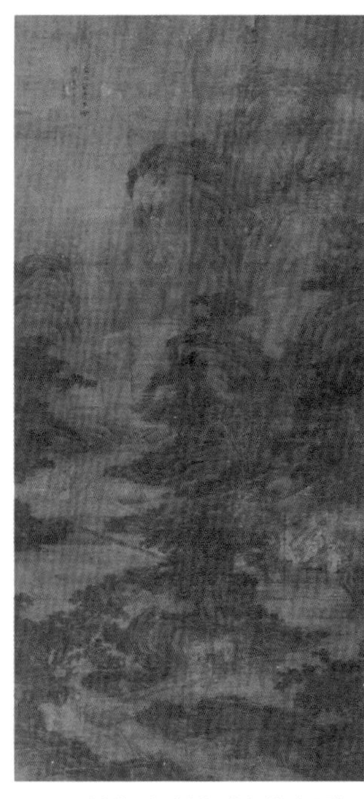

图 2 （宋）李文潞《耆英会图》　图 3 （宋）李文潞《耆英会图》局部

元丰八年，与会成员司马光、文彦博等重回北宋政治中心，耆英会也宣布解散。洛阳耆英会作为反对新法的产物，也因新法结束而解散，但作为反变法派的政治集团，并没有因为其消亡而就此沉浸，而是为士人所称颂效仿。

除了洛阳耆英会，司马光等人组织的“真率会”在洛阳闲退文人中亦颇负盛名。《侍讲杂记》记载：“洛，与楚正叔通议、王安之朝议耆老六七人，时相与会于城内之名园古寺……命之曰‘真率会’。”范纯仁也曾写道：“司马温公及诸名卿真率为具，不待邀迎，伊阙溪山，洛下名园，朝游夕赏，联辔翩翩，一时盛事。”“耆英会”和“真率会”

图 4 明佚名 耆英盛会图（来源：httpwww.360doc.comcontent1803072215883912_735238209.shtml）

最初在各家园林轮流举办，后来逐渐将活动范围扩展到寺观，不再是拘泥于集团内部成员的参与和私家园林的一方天地，甚至引起了都人围观的盛况，文人雅集活动的性质也逐渐向公共性靠拢。

2.2 普罗大众的赏花游乐

北宋城市世俗化和休闲娱乐活动的蓬勃发展，洛阳全民游赏之风开始盛行，“民间有此乐，何必待封侯”[1]，可见市民的乐此不疲。每逢节日和节气时令期间，市民倾城出动，万头攒动，上至文人官吏，下至平民百姓，在街头巷尾里摩肩接踵，于乡村郊野处尽情遨游，整座洛阳城内世俗气息溢于言表。在共同参加了公共性休闲娱乐活动后，士大夫与普通市民之间意识形态的隔阂也逐渐瓦解，日趋殆尽。文人士大夫根深蒂固的“与民同乐”的思想逐渐受到世俗化的浸润，他们乐于接纳市民入园共享园林之趣。此后，北宋洛阳私家园林开始定期向市民开放，这种制度化的定期开园满足了大众游赏对场所的需求，既是顺应游赏之风的产物，同时也是世俗化进程的必然结果。

早在唐朝，洛阳民间尚花就已形成习俗，白居易曾说“花开花落二十日，一城之人皆若狂”，就是洛阳人喜爱牡丹的描写，到北宋时，洛阳赏花风俗更是如火如荼。《洛阳牡丹记·风俗记》载“洛阳之俗，大抵好花，春时城中无贵贱皆插花，虽负担者亦然”，“花”单指牡丹，花开时节倾城出动，洛阳牡丹节也应时而生。而牡丹花开最胜之处即为“月陂堤、张家园、棠棣坊、长寿寺、东街与郭令宅”。

“月陂堤”是承载着唐宋风流的洛河名胜。隋大业元年，洛水、涧水交汇处水势较大，对洛南城区构成极大危害。宇文恺筑斜堤以减轻水力，作堰九折，形成形如偃月的水泊，“因捺堰九折，形如偃月”，隋炀帝赐名“月陂”。“月陂堤”是九曲形挡水的堤坝，堤上大面积种植了牡丹。该堤的位置大致在今西苑桥与牡丹桥之间的洛河南岸。两桥中间的洛河段，就是著名的“月陂”。唐开元二十四年，唐玄宗为一劳永逸地解决水患，命李适之进一步加固月陂堤。后晋天福八年，

1 邵雍：《伊川击壤集》卷3《游洛川初出厚载门》，第1册，第34页。

在月陂堤上修建了福严院，院中栽种了新培育出的牡丹新品，月陂堤至此成了洛河岸边牡丹最胜的一处。唐宋几百年的历史更迭中，月陂堤成为洛河边重要的吟咏之地，王建、司马光、程颢、张先等文人都曾在这里写下锦绣诗篇。“张家园”和“郭令宅”，是两处牡丹开得极盛的私家园林。

“张家园”是北宋宰相张齐贤家族的宅院，即《洛阳名园记》中的湖园，原是唐代宰相裴度的午桥别墅。唐大和九年，裴度在午桥边建别墅，又引伊洛二水入园。张齐贤在宋太宗时曾身居相位，致仕之后，他回到稚儿时就举家定居之处——洛阳，购买了裴度旧园，加以修整后园林独具风味，李格非记载，当时洛人云“园圃之胜，不能相兼者六：务宏大者少幽邃，人力胜者少苍古，多水泉者艰眺望。兼此六者，湖园而已”。园林以平远开阔的水景为主题，园中有湖，湖中有洲，洲上有堂，称百花洲。园中翠樾轩，四周皆种植牡丹，在湖水波光粼影的映衬下，湖园的牡丹也成为洛阳城中最胜的一景。张家园被列入“洛阳八小景”之一的“午桥碧草”。

“郭令宅”，为唐朝郭子仪的宅园。唐安史之乱时，郭子仪曾一度平复叛乱，收复失地，叛乱结束之后，选择退居洛阳，宅园位于郊外飞山虢水流域。郭子仪故去后，其后人世居长安，宅园即成为专门种植牡丹的宅园。郭令宅因园景之盛而被列入“飞山八景”之一的“虢水流香”。“棠棣坊”即思顺坊，“棠棣”常指兄弟，唐高宗时此坊有贾敦颐、贾敦实兄弟二人宅园，二人任洛州长史期间都采取一系列惠民政策，民众为其所立功德碑即为棠棣碑，故思顺坊又名棠棣坊。此坊原有唐、五代留守御史台，衙门内遍植牡丹，开花时极为繁盛，引全城百姓观赏。宋太祖时为顺应民意，将御史台改迁乐成坊，原地特辟为公共性质的牡丹园。“长寿寺”，位于南市的西南方。长寿寺僧人曾于宋太祖赵匡胤危难之际施以援手，太祖登基为帝后，感激寺庙相赠之恩，划寺东土地赠与寺庙，僧人在其中广植牡丹，以供市民欣赏，即为长寿寺东街。

“岁正月梅已花，二月桃李杂花盛开，三月牡丹开”，由此可见，洛阳人的赏花时节是随开花品种及其开花时令而定的。“花开时，士

庶竞为游遨，往往于古寺废宅有池台处为市井，张幄帟，笙歌之声相闻”[1]“凡城市赖花以生者，毕家于此。至花时，张幕幄，列市肆，管弦其中，城中仕女绝烟火游之”[2]，全城百姓在洛阳城景观极佳处支起帐篷，觥筹交错，管弦丝竹，一片喧嚣之景，因为参与人数众多，还形成了市肆景观，其热闹程度可见一斑。邵伯温《邵氏闻见录》云：“洛中风俗尚名教，虽公卿家不敢事形势，人随贫富自乐，于货利不急也。”由此可见北宋时期洛人安贫乐道的自娱自乐之景和洛阳轻松愉悦、悠闲的生活氛围。“饮酒赏花，簪花游园”便是洛人春日赏花最真实的写照，不管男女老少、富贵贫贱皆簪花游园。花市乃卖花、赏花之处，《邵氏闻见录》就记载了花市的盛景，“抵暮游花市，以筠笼卖花，虽贫者亦戴花饮酒相乐，故王平甫诗曰‘风暄翠幕春沽酒，露湿筠笼夜卖花’”。“抵暮”指天黑，可见洛阳花市属夜市，“筠笼”指竹篮，可见洛阳初春时节夜幕降临以后，花市繁盛之景，来往行人皆簪花、赏花。

随着北宋时期洛阳牡丹游赏之风盛行，牡丹观赏活动逐渐成为文人士大夫不可或缺的一种休闲娱乐方式，甚至是洛阳文人雅士彼此之间、以文人雅士为代表的雅游和以市民主流为代表的俗游之间相互交流的方式。文人雅士以花会友，饮酒赏花，吟诗作赋，欢乐歌舞，使观赏活动进入佳境，如张齐贤《答西京留守惠花酒》云：“有酒无花头慵举，有花无酒眼倦开。好是西园无事日，洛阳花酒一齐来。”由此可见，洛阳牡丹的游赏活动逐渐走进文人士大夫的日常生活，甚至成为一种习惯性的生活方式。而欧阳修、苏轼、司马光等文人名士通过对牡丹进行吟咏绘画等方式参与到赏“花”活动中，从整体上提高了洛阳城赏花游乐的文化性，使原本极具市民“俗”趣的活动增加了高雅意味和审美情趣，也进一步加强了洛阳牡丹节的文化地位。全城参与的赏花活动也极大地推动了北宋时期洛阳的花艺交流、植物培育技术等发展。

早期时赏花活动主要在古寺、废宅、专业性园圃等公共场所，随

---

1 欧阳修《洛阳牡丹记·风俗记篇》。
2（北宋）李格非《洛阳名园记·天王院花园子》。

着世俗化的发展和私家园林的定期开放，赏花活动也开始进入私家园林，“都人士女载酒争出，择园亭胜地，上下池台间引满歌呼，不复问其主人”[1]，私家园林的定期开放主要在节庆或节气期间，具体由园主按照习俗而定。

私家园林定期对外开放甚至可以收取游船费和茶汤钱，其公共性溢于言表。例如“牡丹之名，或以氏……魏花，以姓著”[2]，盛产“魏花”的魏仁浦园虽然在花会时对外开放，但是入园赏花者需交“十数钱”游船费。魏仁浦原为后晋枢密院官员，助力郭威建立了后周，又通过自身的能力与谋划一路升迁官至宰相，赵匡胤“黄袍加身”后，他极不甘心后周被颠覆，在相位四年仍蓄意反抗，但终因势单力薄被压制。他在洛阳经商期间，于会节坊购置了后梁张全义的会节园，洛人称“魏氏池馆”，园林范围较大，赏景甚至要“登舟渡池”。魏仁浦甚爱牡丹，在园中广植牡丹，若有中意甚至是重金买回。《洛阳牡丹记》载“始樵者于寿安山中见之，斫以卖魏氏”，一砍柴人在洛阳寿安山见开紫花的野生牡丹，便挖来卖钱，魏仁浦出重金买下，并加以培育，出现了牡丹新品种魏紫。钱思公曾评论说：“人谓牡丹花王，今姚黄真可为王，而魏花乃后也。”

“初出时，人有欲阅者，人税十数钱，乃得登舟渡池至花所。魏氏日收十数缗”（“缗”为串钱的绳子，指成串的铜钱，每串一千文），人均“十数钱”，而魏园“日收十数缗”，可见赏花时节每日人流量已经上千。“魏花”种植在湖心岛上，市民只有交了游船钱之后才能登上小船，前往观花之所，而这种收取游船费的方式也为洛中各园做出了典范。邵伯温也记载了此事：“魏花，出五代魏仁浦枢密园池中岛上。初出时，园吏得钱以小舟载游人往过，他处未有也。”《洛阳牡丹记》记载“其后破亡，鬻其园，今普明寺后林池乃其地”，事实上魏仁浦家族当时并未破亡，可见其记载有误。《元河南志》会节坊条说：“尚书右仆射魏仁浦园，太祖幸洛，仁浦献其园。牡丹有魏紫，盖出于此。”《宋史》也明确记载，宋太祖赵匡胤巡幸洛阳，魏氏将

1 选自邵伯温《邵氏闻见录》。
2 欧阳修《洛阳牡丹记·花释名篇》。

园子献给皇家，皇上将其赠与普明寺。“寺僧耕之，以植桑麦。花传至民家甚多，人有数其叶者，云至七百叶”，但寺内僧人不懂风雅却将牡丹卖掉，改种桑麻，“魏花”就以这种方式传到洛阳各名园，“云至七百叶”也只是极尽夸张地描写魏花的花瓣极为繁茂。而王安石《题金沙》曰“咫尺西城无力到，不知谁赏魏家花”，可见魏花也已经传至开封。

司马光的独乐园也有定期开园之俗。独乐园取名源自“独乐乐不如众乐乐”，似有不愿与人分享之意，但又与其定期开园、雅文宴集的行为相悖。司马光认为自己既非圣贤，达不到“孔颜之乐”，与民同乐；也非王公大臣，似是而非的“与民同乐”；而是在政治上不得志而自请离京的文人，身处“贫贱之乐”，他认为“穷则独善其身”，远离京都后的生活环境虽是粗鄙、朴素的，但是他仍旧不屑与朝中新权势为伍，甚至甘于、乐于其中，是为“独乐”，遂起园名“独乐园”。但若有人愿意与他分享这份朴素、怡然自得之乐趣，也乐于与人共享，园林名为“独乐”，却表达出他愿与民同乐，与同道者同乐的美好愿景。《宋人轶事汇编》中载“草妨步则薙之，木碍冠则芟之，其他任其自然”，由于主人丧妻、贫病，独乐园曾一度无人问津，几乎荒废，可见司马光当时门可罗雀的境遇。与洛中大多名园相比，独乐园只是方寸之间的小园，并无胜景，但却因园主的品格受世人称颂，是为数不多的“以人名园”的文人园林典范。苏轼在《司马君实独乐园》中写道“青山在屋上，流水在屋下。中有五亩园，花竹秀而野”，寥寥数笔，已将独乐园的景观形式勾勒而出：园子有山有水有竹，一派清幽淡雅。数笔勾勒而出的城市山林之景，也恰如其分地表达了司马光的朴素、淡雅的生活环境和“独乐”之意。

《贵耳集》载，司马光的独乐园在春日向市民开园时，游人入园赏春，园丁吕直“微有所得，持十千白公”，司马光坚决不受，甚至于嗤之以鼻，几日后园内即新建一座井亭，“公问之，直以十千为对，复曰：端明要作好人，直如何不作好人”。《清夜录》载“温公一日过独乐园，见创一厕屋，问守园者：‘何从得钱？’对曰：‘积游赏者所得。’公曰：‘何不留以自用？’对曰：‘只相公不要钱。’”

吕直又利用游客所赠之钱，在园中修建“厕屋”，为园中增加景色和游客方便之所。园丁吕氏姓名尚未可知，但由于其性格处处体现主人的特有的正直，史书中以直名之，忠仆形象饱满活现，跃然纸上。以吕直为代表的城市文化和以司马光为代表的文人清流派，也因十千钱的处理方式和认识深度而形成鲜明的对比。

范仲淹做杭州知府的时候，家中的晚辈就知道他有退隐的理想，趁着空闲的时候请求在洛阳建住宅，栽种树木花圃，作为他安享晚年的地方，范仲淹答曰：“且西都士大夫园林相望，为主人者莫得常游，而谁独障吾游者。”[1] 由此可见在北宋洛阳当时的社会环境下，即便他无力修建宅园，但洛阳的园林也是对他开放的。可见洛阳城市园林的开放性，且在全国范围内声名远播，奉为一桩美谈。

魏晋南北朝时期，洛阳作为有深厚文化底蕴的都城，历经了佛寺园林从出现到高潮的整个发展过程，“舍宅为寺”之风盛行，北魏洛阳成为当时寺庙园林最为繁盛的城市，甚至几乎每个里内都有佛寺。而佛寺园林受到时代思想文化与美学思潮的影响，开始追求超然自得、随性洒脱的人生境界，逐渐成为人们亲近自然、修身养性的地方。原本都城之中只有供皇室和贵族游玩的园林、佛寺园林大量兴建后，不少寺庙带有园林，成为大众的游赏之地，如宝光寺，京中百姓，常常择良辰美日，呼朋唤友，前往游览。佛寺常定期举办法会等公共活动，甚至是定期开放寺内园林，因此佛寺园林也逐渐成为城市居民公共活动中心，其佛寺园林的公共性质略见雏形。例如北魏洛阳寺院，沿用西域风气，于每年四月八日前举行“行像”的赛会，届时活动空前盛大，市井皆空。每逢佛教“六斋”节日，景明寺常有大型音乐歌舞表演，从最初的限制男子观看，逐渐开放，甚至是逐渐增加各类群众性节目，佛寺也逐渐成为群众性娱乐场所。北魏的寺庙园林是寺观园林发展史上的开篇大作，也是园林史上的璀璨明珠，对其后的佛寺园林的发展产生了深远的影响，因此从魏晋南北朝到唐宋明清时期寺庙园林发展都一脉相承。

1 毕沅《续资治通鉴》卷 52，范仲淹篇。

北宋时，寺观园林大量兴建，因禅僧和文人交往密切，寺观园林在一定程度上受到文人园林风格的影响，寺观风景区在宋代大体成型。北宋洛阳寺观园林的数量仍然可观，如嵩岳庙、法王寺、会善寺、崇福宫等，因其环境优美、清净幽远成为文人和市民观游之地。例如欧阳修还曾游过嵩岳庙、广化寺、普明院、妙觉禅院等，钱惟演文人集团曾在普明寺进行雅集活动。

洛阳城市园林的定期开放，将洛阳城市的节庆旅游的热度推上了巅峰，对城市生活产生了极大的影响。每逢节庆或时令节气，洛阳城内街头巷尾，游人攒动。在倾城出游之际，携好友二三，逛灯节花会、郊游踏青，游园赏花，席间觥筹交错，配以丝竹管弦之声，可谓是北宋洛阳城最为真实的市民生活图景。

3　北宋洛阳城市园林“公共性”再论述

私家园林和寺观园林的定期开园是洛阳城市园林的最主要的“公共性”特征之一。

北宋时期，统治者发布诏令皇家御苑定期开放，而北宋皇家园林的开放性程度和市民参与度，也在制度上颁布诏令加以推崇、保障。《东京梦华录》卷七载：“三月一日，州西顺天门外开金明池、琼林苑，每日教习车驾上池仪范，虽禁，从士庶许纵赏，御史台有榜不得弹劾。”甚至形成小规模的摩擦斗殴，巡捕房也尽可能不实行抓捕活动，由此可见，北宋从制度上保证官员、市民游览皇家御苑的合理性、自由性，保障良好的民风环境和游园氛围。至此，北宋市民的公共性活动得到见于书面的制度化鼓舞与提倡，也是北宋洛阳城市园林“公共性”发展的前提和保障。出于社会环境的情势、文人的儒家理念和世俗化的影响，洛阳私家园林开始出现定期向市民开放。部分私家园林在开园时也收取茶钱、游船费，其公共性质已经显而易见，在某种程度上已经开始接近现代城市公园的属性。北宋洛阳城市园林自身条件的优越性也推动了园林“公共性”的发展。洛阳文人园林空间的简远和舒朗为群众性的园林活动提供了良好的空间氛围和活动场所，使得全城百姓在节庆期间游园赏花之时，不会感到拥挤、闭塞。园林规模也为全城性的公共活动提供了良好的空间基础，洛阳大部分私家园林占地的可观程度，极其有利于园林公共性活动的展开。

寺观园林是宗教世俗化的结果，其“公共性”特征便是宗教世俗化的表象之一。北宋洛阳寺观园林的公共性特征主要表现在以下方面：寺观园林根据其宗教活动情况，秉承开放、包容的态度，定期向各个阶层的市民开放。在开放时寺观内活动纷繁多样，有音乐、歌舞、算卦、吃食等，甚至有“戏场”云集的盛况，已类似于集市的性质。园林的公共活动由专门部门进行管理负责，甚至对寺观内商业进行管理，收益用来补充国库。有一些寺观园林的营建与维护费用甚至由朝廷负担一部分。

4　结语

综上所述，园林的“公共性”在中国古典园林史上从未缺席，中国古典园林从来不缺乏开放和服务精神，受到社会环境的影响，公共性也一点一滴渗透在园林空间营造中。在政治、经济、文化等因素综合作用下，园林作为一种社会现象应时而生，不同类别的园林“公共性”表现出不同的公共特征。城市园林的“公共性”和当代城市生活风尚之间是互为影响，相辅相成的。前者顺应后者的趋势而生，并且提供了场所保障；前者也反作用于后者，使之受到引导而开始蓬勃发展。

中国古典园林自然是存在封闭内向性的特征的，但是那些将中国古典园林和“公共性”“开放性”特征彻底割裂的声音是极其片面的，从某种意义来讲，正是中国古典园林的“开放性”促进了近现代公共园林的产生，而不仅仅是国外景观开放性理念的影响。

参考文献

[1] 王劲韬．中国古代园林的公共性特征及其对城市生活的影响——以宋代园林为例［J］．中国园林，2011（05）．

[2] 毛华松 . 城市文明演变下的宋代公共园林研究 [D] . 重庆：重庆大学，2015.

[3] 刘祎绯 . 北宋城市园林的公共性转向——以定州郡圃为例 [J] . 河北大学学报（哲学社会科学版），2013（03）.

[4] 唐琴 . 隋唐两宋时期宦蜀仕人影响下的西蜀园林研究 [D] . 雅安：四川农业大学，2018.

[5] 王水照 . 北宋洛阳文人集团与地域环境的关系 [J] . 文学遗产，1994（03）.

[6] 邵伯温 . 邵氏闻见录 [M] . 北京：中华书局，1983.

[7] 贾珺 . 北宋洛阳私家园林综论 [J] . 中国建筑史论汇刊，2015（01）.

[8] 王艳 . 北宋西京洛阳的节庆旅游 [J] . 郑州大学学报（哲学社会科学版），2015（06）.

[9] 欧阳修 . 欧阳修诗文集校笺 [M] . 上海：上海古籍出版社，2008.

[10] 李格非 . 洛阳名园记 [M] . 北京：文学古籍刊行社，1955.

[11] 王劲韬 . 司马光独乐园景观及园林生活研究 [J] . 西部人居环境学刊，2017（05）.

[12] 周维权 . 中国古典园林史 [M] . 北京：清华大学出版社，1999.

[13] 董琦 . 北宋皇家园林“公共性”探究 [D] . 北京：北京林业大学，2015.

第二篇　规划设计篇

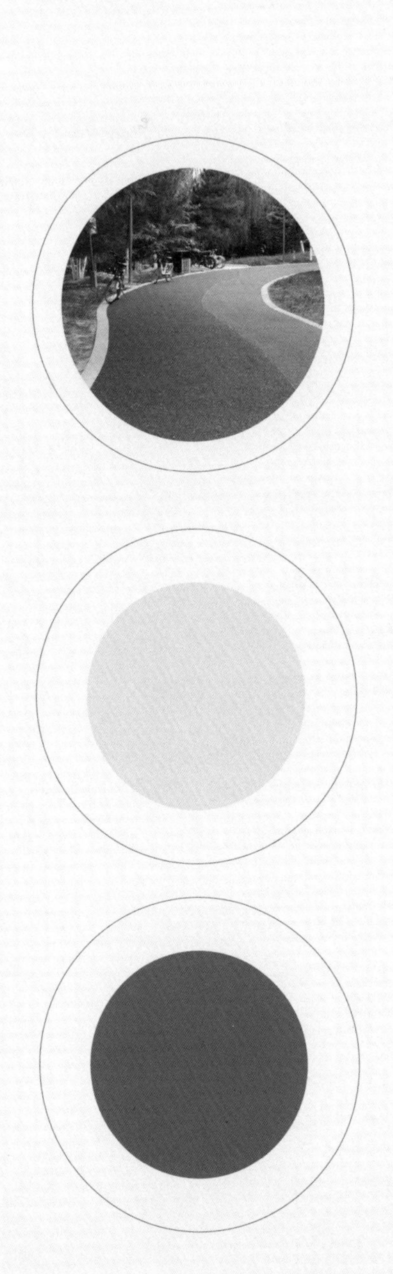

11 城市水源地水质保护与生态修复综合治理

——以毕节市倒天河水库流域生态清洁小流域为例

王永喜[1]

生态建设是贵州省毕节市试验区三大主题之一，环境保护、生态建设是广大人民群众关心的重大民生问题。毕节市坚持生态修复、资源保护和产业发展同步推进，以构建生态体系、产业体系、生态文化体系为重点，筑牢“两江”上游重要生态安全屏障。倒天河水库位于贵州省毕节市城北七星关区，倒天河水库清洁小流域的建设与毕节的生态建设关系密切，是保护和治理水源地，实现区域可持续发展的重要举措。以小流域为单元，针对非点源污染发生的实际状况，坚持预防为主，防治结合的方针，在治理布局上，合理配置措施，通过布设工程、植物等措施，有效拦蓄、吸收降解径流过程中携带的污染物，因地制宜地处理好径流的拦、蓄、排、灌之间的关系，从而实现对非点源污染源的有效控制。

1 流域概况

倒天河水源地生态清洁小流域距离市中心约4.5km，距离七星关区中心约3.8km。倒天河水库位于六冲河一级支流白甫河上游，属长江水系。水库坝址以上集雨面积120km^2，坝址以上主河道长

1 深圳市北林苑景观及建筑规划设计研究院有限公司，518055，深圳。

20.6km，河道平均坡降9.3‰，枯水期径流量0.4m^3/s，设计洪水标准流量291m^3/s，多年平均径流量2.17m^3/s。倒天河水库承担着毕节市中心城区饮用水及市内几乎所有的工业用水，水库总库容1839万m^3，属中型水库，目前水质为《地表水环境质量标准》（GB 3838—2002）Ⅱ类。该库区东南岸地形坡度陡而西北岸较缓，同时石灰岩广布，岩溶作用强。倒天河水库饮用水源保护区具体划分为：一级水源保护区6.02km^2；二级水源保护区17.08km^2；准水源保护区96.90km^2。倒天河水库流域位于喀斯特地区，地下水源丰富，地表水匮乏，可饮用水源少之又少，因此水源保护尤为重要。作为水库水源的小流域，在农业现代化、经济快速发展及人们对水源保护的意识薄弱等因素影响下，生活污水随意排放，造成水库集水区域水体的稀释自净能力下降，水源涵养功能、生态环境功能退化，水污染、面源污染严重。

2 现状生态环境调查与分析

2.1 现状村镇分布及土地利用现状

倒天河水库一级保护区、二级保护区、准保护区共涉及何官屯镇、水箐镇、大新桥街道办事处11个村，90个村民组，共5951户，25843人。为保护水源，已对倒天河水库一级水源保护区内的村镇进行了拆迁，已拆迁户数3157户，在库区外集中安置。倒天河水库饮用水源地保护区内农田面积共17407.20亩（1亩＝666.67m^2），全部为旱田。其中，一级水源地内有农田616.2亩，二级水源地为5544亩，准水源保护区为11247亩。

2.2 现状水土流失分析

（1）耕地周边截、排水不健全，雨水、灌溉用水携带泥沙进入径流。（2）一级水源保护区现状村庄拆迁后的地表裸露，拆除后的建筑垃圾堆放不合理未及时清运，可能散入水体，造成水土流失，进一步污染水源。（3）流域内山高坡陡，部分坡面及坡耕地受雨水冲刷后形成小冲沟，泥沙冲入河道，造成河道及水库淤积。

2.3 现状水质分析

倒天河水库小流域内村庄较为集中、耕地面积大、农事活动频繁，施用大量化肥农药，周边居民排放大量生活污水和固体废弃物，水源区受到严重的面源污染。目前，倒天河水库饮用水源地保护区农村生活区内共排放COD188.65t/年，氨氮22.64t/年；农田共产生COD174.07t/年，氨氮34.81t/年。

通过现场调研、历史资料收集及对相关研究数据进行综合分析，可得出以下结论：倒天河水库饮用水源地水质污染有明显的季节变化和空间差异；丰水期污染较枯水期严重；乡村集中区域污染较耕地严重，耕地区域污染较林地严重；主要污染物为大肠菌群及氮、磷；所有污染来源中，农业污染所占比重最大，其次是生活污染；倒天河水环境影响的主要因子有：生活污水排放量、流域集水区人口数量、流域耕地占总土地面积的比重、水土流失程度、农药化肥施用量、地形地貌自然条件。

2.4 倒天河流域污染源分析

倒天河水库一级水源保护地目前存在大量的农业面源污染，虽然已进行退耕还林、栽植经济果林，但存在经济果林施肥造成水源污染隐患，另外局部林相较差、拆迁地黄土裸露等问题，也存在一定的水土流失和影响水质的危害。二级水源保护地存在的问题较多，面源污染主要在大量的耕地，部分耕地为顺坡耕作，耕种使用大量化肥、农药，灌溉方式较为传统，携带土壤溶质进入河道。生活污染方面问题比较严重，二级水源保护区内存在多个村落、人口较多，水源保护区内共有人口约20413人，每日共排污1959.65t。村落内生活垃圾、污水处理等基础设施不健全。

2.5 现状林相分析

毕节地区山高坡陡，峰峦重叠，沟壑纵横，河谷深切，土地破碎。

土壤类型为红壤，土壤较为贫瘠，属石漠化地区。山体植被以次生林为主，局部为人工林。现状林木生长茂密，冠幅相连，中下层植物因生长受限，长势不良。山体植被群落结构单一，层次较少，树种单调，生物多样性程度低，中层植物和地被缺乏，整体林相缺乏季相和色相变化，水源涵养效果较差。

3　生态清洁小流域综合治理的建设思路和目标

3.1　建设思路

倒天河水库一级水源保护地需要恢复周边的生态系统，将场地内不良的水质污染场地进行生态修复与保护，恢复植被涵养水源功能，使其周边变成“水源的过滤器”。二级水源保护地需要退耕还果、还林，梳理村镇污水排放实现雨污分流、建设小型污水处理设施，改人工渠为自然河道等办法来从源头上解决水源污染问题。

本项目根据项目区具体情况，以保护倒天河水库水源水质为主要目标，根据水源保护区划分和村庄、农田的分布情况，因地制宜、因害设防，构建水源保护多重屏障：村镇生活污染治理区、农业面源污染防控区、水岸生态保护区、山地林相改造区，针对一级、二级水源保护区，按照生态清洁小流域综合治理思路，综合考虑水质污染、水土流失、林相改造等主要问题，建立系统、完整的水源保护措施体系。

3.2　生态清洁小流域建设目标

生态治理目标：固体废弃物集中堆放，定期清理和处置；生活污水处理率达 80% 以上；理顺坡耕地水系；小流域出口水质达到地表水 II 类水质标准以上。

生态修复目标：超过 25° 坡耕地退耕还林；实现林地多树种、多层次、多色彩、多功能。

生态保护目标：河道两岸生态复绿、水库周边环境提升、生态净化水源。

美丽乡村目标：普遍提高农户水源保护意识，实现农户参与工程建设、主动承担管护工作，生态清洁小流域与农村实际需求结合，解决乡村环境问题。

4　生态清洁小流域建设技术措施

以小流域为单元，针对非点源污染发生的实际情况，通过布设工程、植物等措施，有效拦截、吸收、降解径流过程中携带的污染物，协调拦、蓄、排之间的关系，达到水源可涵养、水质可达标、生态可保障、人居环境美化。针对面源污染防控、村镇生活污染治理、水岸生态保护、山地林相改造四大区域内水源污染情况，结合生态清洁小流域建设目标，对不同的功能区采取不同的生态防护措施。按分区布局、分区治理的原则，提出如下技术措施。

4.1　村镇生活污染治理

对于居住相对集中，常住人口较多的村宜建设污水管网和集中污水处理设施，污水通过处理达标后排放。流域内村庄相对较多，建议对生活污水收集处理：农用化粪池改厕；小型污水处理站；结合人工湿地及多水塘系统进行污水集中处理。垃圾集中收集处理：推广垃圾分类收集与回收，回收利用集中处理；易腐烂垃圾堆肥处理；组建固定的垃圾池集中处理。

由于流域内涉及的村镇较多，本项目选取了位于二级水源保护区的徐花屯为村镇生活污染治理典型示范村。徐花屯面积为 45hm^2，人口 450 人，分布相对集中，村庄生活污水排放混乱，垃圾收集系统不完善，且有两条水渠在该村穿过后流入水库，若不治理，对水库水源存在较大影响。

针对徐花屯的具体情况，分别梳理村内生活污水排放和地面雨水排放，实现雨污分流，通过多层植被过滤，进一步净化水源。主要处理措施：（1）生活污水经各户化粪池处理后，排到污水管网内接入小型污水处理站处理达标后排入人工湿地。（2）将村庄内流经的硬

质水渠改造为自然河道，河道两岸栽植净水植被防护带。（3）在村内设置多个水塘，相互之间用排水沟连通，结合生态塘、人工湿地形成多水塘系统。水塘内种植沉水植物：苦草、黑藻。挺水植物：荷花、菖蒲。（4）在村庄下游河道靠近一级水源保护区处设置表面流人工湿地，模仿自然湿地特征，营造多种湿地生境，为各类动植物提供栖息、觅食、生长、繁育的空间。构建沉水植物群落、挺水植物群落和浮水植物，建立系统完整的湿地植物群落，实现对水生态环境的修复。

4.2 农田面源污染治理

（1）耕地排水系统梳理：在耕地周边设生态草沟梳理地表汇水，将汇水引入多水塘系统进行初步净化后，接入人工湿地进一步净化。（2）植被过滤带：靠河岸种植4～5排乔木，然后是2排灌木，最后是7m宽靠近农田的草地。在耕地中间每隔50m，沿等高线设置2～3排灌木防护带，层层过滤面源污染物。（3）茶田间作：在耕地中间截取部分带状用地用于种植茶灌。（4）农药污染防控：禁止使用剧毒高残留农药，如高残留的有机氯、有机磷农药；农药施用量应按规定严格控制，提高用药质量，从品种、时间、方法及质量上全面考虑；引入生物防治，代替农药，如以虫治虫、微生物防治、害虫不孕化法等。

4.3 退耕还林工程

退耕还林工程主要针对一级和二级水源保护区的现有耕地，分为三种情况：（1）一级水源保护区内耕地未退耕，耕地裸露；（2）一级水源保护区内耕地退耕后栽植了果树；（3）二级水源保护区坡度15°以上的坡耕地。存在的主要问题：一级水源保护区内，现状裸露的耕地易受雨水冲刷，水流携带大量泥沙进入水源，对水源造成污染。一级水源保护区栽植了果树，现状果树林相单一，水源涵养效果较差，如对其施肥，会造成进一步的污染。

一级水源保护区内耕地根据距离水库岸边远近进一步划分为：近水区域，选择落叶较少或常绿树种水源涵养效果较好的植物，减少落叶落入水中污染水质，如水杉、柳杉。沟谷区域，在山坡中下部，栽植竹林，如水竹、刚竹、方竹、慈竹。远水区域，乔灌搭配，近远期结合，可选择广玉兰、香花槐、刺槐、构树、桑树、香樟、火棘、刺梨、蔷薇、红叶石楠。对长势较差的果树直接移除后补植涵养水源树种；长势较好的果树分批移除，补植涵养水源树种。

二级水源保护区内陡坡耕种的区域，退耕还林区的措施如下：25° 以上陡坡，退掉现状耕地，栽植水源涵养树种，植物选择以枫香、云南松、刺槐、朴树、火棘等为主；15° ~ 25° 耕种区，改造为经济果林。栽植经济果树，科学施肥，严格控制肥料用量。植物选择以核桃、苹果、刺梨、樱桃、石榴、油茶等为主。

4.4 水岸生态保护工程

入库主河道倒天河平均水深约 0.5m，平均河宽约 25m，坝址以上主河道长 20.6km，枯水期和丰水期流量差别较大。现状河道两岸贴近村镇及耕地，两侧无河岸防护带，本项目对河道采取生态护岸，结合安全性、生态性、经济性等，采用木桩、抛石、活枝、石笼、植生混凝土、生态袋等护岸类型。在河道两侧布置干区、半干区、湿区、浅水区多条植被防护带。支沟现状为硬质渠，将消除河岸硬质渠化形态，模拟天然河流，改造成生态驳岸方式（互嵌型生态砌块），保持岸线两侧水陆之间物质交换功能，营造丰富生物栖息空间，并起泄洪防涝作用。将适用于水生长的植物种植于岸边，利用植物根茎固堤。

4.5 林相改造工程

林相改造的范围为一级水源保护区及二级水源保护区的现状山林地，为保证改造效果，遵循以下改造原则：适地适树，师法自然，突出水源涵养功能，合理选择和配置树种，与环境相得益彰、增强景观效果。通过林相改造达到促进生物多样性、生态高效、群落结构稳定并可持续发展的水源涵养林。

针对林相主要问题提出以下改造分区：次生林地补植区、人工林改造区、林下地被恢复区、沟谷林区、石质岩土植被恢复区、山脊防

火林带、村落花林区。改造树种的选择组合配置：（1）以乡土树种为主，多树种组合；（2）高大乔木、中小乔木、灌木，地被合理搭配；（3）水源涵养功能与景观功能结合；（4）慢生树种与速生树种兼顾；（5）以阔叶树种为主搭配针叶树种；（6）招蜂引蝶、鸟饲植物运用。主要选用的树种有：南酸枣、滇柏、化香、高山栎、香樟、广玉兰、香花槐、刺槐、构树、桑树、木荷、火力楠、台湾相思、桂花、杜鹃、山茶、月季等。

5　结论与建议

通过倒天河水库生态清洁小流域综合治理，整治农村生活污水、加强农业面源污染防治，对农田、山地植被进行生态修复与保护，改善农村人居环境，改善水库流域水环境质量。

水库流域内面积较大，在治理上应分期进行，分步实施。近期宜进行一级水源保护区的退耕还林、林相改造工程和水岸带生态保护工程，同时进行二级水源保护区的农村生活污染治理试点工程。后期在总结经验的基础上，推广生活污染治理模式，同时全面进行农田面源污染治理工程。

随着倒天河水库流域水环境整治工程的进行，相应水源保护区内居民的产业也会得到相应的调整，由以前造成面源污染的农业产业转向更清洁、更经济的其他产业，将改变流域内水污染和生态系统缺失等问题，以往的脏乱差将被青山绿水所代替，对于政府是一项利国利民的民心工程，也是治理污染、环境整治的绿色工程。

参考文献

[1] 毕小刚，杨进怀，李永贵，等．北京市建设生态清洁小流域的思路与实践［J］．中国水土保持，2005（1）：18-20.

[2] 莫世江，张鹏飞，丁卫红．毕节倒天河水库水质分析［J］．贵州教育学院学报（自然科学版），2006（4）：71-73.

[3] 莫世江，刘勇，张鹏飞，等．岩溶区集中式饮用水源地水质评价与保护——以毕节市倒天河水库和利民水库为例［J］．云南地理环境研究，2006（9）：24-27.

[4] 穆希华，朱国平，于占成．生态清洁小流域建设中植物措施的作用及建议［J］．中国水土保持，2007（9）：19-20.

[5] 段淑怀．生态清洁小流域建设技术体系［J］．第十届海峡两岸环境资源与生态保育学术研讨会论文集，2010（9）：193-197.

12 桂林传统村落空间形态特征研究

王静文 段思嘉[1]

桂林地区自然环境复杂、文化资源多样，是拥有壮、回、瑶、苗、侗等 28 个少数民族的多民族聚居地，这些是传统村落及民居形成的重要基础。在地域环境、自然条件、历史文化的共同影响下，桂林市形成了类型丰富、数量众多，具有鲜明地域特色和民族特色的传统村落。迄今已先后有 49 个（占广西总数的 55.06%）村落列入中国传统村落名录，99 个（占广西总数的 42.86%）村落入选广西传统村落名录。

桂林独有的历史文化形态造就了境内众多历史村落和民族建筑，关于传统村落和民居方面的研究成果也很多。对桂林传统村落系统的研究最早可追溯至 1990 年李长杰所著《桂北民间建筑》，该书以田野调查为主，系统全面地介绍桂北地区少数民族的村寨、公建以及民居。在此后又有学者不断对桂林传统村落蕴藏的历史人文价值与保护传承意义进行探索，目前多学科交叉的研究趋势极大地刺激了桂林传统村落研究的蓬勃发展，现在的研究范围可大致分为以下三方面：（1）建筑学视角下对桂林民居建筑的结构、功能及布局等的分析；（2）城乡规划视角下对桂林传统村落布局选址、空间形态、组织结构、景观环境等的研究；（3）社会、民族、历史、生态、文化等多学科交叉视角对传统村落的综合考察与分析，关注传统村落深层次的社会人文与转型演进等问题。

这些研究多是对个案的基础资料分析与描述性研究，多数为个案的中观或微观视角研究，在区域尺度层面的研究不平衡。基于同一层

1 北京林业大学园林学院。

次的横向研究较多，同区位不同层次的纵深研究较少；研究方法多以描述性的定性分析为主，“因村论形”“就形论形”，对样本的量化分析不足，未能更进一步研究村落形态与其影响因素之间的普遍关系，使村落形态研究更具科学性和实用性。

故此基于对已有研究成果的参考与借鉴，本文将对桂林传统村落进行整体而系统性量化分析，从自然地理、布局形态、公共空间、边界形态等方面入手，全面解读桂林市传统村落的空间形态。本文拟应用 GIS 空间分析法、空间句法与边界形状指数分析方法研究与探讨桂林市传统村落空间形态特征及其影响因素，以期完善现有桂林传统村落研究方法及其研究成果，为传统村落保护、传承、更新与发展提供相关实践依据与理论支持。

1　桂林传统村落空间形态调查

选取 148 个已被住房城乡建设部、文化部、文物局和财政部及广西壮族自治区住房和城乡建设厅等部门认定公布的传统村落作为研究对象（图 1），利用现代量化手段与传统田野调查相结合的研究方法去认识和了解桂林的传统村落。基于上文综述总结，并结合实地调研对村落的分析认知，重点对桂林传统村落的环境特征、格局形态、建筑特征三个层面 18 项特征因素进行详细调查与数据分析（表 1、表 2），统计得出如下桂林传统村落有如下特征：

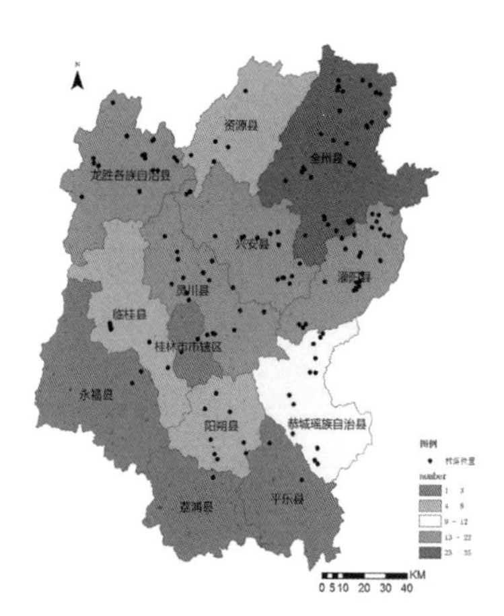

图 1　桂林传统村落在各区县分布图

（1）依山而建，傍水而居。由于桂林水源丰沛、山林众多，平原地区的传统村落大多依山傍水，山区的传统村落也都靠近河流。村落建造在河谷的台地或山脚的平地上，河流从村旁或村中蜿蜒流淌，从而形成“山围水绕，宅田相间”的山水格局。

（2）规模均质、网络式布局。桂林传统村落间规模差异很大，但大、中、小三种类型在数量上无明显差异，其中小型传统数量稍微偏多。大部分桂林传统村落中一般无规则的街巷空间、村落道路无特定方向，往往依据地形水系转换走向，总体呈网络状，形成一种散中有聚，乱中有序的状态。

（3）民居建筑以排屋和天井堂厢形为主。但桂林作为少数民族聚集地，其民居建筑形式深受民族文化影响，因此呈现出少数民族村落多为干栏式建筑与汉族村落多为排屋和天井堂厢的局面。这也成为桂林传统村落最鲜明的特色。

表 1　桂林传统村落空间形态特征调查表

特征类型	序号	特征项	特征子项	特征因子及分类
环境特征	1	自然环境	地形地貌	丘陵（0～200m）、低山（200～500m）、平川类（500～1000m），中山类（1000～1500m），高山类（高于 1500m）
	2		坡向	北、东偏北、东、东偏南、南、西偏南、西、西偏北、平地
	3		坡度	一级：0°；二级：0°～8°；三级：8°～15°；四级：15°～25°；五级：25°～76°
	4	水环境	距水系距离	一级：＜1km，二级：＜3km，三级：＜5km，四级：＞5km
	5		与河流关系	无、一侧相邻、穿村而过、绕村环转、开挖蓄水
	6	交通环境	距国道省道距离	一级：＜1km，二级：＜2km，三级：＜3km，四级：＞3km
	7		距县道乡道距离	一级：＜500m，二级：＜1000m，三级：＜1500m，四级：＞1500m
	8		距城镇距离	一级：＜5km，二级：＜10km，三级：＜15km，四级：＜20km，五级：＜25km，六级：＜30km，七级：＜35km，八级：＜40km，九级：＞40km
格局形态	9	边界形态		指状、带状、团状
	10	村落规模		大型：≥ $5km^2$；中型：＞ $2.5km^2$；小型：≤ $2.5km^2$
	11	街巷形式		无、≤3 条、多条交错
	12	形态特征	点状空间	宫庙、鼓楼、戏台、寨门、凉亭、井台、祠堂、谷仓、神树
	13		线状空间	道路、桥、水系
	14		面状空间	广场、鼓楼坪、芦笙坪、坡场、堰塘、与居住区混合的田地

续表

特征类型	序号	特征项	特征子项	特征因子及分类
格局形态	15	空间结构	中心	无中心、单中心、多中心
	16		边界	连续性、封闭性、整体性、标志性
	17	布局形态		沿等高线台阶状、线形、网络式、行列式
建筑特征	18	建筑形式		干栏式、排屋、天井堂厢形、方形围楼

表2　桂林传统村落空间形态特征结论（来源：作者自编）

序号	特征子项	特征因子（最典型）	样本村落比例
1	地形地貌	丘陵	49%
2	坡向	平地	70%
3	坡度	一级	70%
4	距水系距离	一级	42%
5	距国道省道距离	四级	68%
6	距县道乡道距离	一级	32%
7	距城镇距离	五级	20%
8	边界形态	指状	79%
9	村落规模	小型	38%
10	布局形态	网络式	71%
11	建筑形式	排屋、天井堂厢	—

2　桂林传统村落空间形态特征分析

为深入研究桂林市传统村落的空间形态特征，笔者在田野调查与文献研究结论的基础上，对各类特征因子进行总结归类，发现村落的布局形式与自然环境、空间布局、建筑特征、公共空间形式、边界形态等许多空间形态因素关联性密切。

由于文化背景、自然环境条件的不同，村落的布局形式也形式各异，依据实地调研与总结前人观点，将桂林传统村落的布局形态分为沿等高线台阶状、线形、网络式、行列式四种类型。在小型村落中许多村落布局自由零散，无统一规划，有学者将之分类为自由式布局，笔者认为自由式布局其实是网络式布局的前期形态，因而将之也分类

在网络式布局中。此外由于历史上移民影响，桂林有些村落采用梳式布局，不过数量极少并且特征已渐消失，为方便研究将之归类为行列式中。

下文以传统村落布局形式为基准，在布局形式分类基础上对各类型空间形态特征进行差异性与一致性比较，一方面对空间形态特征进行深入研究，另一方面对下文研究空间形态形成的内在机制进行铺垫。

2.1　与自然环境关系

不同自然环境所带来的气候环境、自然资源、土地质量等的变化，将对区域生存环境产生直接影响。基于农耕经济发展起来的传统村落受自然环境的影响更是不可忽略，村落所处地形状况与海拔高程可通过农业生产方式深刻影响村落的选址布局、空间结构、建筑形制、社会习俗等多方面。通常随着农业生产方式的转变，与之相应的生活方式、社会习俗、思想理念等也随之发生改变，进而产生传统文化与新生文化的融合或转变，也因此形成了不同传统村落的地域与历史文化。

桂林境内河流山川密布，大小盆地散落分布其间，“七山二水一分田”的地理特点决定了传统村落用地的局限性。桂林传统村落大多处于环山绕水的环境当中，并因与其周边山脉河流的远近关系，出现了依山近水、依山远水、远山近水、远山远水 4 种形式（表 3）。

表 3　村落分布位置与周边地形关系

依山近水	依山远水	远山近水	远山远水

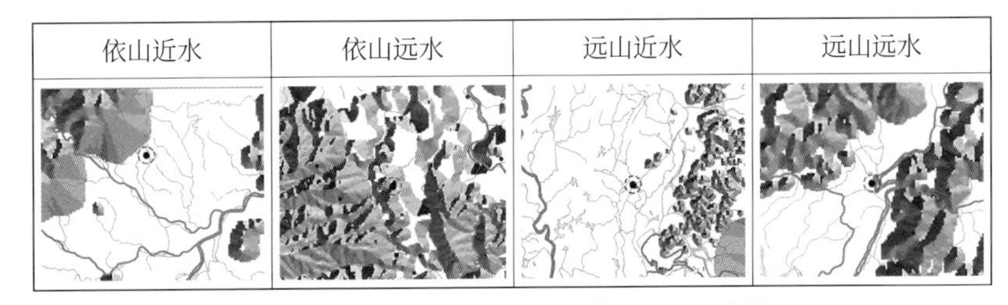

注：用 GIS 生成桂林市地面等高线模型，模拟村落分布的地理空间特征。

沿等高线台阶状布局是桂林山地少数民族聚落中常采用的一种布局形式。建筑随地形自由布置，像台阶一样高低排列，巧妙适应复杂多变的等高线变化；因势利导与山势、周边建筑以及整个空间环境有机融合，形成了“天平地不平”的格局。

线形布局的村落多选址于河畔或山脚，为方便生活及物资交流且少占耕地，村落整体沿河流或山体线形布置。村落布局形式单一，建筑通常排列在主街两旁，由于线性的道路不便延伸过长，逐渐发展出垂直于主街的鱼骨状分支。

网络式布局的村落多位于平坦开阔有广袤土地的山谷间或大河畔。村落形态与周边自然环境融合一体，不讲究整齐划一。村落中都有网络状街巷分布，街道走向依据地形水体自由灵活转换。

行列式布局村落大多为汉族村落或受汉族文化影响较大的少数民族村落。皆选址在远山的平原地区，距水也较远，地势平坦无变化，上述详情见表4。

表4　村落类型与地形关系

	沿等高线台阶状布局	线形布局	网络式布局	行列式布局
村落用地条件	高山顶或半山腰，地势陡峭、地形复杂	地形狭长，用地紧凑	小盆地或台地，用地相对宽裕	大盆地或平原地区，开阔平坦，用地充足
村落与山水关系	山上坡地，邻水	山脚或河畔	山旁水边	远离山体，距水较远
案例村落	龙胜县龙脊村	阳朔县兴坪镇	兴安县水源头村	临桂区山尾村
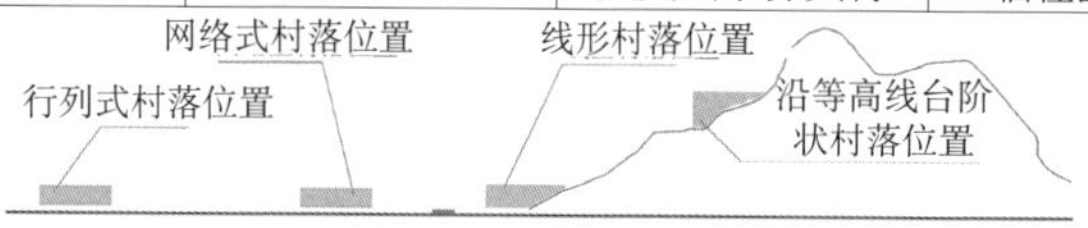 网络式村落位置；线形村落位置；行列式村落位置；沿等高线台阶状村落位置 村落类型与地形关系剖面示意图				

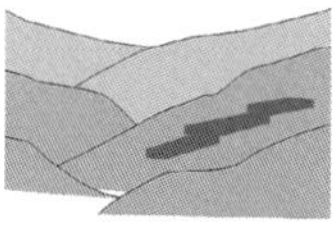

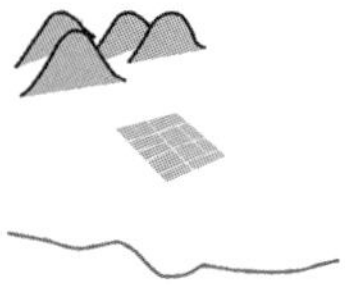

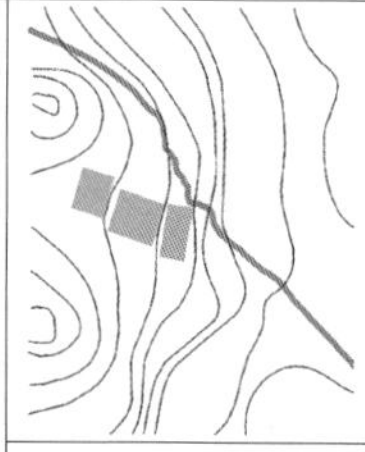

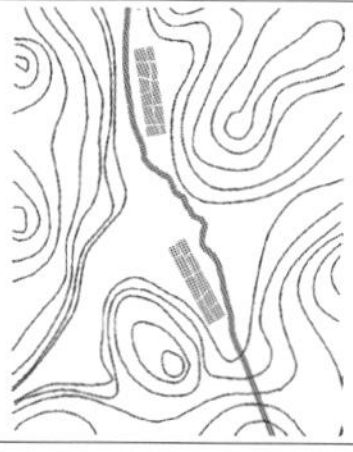

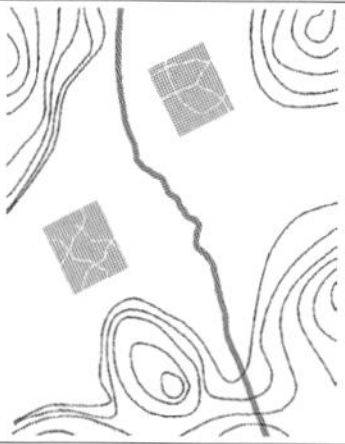

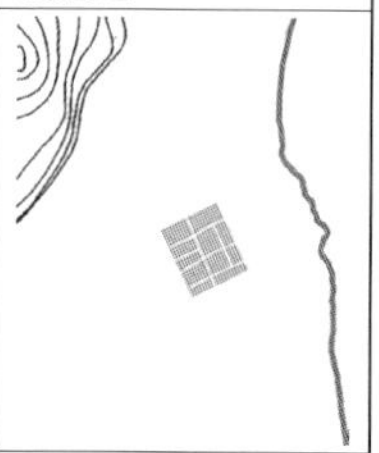

注：表中阳朔县兴坪镇照片为新华社记者李鑫拍摄；龙胜县龙脊村、兴安县水源头村、临桂区山尾村照片与表8中照片来源于《桂林传统村落勘录》一书。

2.2 布局特征

桂林传统村落文化悠久、聚落空间独特、建筑形式富有特色，集中反映了当地居民的生存状态和审美情趣。

沿等高线台阶状布局村落多以干栏式建筑为主。建筑随地形自由布置，像台阶一样高低排列，建筑朝向与等高线呈垂直关系。其充分利用多变的地形或悬挑或垒台或架空或后缩，形成了形象质朴、个性强烈的建筑形式。这类村落以鼓楼、戏台或水塘为中心空间，形成一个或多个空间组团，一般很少有明显轴线。

线形布局、网络式布局和行列式布局的村落中以基本排屋和天井堂厢建筑为主，方形围楼和干栏式建筑极少出现。在这些村落中，礼制是空间形成的基础，以血缘宗族关系的脉络一定程度上决定了村落的空间秩序。

线形布局的村落布局形式单一，建筑通常排列在主街两旁，建筑朝向统一。村落有明显的几何中线，中线两端则是村落的主要出入口。并在中线两侧的局部区域留出空地，建造祠堂、广场或戏台，形成开敞的公共空间。

网络式布局村落一般建造围绕不同层级的宗祠布置，形成以宗祠为核心的多中心结构。建筑组群自由不拘泥，沿道路或村中水塘布置，无固定布局朝向。

行列式布局村落内部基本都有明显的等级和秩序。建筑朝向基本一致，一般按合理的间距成排布置。有些村落建筑受地形条件影响，亦有弧形排列，详情见表 5。

表 5　村落类型与布局特征

类型	街巷肌理	布局示意	建筑朝向示意	案例村落
沿等高线台阶状布局	沿高程自由式			龙胜县龙脊村

续表

类型	街巷肌理	布局示意	建筑朝向示意	案例村落
线形布局	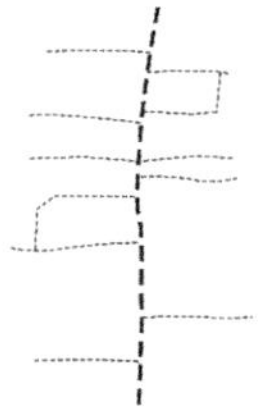 鱼骨梳式	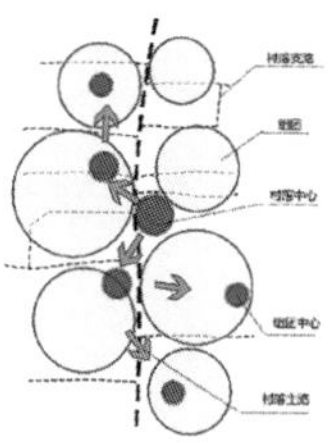	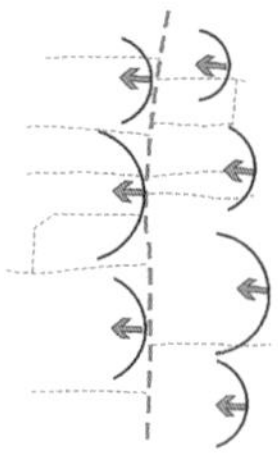	 平乐县沙子村
网络式布局	 网络式	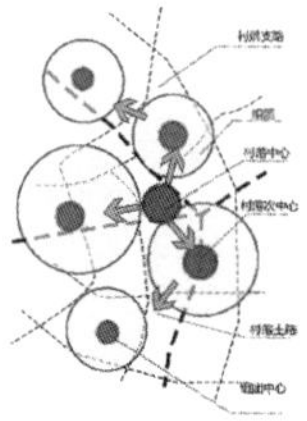	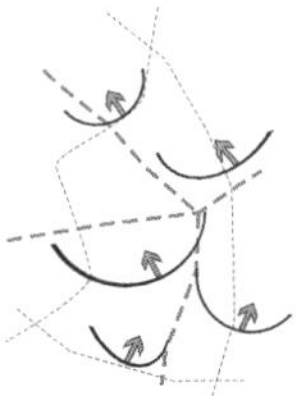	 灵川县江头村
行列式布局	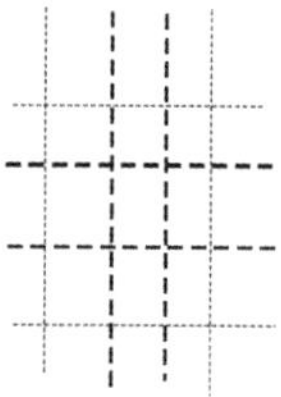 棋盘格网式	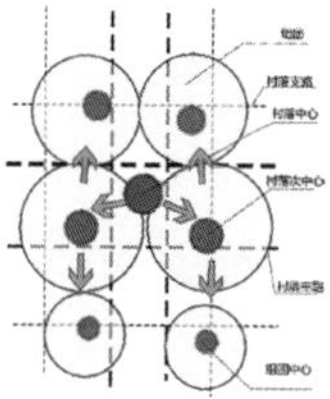	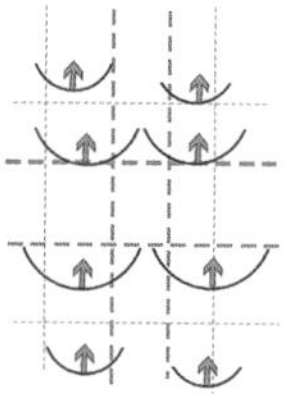	 灵川县太平村

注：表中案例村落图片来自谷歌地图。

2.3　公共空间形式

空间形态研究的传统方法多侧重于主观描述性的归纳与阐释，这种方法不利于对空间规律的深入挖掘与理解。空间句法通过拓扑学的数学方法，将空间关系数据化，来考察空间的整体结构性关系。通过空间句法对传统村落空间进行量化分析，通过分析变量来描述空间属性，并结合实地调查和史料研究，可更精准地描述村落中不同场所的分布状况和具体位置。

本文用空间句法的方式来描述和分析桂林传统村落的公共空间结构特性，主要应用空间句法中的“轴线模型”进行分析。轴线模型是由能够全面覆盖村落街巷空间的最长且最少的直线之间相互连接而构成。根据 7 个样本村落（表 6）的总平面图（图 2），经实地调查复核后绘制轴线图，导入软件 DepthMap 中进行运算。主要指标有：

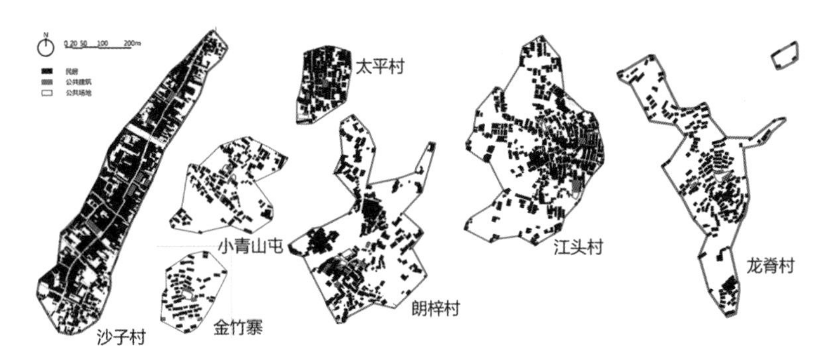

图 2　桂林传统村落典型性样本空间图示

（1）整合度（Integration［HH］），体现局部空间相对于其他空间的离散程度，包括全局整合度和局部整合度（Integration[HH]R3）；（2）可理解度（Intelligibility），体现整体空间与局部空间一致性关系；（3）可选择度（Choice[Line Length Wgt]），体现局部空间吸引力的潜力大小，包括全局选择度以及局部选择度（Choice［Line Length Wgt］R3）；（4）平均深度（MeanDepth［Line Length Wgt］），局部空间到其他所有空间最小步数之和的平均值。本文将整合度和可理解度作为核心分析指标。

表 6　桂林传统村落典型性样本概况

村落名称	简介	村落属性	村落类型
江头村	位于灵川县九屋镇东北，群山环抱，三溪绕村，良田千倾，环境优美。明朝建村至今有 600 余年历史，古迹众多。约有居民 180 户，全村 90% 村民为周姓，据宗谱记载为北宋文学家周敦颐后裔，因此周氏家祠名为爱莲家祠	中国传统村落、全国重点文物保护单位、中国历史文化名村	网络式
龙脊村	位于龙胜各族自治县龙脊镇东北部，越城岭山脉西南麓，全村约 300 户，壮族人口比例达 99%，梯田景观举世闻名	中国传统村落	沿等高线台阶状
金竹寨	位于龙胜各族自治县龙脊镇金江村，全村约 80 户，是典型的山地型壮族村寨，有“北壮第一寨”之名	中国传统村落	沿等高线台阶状
朗梓村	位于阳朔县高田镇西南部，金宝河支流旁，依山傍水、土肥水丰。现有人口约 520 人，村民以壮族居多，但建筑并非传统壮族风格，极有研究价值	中国传统村落	网络式
沙子村	位于平乐县沙子镇，约有居民 480 户。西靠大岭主山，东面茶江，素有“三弯九塘十八巷”之说。湘桂驿道从这里经过，至今保存有唐驿道，是昭州古城北大门，地理位置十分优越	中国传统村落	线形

续表

村落名称	简介	村落属性	村落类型
小青山屯	又名银龙古寨，荔浦县马岭镇东北部，四周群山环抱，地处天然小平地，现有人口50户，绝大部分姓龙。明中后期建村，保留有大量历史文化遗产	中国传统村落、自治区级文物保护单位	网络式
太平村	位于灵川县潮田乡，前有潮田河，背靠青山。始建于宋朝末年，有保留完好的千年古樟树、百年银杏树，还有古井、古碑、古祠堂、古戏台等古迹	中国传统村落	行列式

样本村落的规模大小不一，因此轴线数量差别也很大。轴线数量最多的江头村有338根，金竹寨最少有51根轴线。这些村落的可理解度数值都偏低，范围跨度在0.181572至0.506828之间，波动不大。其他属性如平均深度、平均局部整合度的数值也都很相近，这就证明这些村落在空间结构上有一定的相似性（表7）。将句法分析得出的各轴线参数值通过图示直观表达，颜色由暖至冷表示参数值逐渐下降。通过观察比较，可以得出样本村落之间的共性与差异（图3、图4）。

表7　样本村落的空间句法参数

参数	江头村	金竹寨	朗梓村	龙脊村	小青山屯	沙子村	太平村
轴线数量 N（个）	338	51	332	210	155	314	131
平均全局整合度（Integration[HH]）	0.581211	0.371357	0.39466	0.379664	0.606882	0.418927	0.533262
平均局部整合度（Integration[HH]R3）	1.31536	0.898929	1.03515	0.99726	1.19781	1.12317	1.0924
可理解度（Intelligibility）	0.459926	0.298256	0.32644	0.200526	0.45076	0.181572	0.506828
平均全局可选择度（Choice[Line Length Wgt]）	3953030	400355	2681990	4103120	762947	3750210	1004949
平均局部可选择度（Choice [Line Length Wgt] R3）	52113.4	10756.2	14241.2	25641.4	20930.9	29058.4	22970.4
平均深度（Mean Depth [Line Length Wgt]）	11.0286	9.81331	15.7198	15.3177	8.88294	14.5241	9.69027

（1）沿等高线台阶状布局村落——龙脊村、金竹寨的轴线分布最无规律，轴线短且零散。其全局整合度与局部整合度数值均最低，可理解度也非常低，说明村落空间的可达性差，不容易被认知。

（2）网络式布局村落——江头村、朗梓村、小青山屯具有较为规整的轴线布局，可理解度与整合度数值均很高，说明网络式布局村落空间的通达性好，容易认知。其中江头村不仅有道路环绕形成环形

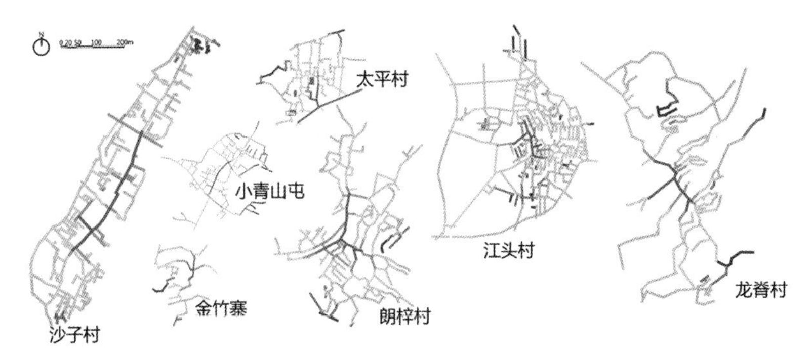

图 3 样本村落轴线模型全局整合度分析

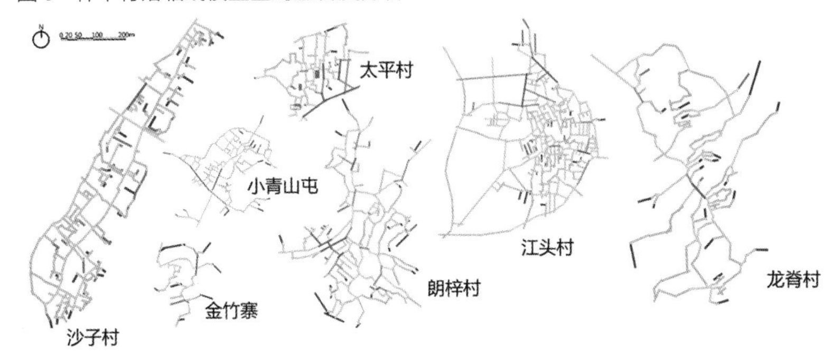

图 4 样本村落轴线模型局部整合度分析

网络，而且多条道路穿村而过，全村各处都很容易到达，因此局部整合度最高。朗梓村村落南北发展不平衡，导致村落可理解度与整合度都最弱。小青山屯由于村落规模小、形态简单，所以整合度与可理解度都比朗梓村高。

（3）线形布局村落——沙子村的轴线布局规整，彼此几近垂直排列。随着近些年的发展，村中部分传统街巷格局已不完整，空间结构遭到破坏，难以识别认知，所以可理解度最低。而整合度较高则说明其主街对外联系性好，街巷可达性也良好，侧面证明了其作为历史上交通要地的交通优越性。

（4）行列式布局村落——太平村的轴线布局呈格网状，且纵向长横向短。可理解度与整合度数值均很高，尤其是可理解度数字超过了 0.5，说明行列式布局村落空间易于外来者理解掌握，认知性极佳。由于太平村背靠山坡，另一面临路，所有交通都集中于一侧，导致村落整合度分布不均匀，村落远端的可达性减弱。

传统村落中的各类活动分界比较混沌，因此传统村落公共空间定义也比较模糊。但在村落中有一些场所明显为村民提供了日常社交、处理公共事务等社会生活所需的空间，可以将之视为村落的公共空间。在桂林传统村落中这类公共空间的形式有很多（表 8），将这些空间要素在村落平面图中标记出来，与空间句法分析图示叠加起来（图 5、图 6），可以发现桂林村落公共空间一些共同特点：

（1）在 7 个村落样本中，有 4 个村落的村落核心公共空间与全局整合度最高值部分重合。这些核心公共空间一般是鼓楼、戏台或宗祠与祠堂前广场等全村的中心建筑，会进行全村性质的公共活动。这种重叠证明了村落重大公共活动一般会选择在具有更高交通可达性的区域进行。

（2）有些村落的核心公共空间没有与全局整合度最高值区域重合，反而位于局部整合度最高值范围内。这种偏差一定程度上体现了村落的发展变化。以江头村为例，明朝建村时建筑集中在河畔附近，爱莲祠作为村落宗祠是村落的核心公共空间。随着村落发展，用地不断向外扩张，而东部有河流阻挡没有发展空间，西北和西南方向的建筑不断增多，村落空间整体偏移，爱莲祠的交通可达性被削弱，不再是当前交通最佳区域。

（3）局部整合度最高的区域会与村落组团内的公共空间重叠。这些公共空间一般是组团内部的小片空地、较为开敞的街巷转角空间、水塘畔等，在这些场所进行的公共活动也是以邻里交流这样小范围的活动居多。规模大的村落这种现象更为普遍。

（4）有些村落的全局整合度与局部整合分布情况的相似度很高，如金竹寨和小青山屯。这些村落一般规模小，路网结构简单，公共建筑类型少，公共空间未形成明确的等级序列。

（5）一般来说传统村落的商业类公共空间如小卖部因为服务范围主要是村落内，会选址在整合度很高的主街附近，这里对村内来说可达性很好，但对外交通较差。不过也有特例，比如沙子村的老店铺都聚集在靠近村口与码头等村落边缘区域，数量多且密集，远远超过其他村落。这种选址对外的拓扑深度小，对外来者而言可达性高。这

与沙子村历史上繁荣的商业活动有一定关联。

（6）风雨桥、庙宇、寨门等公共空间与外部交通结合更为紧密，多分布在对外拓扑深度小的村落边缘区域。

表 8　桂林市传统村落公共空间要素表（来源：作者自编）

类别				
景观类公共空间	熊村圩亭	留公村得月楼	山尾村白崇禧故居	小青山许愿亭
	江头村水塘	沙子村石桥	榕津村义渡码头	榕津村古树
交通类公共空间	朗梓村古巷道	长岗岭村雨廊	榕津村古街	
宗教祭祀类公共空间	郎山屯惜字炉	朗梓村宗祠	榕津村天后宫	沙子村准提佛母寺
商业类公共空间	榕津村粤东会馆	沙子村当铺	长岗岭村三月岭古商道	
安全防御类公共空间	郎山屯碉楼	朗梓村古炮楼	龙脊村寨门	沙子村巷门

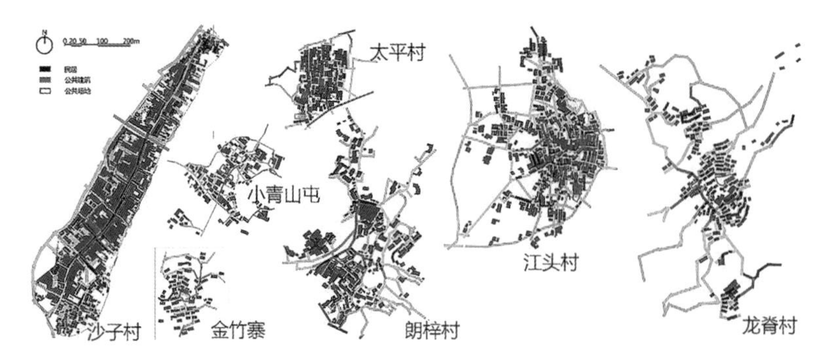

图 5　样本村落轴线结构（全局整合度）与公共空间分布

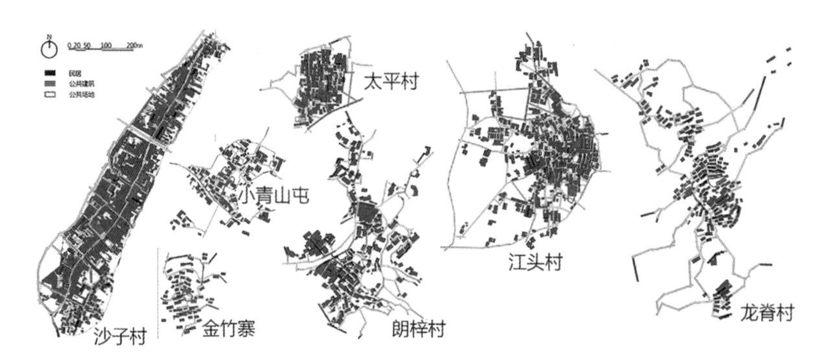

图 6　样本村落轴线结构（局部整合度）与公共空间分布（来源：作者自绘）

2.4　边界形态

传统村落的边界模糊、暧昧，充满不确定性，复杂而多元的边界形态是传统村落空间形态的重要组成部分。从广义的视角出发，聚落的边界除了由建筑、道路、山体或河流等形成的物质性边界之外，还存在由历史、文化等原因形成的心理边界。

本文对桂林传统村落边界形态的判定借助聚落边界形状指数分析方法，$S=\frac{p}{(1.5\lambda-\sqrt{\lambda}+1.5)}\sqrt{\frac{\lambda}{A\pi}}$ 其中 S 指聚落边界形状指数，P 为聚落边界周长，A 为面积，λ 为长宽比，依据村落二维图形的长宽比 λ 与形态指数 S，将边界形态分为团状形态、带状形态以及指状形态。当形态指数 S 小于等于 2 时，长宽比 λ 数值大于 2 说明是带状形态；λ 数值小于 1.5，则是团状形态；介于二者中间称之为具有带状倾向的团状聚落。当形态指数 S 大于 2 时，证明村落为指状形态，λ 数值大

于 2 则是带状倾向的指状形态；λ 数值小于 1.5 则是团状倾向的指状形态；介于 1.5 ～ 2 则是无明确倾向的指状形态（图 7）。

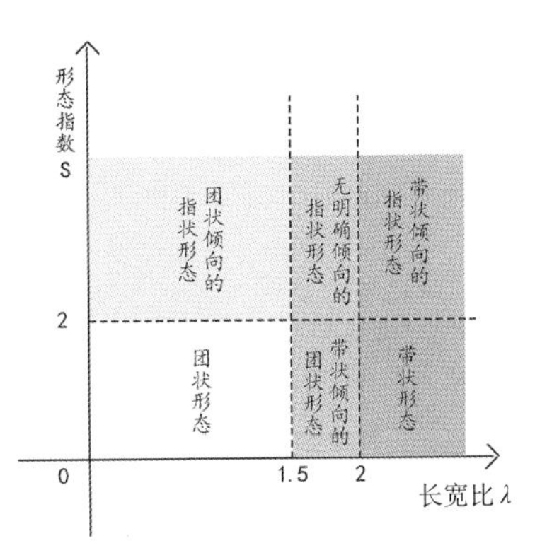

图 7　基于长宽比 λ 与形状指数 S 值的村落边界形态分类（来源：作者自绘）

团状形态村落近似于圆形，长宽比接近 1，无明确指向性，是村落形成初始最常见的聚落形式。这种形态集约空间、节约用地，辐射半径相对均衡，具有向心性，且外边长最小防御性好。在村落发展中，如果地势相对平坦，发展驱动力相对均衡，就会继续保持这种形态。

带状形态村落有明确且单一的轴向，并不断延伸，长宽比大于 2。这条发展主轴的形成，一般是由于发展空间制约或特定条件引导，比如重要商道或特殊地形。村落沿轴线方向形成线形的村落空间，村落轮廓自然为带状。

指状形态村落向多个方向延伸，可以看成是团状和带状的混合，是目前聚落的主要边界形态。一般是由于村落受地形约束或交通、经济引导，村落空间向环境空间资源更好的方向伸展，形成不同各方向的多条发展轴，导致村落突破原始形态，最终呈指状发散形态。

还有很多传统村落的边界形态也可能出现介于上述某两种边界形态之间的情况，呈现出某种非典型性特征，如团状倾向的指状形态，或带状倾向的团状形态，这可能是村落动态发展中的中间形态，反映了未来可能的村落空间发展方向。

从表 9 可以看出，桂林传统村落边界形态中指状形态最多，由于桂林地区峰峦起伏、水网密布、地形复杂多变，指状形态的边界与周围环境更契合。边界为团状或团状倾向的村落也非常多，因为团状用地紧凑，有利于集约用地。

网络型布局的村落几乎都是指状形态，因为网络式布局的村落道路曲折无定向，建筑自由灵活分布，很容易突破规矩的几何形态，形成多指状。线形布局的村落，其空间主轴明确，建筑分布形式单一，边界形态必然为带状。沿等高线台阶状布局的村落在村落规模小时，由于路网结构简单，建筑数量少，边界形态可能为团形。当村落规模超过一定范围时，路网随山势自由凌乱，建筑排列进退参差，边界形态普遍为指状。行列式布局的村落由于其有明确的布局规则、建筑朝向和发展方向，道路规矩、房屋间距固定，所以一般都保持为最初的团状形态。即使随时间推移，村落不断发展，也一般会是带有某些倾向的团状形态，除非遇见特殊地形，否则很难形成其他形态的村落。

表9　桂林传统村落布局特征与边界形态（来源：作者自编）

村落	项目	内容	项目	内容
江头村	长宽比 λ	1.5	布局特征	网络式
	形态指数 S	2.7	聚落规模（hm^2）	9.66
	边界形态结论	无明确倾向性的指状聚落		
龙脊村	长宽比 λ	1.5	布局特征	沿等高线台阶状
	形态指数 S	3.4	聚落规模（hm^2）	6.38
	边界形态结论	无明确倾向性的指状聚落	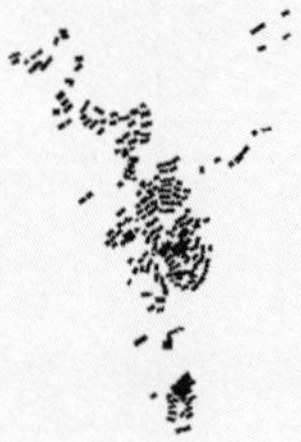	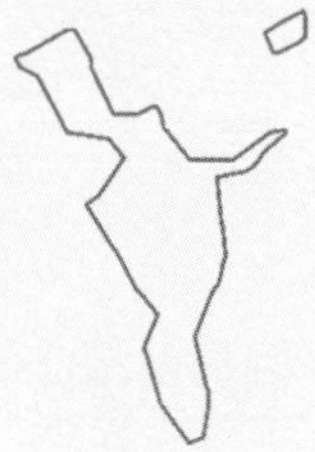
金竹寨	长宽比 λ	1.5	布局特征	沿等高线台阶状
	形态指数 S	1.5	聚落规模（hm^2）	2.22
	边界形态结论	团状聚落		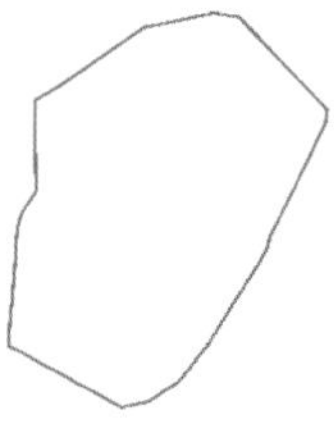

续表

朗梓村	长宽比 λ	1.5	布局特征	网络式
	形态指数 S	3.4	聚落规模（hm^2）	7.47
	边界形态结论	团状倾向的指状聚落		
沙子村	长宽比 λ	4.4	布局特征	线形
	形态指数 S	1.4	聚落规模（hm^2）	13.04
	边界形态结论	带状聚落		
小青山屯	长宽比 λ	1.1	布局特征	网络式
	形态指数 S	2.4	聚落规模（hm^2）	3.54
	边界形态结论	团状倾向的指状聚落		
太平村	长宽比 λ	1.6	布局特征	行列式
	形态指数 S	1.2	聚落规模（hm^2）	2.64
	边界形态结论	带状倾向的团状聚落		

3　桂林传统村落空间形态影响因素分析

通过前文对桂林传统村落空间形态特征的分析与总结，我们已经发现传统村落是在特定的自然条件和人文环境双重作用下形成的，分析村落空间特征就不得不探究其背后隐藏的地域条件、文化起源、历史人文等不同方面的因素。桂林自然环境、民族文化、历史交流的影响是其传统村落空间形态形成的根本内在机制，桂林传统村落的生成与发展是这些因素共同作用的结果。

3.1　基础：自然环境的影响

自然环境作为最基本的环境要素构建出传统村落的基底，深刻影响传统村落选址与形态格局。它不同程度上影响了自然地域分异、生物群落分布、土地类型分化及水系流域分布等地理环境要素，并一定程度上制约着交通组织、文化交流、经济往来等社会人文要素，对传统村落的布局选址、空间形态、建筑形式、生产生活环境等多方面产生着不同程度的影响。即使是在同一地区，因自然条件不同，村落空间环境也会有很大差异。

桂林气候宜人，有“五岭皆炎热，宜人独桂林”的美名，四季分明、雨量充沛、资源丰富、生物物种繁多，自然条件十分优越。地势中部低两侧高，丘陵起伏、山峦连绵，是典型丘陵山地区及喀斯特岩溶地貌。根据地形情况，可大致划分为山地、丘陵、岩溶石山、平原等类型，其中山地、丘陵平原各占 50% 左右。境内河流密集，水系发达，数量多达百余条，“七山二水一分田”就是对桂林自然地理环境的生动写照。传统村落就以这些山水为框架形成了独有的空间形态。选址于平原丘陵地区的村落，由于地势平坦、田野肥沃、交通便捷，经济发展水平较好，因此村落规模较大，布局规划严整，建筑组群庞大且装饰精美，公共空间面积大、种类多。坐落在山地的传统村落，由于地势险峻，沟壑宽深，少有平地，所以多设置梯田，以便劳作，便于雨水排泄并保证了村寨不为洪水侵袭；山区气候多变，因此村落选址在阳坡，坐北朝南，能减少高山上的寒气压迫，减轻湿气对木质建筑的侵蚀；山区林木繁盛，全木干栏式的建筑盛行，且木构技术复杂高超；由于地形限制无法使用机械化生产工具，且交通不便，因此经济落后，生产和生活较为艰苦。

3.2　本底：民族文化的影响

文化决定了村落的社会空间结构，奠定了村民的行为模式基础，

支撑起村落的演变历程。相同的地域条件可能会导致村落表现出共同的特征倾向，但具有相对独立性的民族文化影响着村民的生存方式，会让同域村落表现出差异性，而这些独特的差异往往是推动村落空间发生改变的强大力量。桂林作为一个多民族杂居的地区，其传统村落空间形态的形成受到各民族生产生活方式、风俗习惯、宗族理念、宗教观念等多方面影响。

据文献资料记载，原始社会晚期桂林已出现土著居民，商周时期这里的土著居民被统称为“越”，并逐渐演变为现今的壮、侗、水等民族。这些少数民族祖先是早种植水稻的族群之一，以稻田耕作为文化核心，形成了独特的村落空间。其中包括：适应水稻种植形成的梯田种植模式、水车灌溉系统等生产空间；方便水稻储藏形成的一层仓储、二层设置晒台等干栏式建筑空间。围绕稻田耕作，土著先民形成了一系列的原始宗教信仰，并据此构成了祈求风调雨顺、安居乐业的节庆祭祀空间。桂林地貌多为山地丘陵，耕地少而分散，而原始的生产条件需要投入足够的生产力，为平衡劳作活动半径与劳动力数量，土著居民形成了小家庭聚居模式，导致村落建筑体量、规模都比较小等特征。

3.3 发展：文化交流的影响

移民是文化传播最为直接的途径之一，不同民族相互作用、发展、交融，形成了文化的多样性。自秦始皇统一岭南，设三郡起，汉人和少数民族陆续迁入桂林地区，带来先进的技术和文化，促进了桂林的开发。多文化交叉融合，产生文化的交流深刻影响桂林地区传统村落的空间形态。以壮族村寨为例，在远离其他民族聚居区的壮族村落，村落空间形态灵活散布，干栏式建筑形制简单，文化民俗亦得以保持。一些靠近汉族聚居区的村落，从村落整体空间形态、建筑形式到生活方式都受到了影响，从而逐步乃至完全汉化。在靠近侗族聚居的壮寨，学习侗族高超的建造技术，在建筑形式、构造装饰上，也有所改变。同时，迁入壮寨的其他民族也会被同化，居住干栏式建筑，学习壮族的语言风俗。作为外来移民的汉族尊崇儒家礼制，因此汉族村落的空间结构具有突出的秩序性；汉族村落沿用中原地区的天井式建筑模式，形成了有别于当地土著村落的空间景观；汉族信奉风水观念，修建亭、塔，挖水塘，造风水林等改变村落环境，直接影响村落的选址布局。大量的汉族村落极大地丰富了桂林传统村落空间形态。

在不同民族交汇融合的桂林，不同民族的村落中无论是生产、生活方式，还是村落空间样貌，或多或少都会彼此趋同，最终形成了更加多样化的村落空间形态。

4 结语

本文以桂林市域为研究范围，通过实地调研与资料分析，引入空间句法、边界形状指数分析方法等多种量化手段对样本村落空间形态进行解读，从其与自然的关系、布局特征、公共空间形式、边界形态等方面归纳提炼出桂林传统村落具体而精准的形态特征，并考察桂林独有的地理特征、文化渊源等对村落空间形态的影响。研究发现桂林传统村落虽然各有风采，但是其空间形态上也有很多相似之处。首先，自然山水环境对桂林村落空间形态的形成有决定作用，桂林的地域特色是使当地传统村落有别于其他区域村落的根本原因。自然环境决定了村落生产方式，并直接影响村落的选址、道路走势、建筑朝向等多方面空间形态要素。其次，民族文化是桂林村落空间形态形成的基石，其造就了村落的宗教信仰、社会结构、风俗习惯等诸多文化特点，影响了村落的空间肌理、空间组合结构、公共空间构成等空间形态要素。最后，在自然条件和民族文化两方面因素的共同作用下，形成了村落总体布局、边界形态与建筑特征这些重要的空间形态特征。此外，外来移民带来的先进文化促进了村落空间形态的不断发展变化。

需要指出的是，本文的分析是从住房城乡建设部等部委认证的中国传统村落及广西壮族自治区住房和城乡建设厅等部门认证的广西传统村落共 148 个传统村落中选取样本展开，而对桂林市域范围内其他大量存在的但未经官方认可的传统村落，文中尚未予以分析。随着国家及广西壮族自治区内传统村落评定体系的不断完善以及评定工作的持续推进，越来越多的传统村落将会被纳入课题研究范围，如此而得出的有关桂林传统村落空间形态特征等的相关研究结论将会更具概括性与说服力。

文中样本村落的量化数据是基于实地调研整理以及收集的高精度地图基础上计算所得，具有较强的说服力，量化数据也可作为数据库资料支撑日后的深入研究和其他相关研究。希望本文的研究分析能对桂林传统村落及其他传统村落的研究、保护和发展提供参考。

*文中所有图片、表格均为作者自编。

参考文献

[1] 李长杰．桂北民间建筑［M］．北京：中国建筑工业出版社，1990.

[2] 唐旭，谢迪辉，等．桂林古民居［M］．桂林：广西师范大学出版社，2009.

[3] 韦伟．桂林传统村落勘录［M］．北京：中国建筑工业出版社，2016.

[4] 甘晓璟．桂北传统村落文化景观的再生设计研究［D］．大连：大连理工大学，2017.

[5] 曾春兰．桂北壮族村落景观形态设计研究［D］．西安：西安建筑科技大学，2017.

[6] 彭小溪．桂北传统聚落景观公共空间研究［D］．西安：西安建筑科技大学，2014.

[7] 赵冶．广西壮族传统聚落及民居研究［D］．广州：华南理工大学，2012.

[8] 谭乐乐．基于文化地理学的桂林地区传统村落及民居研究［D］．广州：华南理工大学，2016.

[9] 熊伟．广西传统乡土建筑文化研究［D］．广州：华南理工大学，2012.

[10] 韦浥春．广西壮族传统村落公共空间比较研究［J］．小城镇建设，2016（10）：73-77.

[11] 浦欣成，王竹，黄倩．乡村聚落的边界形态探析 [J]．建筑与文化，2013（08）：48-49.

[12] 浦欣成．传统乡村聚落平面形态的量化方法研究［M］．南京：东南大学出版社，2013.

[13] 佟玉权，龙花楼．贵州民族传统村落的空间分异因素［J］．经济地理，2015，35（3）：133-137.

[14] 王静文，韦伟，毛义立．桂北传统聚落公共空间之探讨——结合句法分析的公共空间解释 [J]．现代城市研究，2017（11）：5-9.

[15] 宋靖华，赵冰，熊燕，等．聚落生成影响因素的量化分析方法 [J]．土木建筑与环境工程，2009，31（02）：110-111.

[16] 陈国强，蒋炳钊，吴锦吉，等．百越民族史［M］．北京：中国社会科学出版社，1988.

13 黄河中游韩城段芝川口人居环境历史演变

董芦笛[1] 刘 雪[2]

1 引言

韩城为全国历史文化名城，是伟大的史学家、文学家司马迁的故乡，著名的司马迁墓祠便坐落于芝川镇韩奕坡所在高岗悬崖上，东临黄河，北带芝水，韩城芝川镇由此闻名。司马迁墓祠始建于西晋时期，但是在此之前，自西周、春秋战国时期，这一带已是兵防要地，历史上常称为“少梁”，自古有城池、古镇、古道、渡口，如今仅剩司马迁墓祠供我们瞻仰。

人居环境科学是将其所在的地域自然环境和生存生活于此的“人”建立紧密联系，来研究探讨人的生存与发展。本文将研究视野拓展至司马迁墓祠所在地芝川口，通过对其自然演变过程和人文演进过程进行关联，探究其在基于人地关系协调和功能性需求基础上的人居环境建设的历史演变。

2 芝川口地貌特征及自然演变过程

在芝川镇镇区的东侧，是一块较为平坦的小盆地，两条支流在此汇入黄河，形成一个三河口。南北走向的支流为澽水，东西走向的支

1 西安建筑科技大学建筑学院，西安，710055。
2 西安建筑科技大学艺术学院，西安，710055。

流为芝水，古称陶渠水，因在此发现了灵芝，汉武帝修建灵芝庵，改名芝水。芝水南侧，即司马迁墓祠所在的黄土塬，称为龙亭塬，澽水东侧的带状塬面称为东少梁塬，西侧的面状塬面称为高门塬，高门塬西侧为梁山，也称黄龙山。三河口对岸是汾河汇入黄河的河口，历史时期入河处有一丘，状如女性的屁股，称为汾阴脽，明隆庆四年（1570）因黄河东徙被冲毁。对岸的塬面称为峨嵋塬，峨嵋塬上有一座独立的山头，称为孤山。

120 万年前，黄河尚未贯通，梁山与孤山之间，还是一个连续完整的塬面。后青藏高原隆起，上游水体水动力增加，将这个完整的塬面侵蚀、切割，形成了黄河东西两侧的塬面。在支流澽水、芝水、汾水的切割下，其中澽水、汾水形成了较开阔的河谷，黄河两岸的塬面被切割成我们如今看到的样子。

黄河贯通形成初期，黄河水面尚窄，随着黄河对两岸黄土的侵蚀，黄土塬塌陷，河面不断拓宽，黄河河道不断拓宽摆动。夏商时期，河道稳定，西周至隋初，合阳上段黄河西侵，流路自龙门出，流经梁山塬、夏阳、司马迁祠，合阳飞浮山，崩陷土原，崩陷华原数里。这一时期黄河流路称为汉唐故道，主要流路为合阳上段偏西，合阳下段偏东。

明隆庆四年（1570）黄河暴涨，汾阴脽被冲毁后，汾河入黄口不再稳定，上移至河津县城南，黄河芝川口段黄河东侵，芝川口处出现大片滩地。唐代黄河华原段由于泥沙淤积，黄河中心出现鸡心滩，河道分为“东河”“西河”两股，其他河段也由于大量泥沙淤积，河道不断拓宽，原本稳定的河道开始频繁出现改道，之后逐渐呈现出“三十年河东，三十年河西”的特征。可以说隆庆四年是河道迁徙游荡的一个历史分界线，这一时期的黄河河道被称为明隆庆故道。随着河道越来越宽，泥沙淤积越来越多，黄河韩城段、河津段和荣河段河中心出现鸡心滩，这一段也出现黄河摆动，这一时期河道称为咸丰故道。

中华人民共和国成立后，由于龙门—潼关段黄河的特性，水利上称之为“小北干流”。1960—1980 年间三门峡水利枢纽投入使用，小北干流段淤积越发严重，水位抬高，1960 年禹门口东岸石嘴被炸，黄河流路变化更加剧烈。为了控制河势，20 世纪 70 年代起，黄河两岸

大量修建河道整治工程，直至 90 年代宽阔游荡性河道才变为较稳定河道，但流势非常散乱。

1990 年至今，黄河上游修建了大量水利工程，蓄水引水，黄河水量大大减少，水面变窄，两岸大面积滩地出露，也因此濼水入黄口、汾水入黄口下移，早已不再是原来的模样（图 1）。

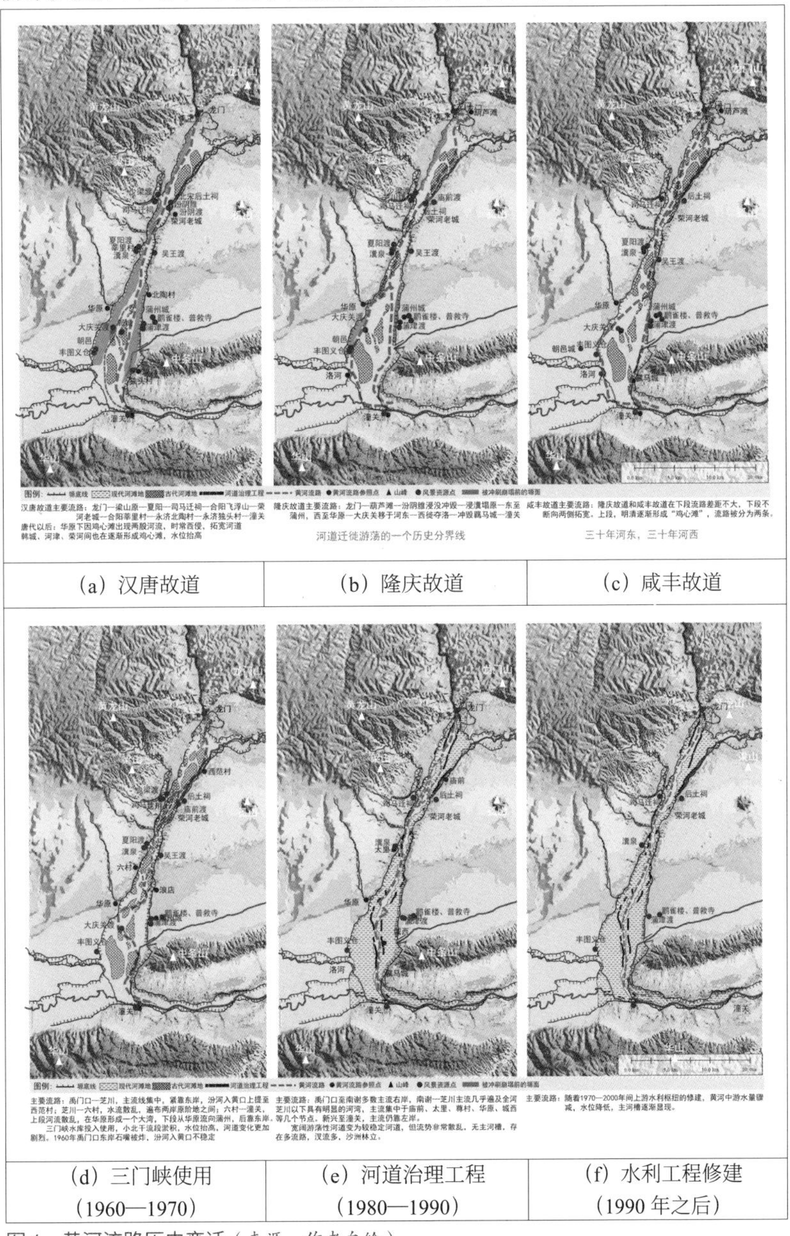

（a）汉唐故道	（b）隆庆故道	（c）咸丰故道
（d）三门峡使用 （1960—1970）	（e）河道治理工程 （1980—1990）	（f）水利工程修建 （1990 年之后）

图 1　黄河流路历史变迁（来源：作者自绘）

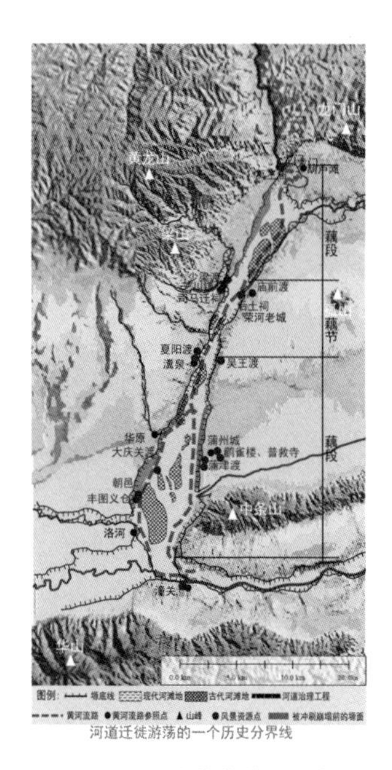

图2　小北干流藕节位置示意
（来源：作者自绘）

小北干流段由于两岸多为黄土塬，河流冲刷塌陷导致河道拓宽，其中芝川镇至合阳县团结村河段，因地处第三纪红土层背斜顶部，红土出露较高，土质坚硬，耐冲刷，河道较窄。因此小北干流被划分为上、中、下三个河段，形状类似一个莲藕，中间河段是藕节（图2）。三河口、汾河河口位于藕节的末端。龙亭塬、东少梁塬夹逼三河口，形成一个天然豁口。藕节处河势本就稳定，水进入豁口后流速更加平缓，明隆庆四年后，黄河摆动加剧，芝川至合阳县团结村段，窄河道，河势较稳定；上下两段宽河道，黄河来回摆动，芝川口处河势愈显平缓。

3　韩城芝川口人文历史演进

韩城芝川口的建设可划分为三大阶段：第一阶段为古城池建设时期，自夏商（公元前20世纪）至汉光武帝时期（公元前5—公元57），历时2000多年。第二阶段为司马迁墓祠建设时期，自公元前69年——公元1936年，历时2005年。第三阶段为司马迁墓祠后续景区建设，自1973年至今，历时47年。

3.1　古城池时期

芝川口一带最初成为封国始于大禹时代，伯益（公元前？—前1973）因跟随大禹治水有功，大禹封其于梁国（今韩城），后由伯益孙子执政，持续800年。西周周文王（公元前1152—前1056）时期，古梁国被灭，韩城芝川口属于岑子国，持续约10年。

①古都城——军事战略要地

周武王（？—公元前1043）时期，韩城芝川口属于韩国，始有建

置，建韩城，《诗经》载："溥彼韩城，燕师所完。"200年后韩（侯）国搬迁至今永济市，芝川口属于芮国，持续约10年。据考古工作者勘测，韩国城的南城墙西自三甲村，沿着龙亭塬北沿至黄河，东临黄河，北城墙沿高门塬北端沟壑延伸至黄河岸边，西城墙自三甲村沿芝阳塬西侧沟壑延伸至嵬山，面积约150平方华里（约37.5km^2），包括今芝川镇、芝阳镇、嵬东乡的一部分。

春秋时期，周平王（约公元前770—前720）封嬴氏于此，建立梁（伯）国，持续130年。考古工作者认为：梁国城是在韩国城基础上，舍弃韩国城西城，在高门塬东沿筑一条南北走向的城墙，面积约70平方华里，缩小一半。公元前645年，秦国和晋国在这里发生韩原大战。公元前641年，秦国灭梁国，改梁国为少梁邑，梁国城便成了少梁城。秦灭梁国后，少梁城时而属于秦国，时而属于晋国，拉锯状态持续238年。

战国时期三家分晋后，少梁城时而属于秦国，时而属于魏国，拉锯状态持续70年。在此期间，少梁属于魏国时，魏国在河西修建魏长城。后秦广泛扩张，公元前327年，少梁改夏阳。

②挟荔宫——国家祭祀交通枢纽

秦统一六国后，夏阳城不再是军事战略要地，西汉末年夏阳城迁至澽水中上游今夏阳村，东汉末年再度北迁至今韩城金城区。西汉时期，汉武帝多次由芝川渡东渡黄河去后土祠祭祀，于元鼎三年（公元前114）命人修建挟荔宫，作为其东渡黄河时的行宫。后汉武帝、汉宣帝、元帝、成帝、哀帝和东汉光武帝（公元前5—公元57），共计数十次经夏阳，驻挟荔宫，东渡祭祀后土，由此可推算挟荔宫存在约160年。唐玄宗曾扩修后土庙，经芝川口东渡黄河祭祀。宋真宗大中祥符三年（1010）后土祠扩建为历史时期的最大规模，是北宋祭祀建筑的最高规制，香火之鼎盛，芝川口之繁盛可以想见。

③芝川镇——交通要镇、军事据守

自秦汉之后，这里便不再有都城的辉煌。明隆庆四年黄河东侵后，汾阴脽、后土祠被冲毁，后土祠迁址至峨嵋塬下，规模大大缩减。并且自北京修筑地坛后，后土祠不再是国家祭祀地，逐渐演变为民间祭祀，不复鼎盛。伴随着韩城逐渐由军事要塞演化为集政治、经济、文化发展于一体的县城，芝川口处由于渡口和古道的交通优势，发展成为韩城的物资集散中心和聚居中心，船来人往，盛极一时。

另外芝川镇处黄河滩地出露，同时由于李自成的军事入侵，为了防止地方割据势力在这里渡河南下，遂在此处修建城池驻守，与韩城赳赳寨塔遥相呼应。韩邦奇撰文《芝川镇城记》描述芝川镇为："芝川巨镇，东与河距候乃筑城浚河，以遏其冲，沿河筑墩台，以便瞭望，增厚县城，以图守其役，可谓繁且大矣。"可见当时芝川镇之繁盛（图3）。1965年，洪水淹没芝川镇，全镇西迁至今镇区。

图3　司马迁墓祠古图（来源：万历·韩城县志）

3.2　司马迁墓祠建设时期

司马迁墓冢于汉宣帝时期便存在。相传司马迁完成《太史公书》后，《报任安书》与狱中好友诉说其中苦痛，汉武帝征和二年（公元前91）《报任安书》被抢。汉武帝见司马迁不知感恩，震怒，下令抓捕司马迁及其族人。其族人改姓冯、同，逃至隐蔽的老牛坡（今徐村），司马迁潜逃至华山定居。汉宣帝（公元前74—前49）时期，司马迁外孙杨恽征求皇帝同意，《太史公书》得以面世。公元前69年，司马迁因思念亲人下山，得知《太史公书》得以面世，喜极而亡。司马迁因受腐刑，不能埋入祖坟，华山紫云道姑和司马迁子孙将其安葬于徐村，为防其真骨冢被发现破坏，在华山至徐村的路途中，选择高门塬旁边的芝塬南坡，起衣冠冢，即今司马迁墓祠所在地。

在此之后司马迁墓始终未得到重视，直至西晋时期《史记》成为一门独立学科，司马迁的功绩逐渐被史官认可。西晋永嘉四年（310），西晋汉阳太守殷济大胆为司马迁抱不平，在芝川司马迁墓建石室，立碑。这次修建之后800多年间，时有人祭祀，但少有修缮，致使"栋

宇甚倾颓，阶危甚卑坏，埏隧甚荒”。

北宋宣和七年（1125），韩城县令尹阳主持整平基础，修建司马迁墓祠献殿和寝殿，泥塑司马迁全身坐像。随后150年间，历经几次小规模修缮，司马迁墓修为石砌墓冢，“后存巨冢，互嵌山石，刻诸新诗雄文，乃宋金矩人魁士之作也”［段彝《重修汉太史司马祠记》（1314）］。元世祖至元十二年（1275），忽必烈敕命整修司马迁墓祠，按照蒙古人的习惯，改修蒙古包形样的砖砌园墓，称为八卦墓。于祠内修建宫殿，我们今天在庙内仍能看到这座风格豪放的元代建筑。1275—1606年的332年间，太史祠时有倾颓，其间曾有两次翻修，但并未扩大规模。

至明万历三十四年（1606），张士佩组织当地民众修建太史祠献殿三大间，即今遗存的献殿建筑，修复墓碑，修建围墙、庙门和牌坊。清康熙七年（1669），韩城县知事翟世琪组织大规模扩建太史祠，筑堂基，垫明堂，修筑神道，中有牌坊，题曰“河山之阳”，耗时六七年竣工，我们如今看到的司马迁墓祠方才建成（图4）。

民国二十五年（1936），杨虎城开车至此，木桥无法通车过芝河，便资助银币一万六千元修建芝阳桥(又称芝秀桥)，于1936年腊月竣工。南北桥头各建一座飞檐翘角的大牌坊。南牌坊为邵力子的题字“利涉大川”。北牌坊为杨虎城题字“钟灵毓秀”。此桥与司马祠、芝川镇成犄角之势，从祠顶鸟瞰，宛如长虹卧波，给人以丰富的情趣。至此，司马迁墓祠“序列”形成。

3.3　司马迁墓祠后续景区建设时期

司马迁墓祠后续建设依次经历了“司马迁墓祠博物馆”和“司马迁祠景区”两个建设阶段（图4）。

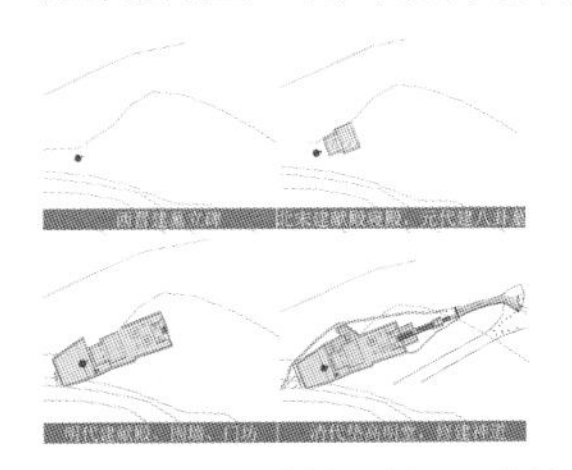
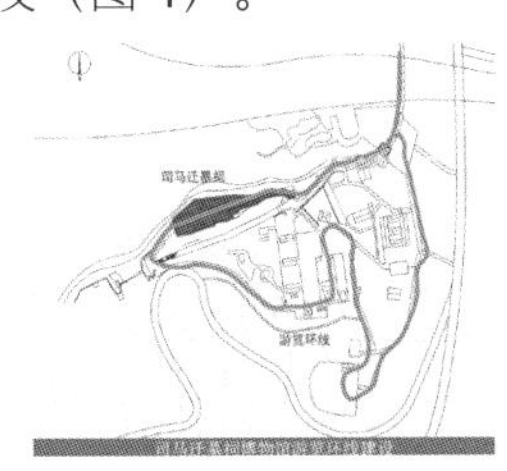

图4　司马迁墓祠建设历史演变（来源：作者自绘）

（1）“司马迁墓祠博物馆”建设时期——全国文物保护单位

中华人民共和国成立初期，司马迁墓祠成为省第一批文物保护单位，1973年成立文管所。1973—1990年18年间，进入司马迁墓祠博物馆大力建设时期。1977年彰耀寺大殿迁入司马迁祠内保护利用，现作千秋太史公展馆；禹王殿、献殿和三圣庙迁入司马迁祠内，现作铁笔著春秋展馆和巨著惠万代展馆；河渎碑迁至司马迁祠内保护。并修筑广场，与芝马路相连，可直达展馆。芝马路由芝川镇西街口向东穿行、经芝川镇向东南通芝秀桥至司马迁祠，又由司马迁祠东绕，过八路军东渡黄河纪念碑向西南上司马坡，经芝源村至吕庄坡顶，衔接108国道，全长6.4km。广场与芝马路相连，方便游客进入博物馆。

1982年，国务院公布司马迁墓祠为第二批国家文物保护单位。1985年经国务院批准，启动北坡加固工程，1988年竣工。

1990—1992年，对芝马路的旧砂石路进行拓宽建设；1992年在司马迁墓祠现景区值班室处修建停车场和大德园，连通芝马路和停车场。至此，芝马路—司马迁墓祠停车场的道路连通。1995年，在砖瓦窑遗址的基础上修建守望家园展馆作为拍摄基地和八路军东渡黄河出师抗日纪念馆，与1977年修建的三个展馆形成了展览馆群，修建上山路连通展览馆群和史记碑苑展馆，形成由司马古道上山祭拜，由小路下山参观展览的短期环线。

1996年108国道扩宽改造，京昆高速正在建设中；2002年开始修建芝川特大桥，2004年竣工。

（2）“司马迁景区”建设时期——国家AAAA级旅游景区

2010年前后，司马迁墓祠景区内不断扩充建设，打造阖和居、史记博览中心（研学中心）、史圣济世经展馆；2013年，落成司马迁青铜雕像、司马迁墓祠景区游客服务中心，游客中心位于司马迁纪念广场北端，整体设计为三层框架结构仿古式汉代建筑风格；2014年司马迁墓祠景区晋升为国家AAAA级旅游景区，2016年10月国家文史公园竣工开园，司马迁墓祠景区进一步扩大，打造“芝马路—司马迁墓祠广场—司马古道—司马迁墓祠墓—展览中心—八路军东渡黄河纪念碑”的大环线。

4 基于人地关系协调的人居环境历史演变

从西周起持续近1000年的古城建设，是诸侯国对于芝川口重要军事地理价值的认识。历史时期山陕黄河支流河谷是军事进攻的重要通道，因此各诸侯国以黄河为界，以重要的地貌空间为据点，建立军事战略堡垒，控制黄河两岸，芝川口便是其中一个军事要地。历史时期黄河两岸的进攻路线主要有6个方向，其中澽水河谷—芝川渡、龙门渡—汾河河谷，渭水、洛水—蒲津渡—涑水河谷，渭水—潼关风陵渡—澽水河谷、灵宝盆地是三个军事廊道，两岸城池建设的主要目的是控制这三个廊道，分析春秋战国时期黄河小北干流段各诸侯国疆域图变迁便可发现（图5）。芝川口则是控制“澽水河谷—渡口—汾河河谷”这条军事廊道的关键位置。

另外，若想穿行于黄河两岸，必须下塬，司马迁墓祠所在的高岗是连接这一带塬断面坡度最缓处。据史册记载，春秋时期，南北往来仅靠悬崖上这一条曲折盘旋的羊肠小道，韩、赵、魏三家分晋后，魏分得西河之地，筑城少梁，为了开通少梁与西河郡各地的交通，又保卫少梁城垣，遂在今芝川镇南的悬崖上开凿了这条大道，称“韩奕道”。自西周时期起，这里便存在唯一一条古道连通合阳、韩城、龙门，这条古道与今108国道轨迹大致一致，古梁国、少梁城城墙建设选址旨在控制这个军事廊道，同时控制黄土台塬塬上、塬下的交通（图6）。

春秋战国时期秦晋、秦魏在黄河两岸对峙，需经由这条古道由塬上经今司马古道（历史时期称韩奕坡）到达澽水河谷。韩（侯）城城

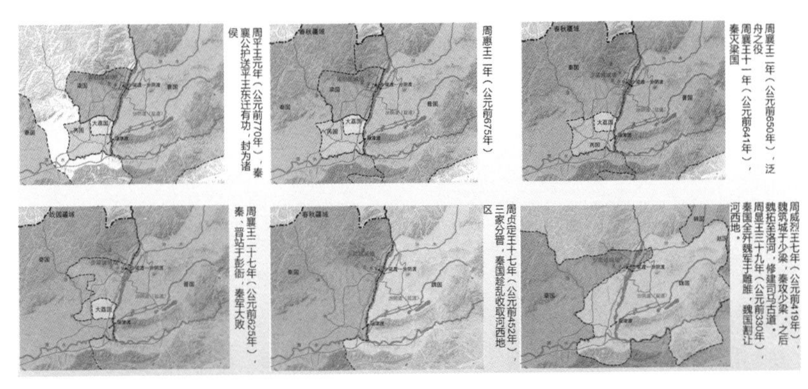

图5 黄河小北干流段诸侯国历史变迁（来源：作者自绘）

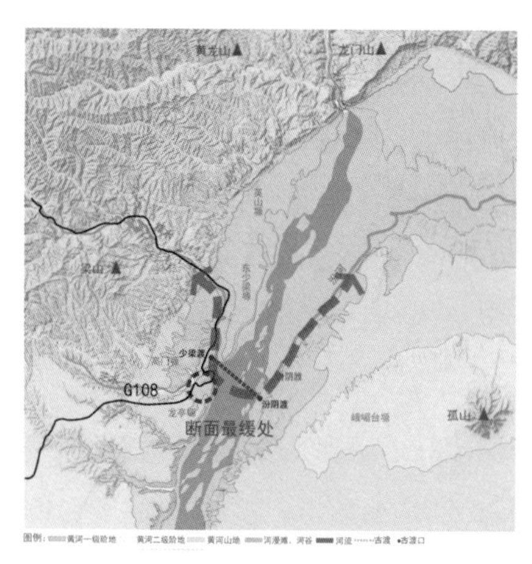

图6　芝川口军事地貌特征示意图
（来源：作者自绘）

墙、梁（伯）国城墙设在这里，将芝川渡、韩奕坡、古道都包围在内，若想从河东过河西上塬，必先进城，从韩奕坡上塬。若想从塬上进攻，必须进城或通过韩奕坡，故只要在古道入口和韩奕坡处防守，便可保障城池的安全，韩奕坡成为韩城的“瓮道”，三河口成为核心控制区域。

秦一统天下后，中原主要敌人为北方游牧民族，战争方向由东西向转变为南北向，敌军沿着黄河支流河谷，由北南下，故芝川三河口不再是军事要地，加之黄河西侵不断崩蚀河岸，不时倒灌芝水和澽水，芝川口已不适宜作为郡城，韩城迁至更适宜居住的澽水河谷中上游，同时据守黄龙山通往澽水河谷的古道。甚至于金元时期，为防兵患，多次迁址于薛峰岭，秦忠明著《韩城史话》中记录“元韩城故城，府志在薛封土岭下”（图7）。

之后这里便不再有都城的辉煌，伴随着韩城逐渐由军事要塞演化为集政治、经济、文化发展于一体的县城，芝川口处由于渡口和古道的交通优势，发展成为韩城的物资集散中心和聚居中心，船来人往，盛极一时。明隆庆四年黄河东侵后，芝川口处黄河滩地出露，既为芝川镇修建提供更开阔的场地，沿着东少梁塬出露的滩地也孕育出一条沿黄河通往龙门的道路，大大增加了韩城、龙门和黄河渡口之间的便

图7　芝川口军事据守示意图（来源：作者自绘）

利性。清光绪十八年（1892），韩城崖下滩的芝川至禹门口大道全被淹没，1965年洪水淹没芝川镇后，芝川口一带建设基本被毁，唯有位于高岗处的司马迁墓祠得以保留延续。

通过对司马迁墓祠建设演变梳理可知，司马迁墓选址之初，并没有充分的考量，建筑群建设亦不是一次建成，而是在不同历史时期，根据民众、史学家、政府的不同需求进行不同程度建设。北宋以来司马迁墓祠建设得到重视，是因为国家政府对文教的重视，明清时期大规模建设，既是因为《史记》、司马迁得到国家、文人学士和民众的认可与推崇，也得益于明代以来芝川镇的建设和发展。连通合阳、韩城、龙门间的唯一古道，必须经过司马古道（韩奕坡），来来往往的商客、文人、民众都会在经过时怀揣着不同的情感拜祭这位先人。对于民众而言，是拜祭自己的祖先；对于文人志士而言，是崇尚司马迁的成就与品格；对于商客而言，是祈求自己途中顺遂，满载而归……

中华人民共和国成立初文管所修建后，更多关注司马迁墓祠的建筑价值，并伴随着黄河水量日益减少，司马迁墓祠与黄河、芝川口与黄河的关联逐渐减弱。为了提高游客的旅游体验感，大量增设基础设施，修路筑桥，便利交通，增设广场、公园等，进一步弱化了游客与山水的接触。曾有游客表示，10多年前去司马迁祠游玩，那时候还可以到黄河边去，在河滩上玩耍，还是蛮有意思的，如今反而由于公园和绿化的建设，彻底远离黄河。修建芝川特大桥和塬上高速路，108改道，合阳、韩城、龙门之间交通联系已避开司马迁墓祠，渡口荒废，司马迁祠景区成为一个被道路网围合出的一个独立景区（图8）。

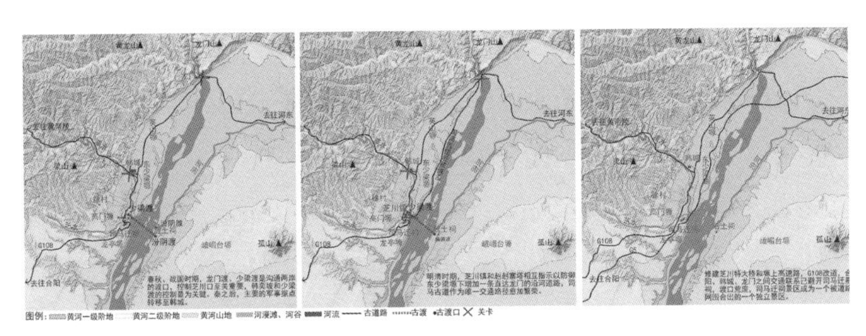

图8　芝川口人居环境历史演变示意图（来源：作者自绘）

5 芝川口景象空间历史演变

景象空间是环境的综合体在相应地域土地空间上的物质反映，是人们对空间以视觉为主导的感知过程系统，由空间景物、景象、站点(视点)、视线、路径、空间序列等空间要素构成。通过视觉感知体验的组织，获得对文化和自然的认知，形成美的享受。

芝川口的路径决定观赏者的主要站点为司马迁墓祠所在地、渡口和黄河对岸汾阴脽，形成了黄河两岸对望与望向瀵水河谷上游两个视线通廊。古城池建设时期对芝川口的认知包括城墙、古道、东少梁塬与龙亭塬夹逼形成的豁口、渡口，豁口如同河西、都城门户般为人感知，望向黄河对岸可见汾阴脽和孤山，这便是古城建设时期芝川口形象的心理积淀。

修建挟荔宫（汉元鼎三年）、芝川镇（明）时，古城荒颓，挟荔宫、芝川镇、司马迁墓祠成为豁口处的主要建设。望向瀵水河谷和黄河对岸是于此处最主要的视线关系，黄河对岸汾阴脽上，自秦汉时期便有后土庙建制，北宋达最大规模。建筑群及其所依托的自然地形地貌和生态环境，使得黄河两岸基于风景感知的视觉关联更盛（图9）。

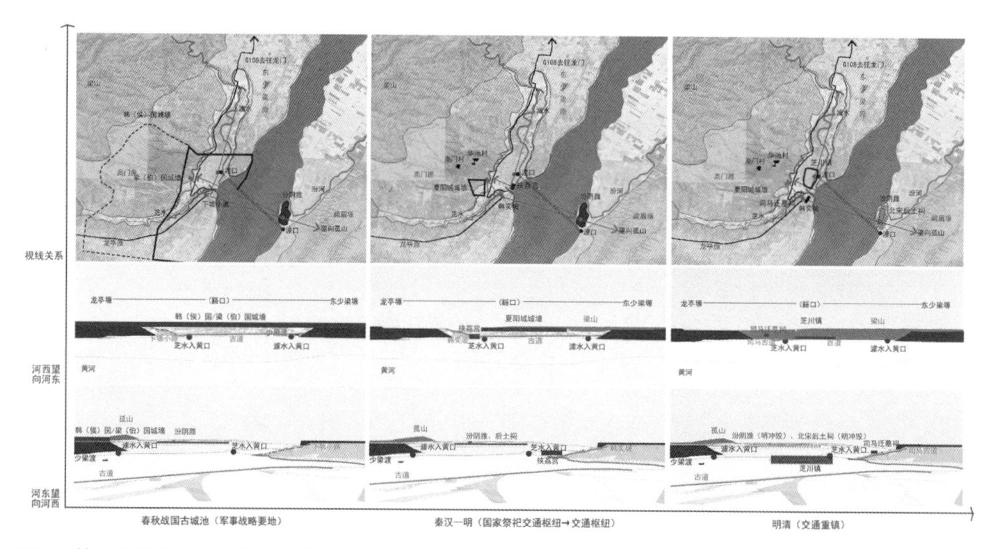

图9 芝川口景象空间演变示意图（来源：作者自绘）

司马迁墓祠山脚处立一牌坊，正面匾额“高山仰止”，背面匾额“即景迺冈”。成语高山仰止比喻品德高尚之人，这里影射司马迁的高尚品德；“迺”通“乃”，“既景乃岗，相其阴阳”，原意指选择城址时的风水考究，在这里指司马迁祠处看到的山水环境。这便是司马迁墓祠的两个空间序列：序列一“高山仰止”，游客登墓祠过程之序列；序列二“即景迺冈”，游客下祠过程中举目四望之所见。

司马迁祠的建筑自坡脚起，依山就势至顶峰，沿蹬道拾级而上，地势陡峻，视线范围内只见高处的神道、祠门和蓝天。登至山顶进入院中，青松蔽天，只见寝殿中的司马迁塑像。登祠拜祭过程中，时时刻刻感受何谓“高山仰止”。有诗云“司马坡下如奔涧，回首坡上若飞峦。到门蹭蹬几百级，置身已在青云端。”

于司马迁墓祠明堂举目四望，可见黄河滔滔，后土祠香火鼎盛；澽水河谷农田密布、赳赳寨塔高然耸立；背倚梁山，绿意盎然（图 10）。

随着景区的后续建设，司马迁墓祠建筑群与文管所占地比约 0.065，建筑群与司马迁祠景区占地比约 0.0018。游客到此不是触目即挺拔青松，登顶俯瞰即黄河滔滔。最先映入眼帘的是开阔的司马迁广场和硕大的铜像，司马迁墓祠建筑群掩映于铜像身后的绿林。游客更多时间花费于游览博物馆、国家文史公园和广场，忽略了对司马迁墓祠价值的深入感受。上游众多水库修建后，黄河水量减少，大面积滩地出露，黄河的汹涌之势一去不返，修建芝川特大桥后，更是阻隔了站在司马迁墓祠遥望黄河的视线（图 11、图 12、图 13、图 14）。

图 10　司马迁墓祠空间序列图（来源：作者自绘）

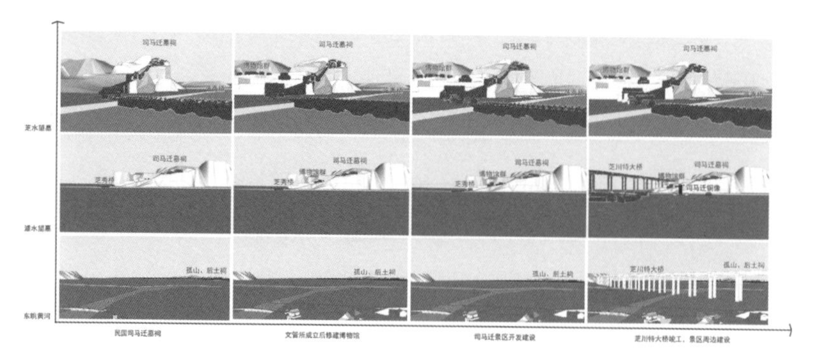

图 11　司马迁墓祠景象变迁（来源：作者自绘）

(a) 登祠石道（来源：重庆大学谢辉拍摄）

(b) 司马迁墓祠占比示意图（来源：作者自绘）

图 12　司马迁墓祠“高山仰止”序列变迁

图 13　司马迁墓祠“即景迺冈”序列变迁——原山形水系

图 14　司马迁墓祠“即景迺冈”序列变迁——加入高架等各种大型设施后山形水系的改变与影响（来源：研究小组王睿改绘）

6 结论

纵观芝川口人居环境历史演变，根本原因是功能需求转变，而直接原因是自然环境影响。由于芝川口黄河水流平缓，水陆交通便利，先秦时期成为军事战略要地。秦汉时期军事功能弱化，生活功能增强，由于黄河不断西侵蚀塬面，倒灌芝水、澽水，不得不北迁郡城。军事战略要地性质转化为国家祭祀交通枢纽，又由于黄河东侵冲毁汾阴脽、后土祠，失去国家祭祀功能，同时黄河东侵后，黄河西岸出露的滩地为芝川镇发展为交通重镇提供条件，再一次功能转化。如今，黄河水量减少，渡口荒废，芝川口交通枢纽功能再次转化为以司马迁墓祠为主要目标的旅游功能建设，因此黄河、渡口被逐渐忽略，为增加交通便利性，修筑芝川特大桥。

如今历史时期的古城遗址、芝川镇遗址和挟荔宫遗址已无迹可寻，唯独司马迁墓祠因位于高岗之上，未被冲毁并在持续建设中形成如今规模。司马迁墓祠所承载的文化价值已不仅仅是对史学家司马迁的尊崇，还有这里曾经的硝烟、辉煌、沧海桑田。

司马迁祠景区中增建国家文史公园，可见当地政府对芝川口古城历史文化意义的重视。通过对芝川口的人居环境历史演变和景象空间演变的分析，明确“三河口”地貌空间是古城池建设、司马迁墓祠建设的内核，黄河两岸、河谷渡口、塬上塬下的路径关联是根本需求，黄河两岸、澽水河谷两个方向视线通廊是重要条件。以此三要素界定韩城芝川口标准景象空间，能够对芝川口地景文化本质进行表达。现今司马古道被截断，仅保留司马迁墓祠上山部分作为游览，渡口荒废，黄河两岸对望的视线通廊被芝川特大桥隔断。路径关联和视线关联被打断，直接导致“即景迺冈”序列所展现的古都城文化、黄河文化缺失，以致许多游客表示，觉得这里并没有什么好玩儿的，爬那么久山就为看一个墓堆堆。广场、游客中心、公园的普遍性使得司马迁墓祠的独特性与价值弱化，司马迁墓祠文化价值、古都城文化价值、黄河文化价值的缺失是司马迁景区规划建设过程中最大的遗憾。

目前关于司马迁墓祠的研究，多为其选址、空间营建、环境及建筑本体保护等方面内容，导致我们在规划设计过程中更多以建筑保护、建设以及旅游体验感提升为目标导向，而忽略了对其文化价值的挖掘与展示。以历史演变视角分析司马迁墓祠人居环境演变过程，把握标准景象空间和核心要素，并转化为有效的规划设计策略、空间营建手法，能够构成整体保护系统的可持续发展。

参考文献

［1］王树声．晋陕沿岸历史城市人居环境营造研究［M］．北京：中国建筑工业出版社，2009：70-73.

［2］黄河小北干流山西河务局．山西黄河小北干流志［M］．郑州：黄河水利出版社，2002：75-79.

［3］陕西黄河小北干流志编纂委员会．陕西黄河小北干流志［M］．郑州：黄河水利出版社，1999：67-71.

［4］司马迁祠墓文物管理所．韩城文史资料汇编：汉太史司马祠［M］．韩城：韩城市政协文史资料委员会，1999：156-158.

［5］同养丁．话说徐村［M］.

［6］张大可，丁德科．史记论著集成第8卷［M］．北京：华文出版社，2005.

［7］陕西军事历史地理概述编写组．陕西军事历史地理概述［M］．西安：陕西人民出版社，1985.

14　以浐河城市段生态治理为例

——浅析河流城市段生态治理经验

张海源[1]

1　引言

“终南阴岭秀，八水绕长安”，位于西安市东部的浐河是“八水”中著名的河流，曾为中华文明的发展进步做出过重要贡献。但由于城市的发展和人为影响，浐灞地区遭受严重破坏，成为城市发展的死角。经过近十几年的生态治理，通过截污、筑堤、建坝、栽植水生植物等生态措施，对河流水环境进行修复，如今，浐河水质基本恢复到地表Ⅲ类水平，几十年的污水渠重现清流。

2　浐河的基本概况

浐河是灞河最大一级支流，发源于蓝田县汤峪乡秦岭主脊北侧海拔 2000m 以上的紫云山南侧，经白鹿原、魏寨，纳贷峪河、库峪河水注入灞河，全长 63.5km，流域面积 760km^2，流经长安、雁塔和灞桥，在浐灞生态区内汇入灞河。流域平均宽度 11.7km，最大宽度 21.3km。平均径流量为 1.3 亿 m^3，多年平均流量为 4.194m^3/s。浐河城市段（南绕城高速至灞河交汇口）全长 16.4km，年平均径流量为 1.89 亿 m^3，含沙量约 5.66kg/m^3，汛期平均含沙量约 8.5kg/m^3。

1 西安市浐灞河发展有限公司，西安，710024。

3 多姿多彩的浐灞河历史文化

早在90万年以前，浐灞一带就留下了“蓝田猿人”的足迹。6000多年前，母系氏族公社的人们曾在这里繁衍生息。20世纪以来，考古工作者在这里发现了大量的“史前”文化遗存。比较重要的新石器遗址，有浐河沿岸的半坡遗址、神鹿坊遗址、李家堡遗址、米家崖遗址等，灞河沿岸的马渡王遗址、赵庄遗址、老牛坡遗址、南殿遗址、东蒋遗址、张李巷遗址、西张坡遗址、侯村遗址、许沙河遗址等。这说明自古以来浐灞地区就是适于人类生活的好地方，是黄河文明的摇篮。

隋唐时期是中国封建社会的鼎盛时期，也是浐灞地区最辉煌的时期。由于浐灞一带具有良好的人居环境，因此社会名流纷纷在此地修建“别墅”，作为休闲游乐的场所。如刘长卿的“霸陵别业”、王昌龄的“灞上闲居”、郭暧的“浐川山池”、李福的“浐川别业”、太平公主南庄等。隋唐时期宗教发达，特别是佛道二教，发展到前所未有的程度，浐灞地区环境优美，也受到宗教人士的青睐。他们纷纷在此修建塔庙作为道场。著名高僧玄奘圆寂之后，最初也葬在浐灞地区的白鹿原上。此外，在隋唐时期，浐灞一带还被一些人视为风水宝地，在这里选择了自己的墓地。目前，考古人员已在浐灞一带发现隋唐文化遗存115处。其中比较重要的有灞桥、广运潭、望春楼等。西安地区周围地形如图1所示；西安附近名胜古迹分布图如图2所示；汉代长安八水示意图如图3所示。

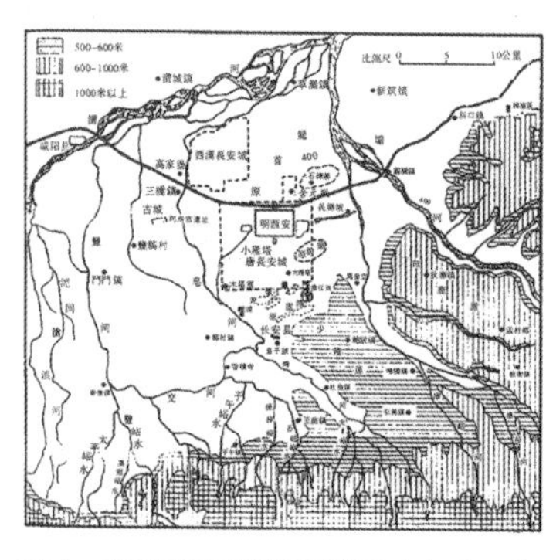

图1 西安地区周围地形图（来源：作者提供）

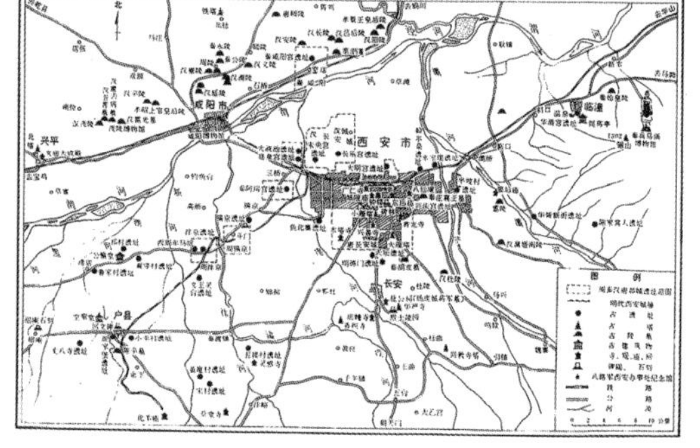

图2 西安附近名胜古迹分布图（来源：作者提供）

浐河虽是灞河的支流，但它与灞河齐名。历史上有“玄灞素浐”之说。潘岳《西征赋》曰：“北有清渭浊泾，兰池周曲；西有玄灞素浐，汤井温谷。”“玄灞”是说灞河既深且广，流量较大；“素浐”则是说浐河水质很好，清澈见底。唐诗中对“素浐”多有描写。如“暮春春色最便妍，苑里花开列御筵；商山积翠临城起，浐水浮光共幕连。莺藏嫩叶歌相唤，蝶碍芳丛舞不前；欢娱节物今如此，愿奉宸游亿万年”。

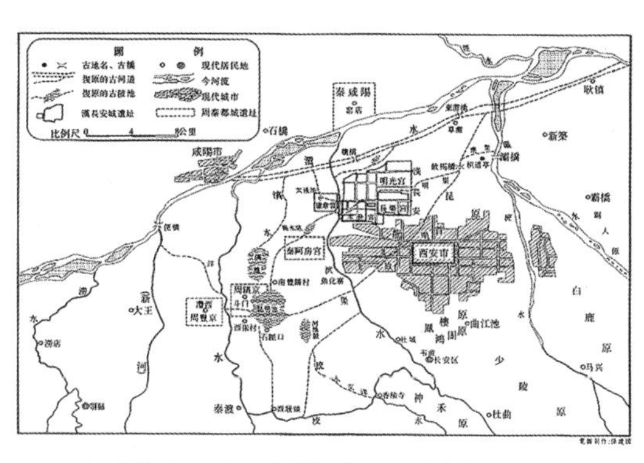

图 3　汉代长安八水示意图（来源：作者提供）

浐河是旧时长安城的重要水源之一。长安曲江池等大型池沼的水大部分都来自浐河。史书记载，唐代开黄渠引浐灌注曲江，使曲江池的面积进一步扩大。此外，还在曲江周围修建了许多亭、台、楼、阁及其他游乐设施。尤其是，这些人文景观和自然景观做到了和谐统一，彼此之间，相得益彰，使曲江池风景区成为长安地区最有名的游览“盛境”。此外，唐代还开龙首渠从马头埪引浐水北流至长乐坡西北，分为东西二渠，供宫中使用。东渠经长安外郭城西东北隅折而西流入苑中。西渠则经通化门南流入城内，经永嘉、兴庆、胜业、崇仁诸坊，进入皇城、宫城，注入宫内的东海。因此浐水在历史上对长安城的供水产生过重要作用。

改革开放以来，浐灞地区获得了新的发展机遇。1985 年，在原灞河桥上游 500m 处建成长 439.26m、宽 11m、高 4m 的灞河新桥。省政府批准灞桥、洪庆为镇建制。1988 年，区文物普查队完成田野普查任务，登记文物 224 处，其中古遗址 9 处，古墓葬 33 处，石刻 142 种。1991 年，建成长 504m、宽 25m 的高速公路灞河大桥。1992 年，省政府批准成立浐河经济开发区。古灞桥碑亭修建竣工。1993 年，东方大市场动工兴建。2004 年 9 月 9 日，西安市浐灞河综合治理开发建设管理委员会成立。这是浐灞历史上的一个新的里程碑，标志着浐灞地区大开发的事业正式启动。浐灞地区有悠久的历史、灿烂的文化、丰富的资源和优美的环境。

4　近年来浐河城市段存在的生态问题

浐河早年治理前实景照片如图 4 所示。

4.1　上游挖沙问题严重

20 世纪 90 年代浐河生态治理前，在其上游有 40 多个采沙场，由于多年来采沙对河床的破坏以及许多采沙场将洗沙泥水直接排入河道，造成浐河下游城市段泥沙淤积量巨大，平均年淤积厚度 2 ～ 3m，河水浑浊、下游河道淤积严重、河流断面不断缩窄，严重影响浐河城市段的生态用水和景观效果。

4.2　水污染防治问题

20 世纪 90 年代浐河生态治理前，由于城市雨污水管网建设滞后，

图 4　浐河早年治理前实景照片（来源：作者提供）

河道沿线企业及居住区排污口将近30余处、一座污水处理厂，污水通过排水口直排浐河；浐河上游雁鸣湖区段下至桃花潭区段周边垃圾遍布，垃圾渗滤液渗入浐河水域，河道周边整日臭气熏天、蚊蝇害虫遍布，严重危及下游水域、水生态安全。

4.3　管理体制问题

除了上述问题外，浐河沿线的属地管理部门多、管理权限不清晰，其中管理区县包括长安区、雁塔区、灞桥区、未央区，同时还包含了纺织城振兴办管理办、市水务局浐河管理站、浐灞生态区3个部门管理，由于多方管理导致部分权责不明，对规划设计执行的标准不统一，往往是各自负责各自的区域，设计建设标准比较混乱，河流生态治理效果参差不齐。

4.4　二水厂问题

西安市第二自来水厂位于浐河城市段下游，咸宁路以北的位置，水源部分采用浐河地表水，由于水源地处城市聚居区，水质难以保障，对居民生活用水安全产生了一定影响；同时，由于第二自来水厂紧临浐河西岸堤防，导致该区段防洪工程、道路和各种市政管网等设施无法实施，环境形象与周边不协调，成为浐河生态治理的最大难点。

5　浐河治理的措施

5.1　生态优先、总体规划、分区治理的原则

自2004年9月浐灞生态区成立以来，针对浐河“污水横流、沙坑遍布、垃圾围城”的恶劣环境，以生态区为主的行政主管部门以“让河流休养生息”为原则，按照“河流治理带动区域发展，新区开发支撑生态建设”总体思路，先后对浐灞河周边城市规划、用地规划、绿地系统规划、河流生态治理规划等多方面开展设计，多规合一、编制总体规划设计蓝图，结合区域自身发展特点及产业布局情况分区、分

片逐步推进浐河生态治理，最终实现“人与自然和谐、产业与人居和谐”宏伟目标。其中浐河流域总体规划以“一轴、两岸、三区”为总体构思，即建设一条串珠式水系景观轴，布置一快、一慢两条滨水交通景观带，沿河规划建设现代商务商业文化创意产业区、现代高端滨水居住区和现代生态休闲滨水公园区，如图 5 所示。

5.2 持续开展浐河生态治理建设

①城市段河流治理首先在水利工程，这是关乎人民生产生活的关键所在，因此沿浐河城市段河岸首先开展河堤修复，几年间累计投资约 3 亿元建成近 30km 长的一级生态化堤防。河堤建设过程中，注重保持河道原有自然景观风貌，河堤规划设计因地制宜、随湾就势，保留了河道内原有的自然风貌，形成了堤路结合、错落有致的滨水生态景观风貌区。

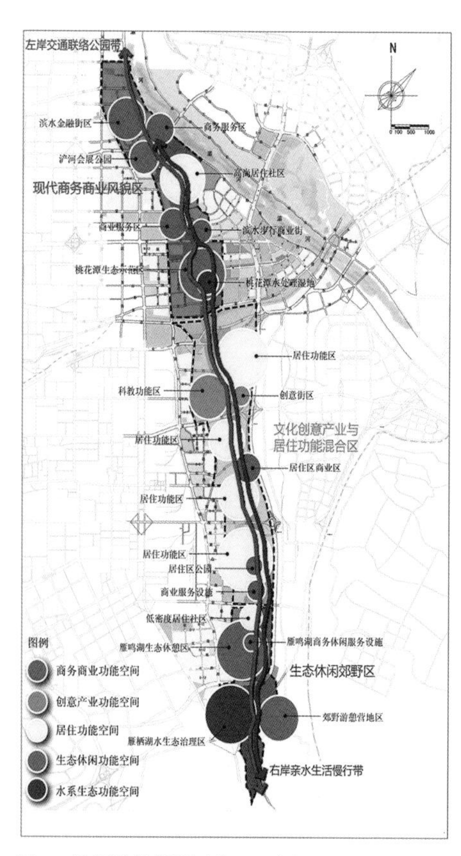

图 5　浐河总体规划（来源：作者提供）

②针对前述污水乱排乱放的问题，结合城市发展规划开展配套管网及污水处理厂建设，十几年间沿浐河城市段建成第三、第五污水处理厂 2 座，沿河封堵排污口近 30 个，铺设排污管线近 100km，日污水处理能力 35 万 t，同时结合河道清淤（图 6）、淤泥堆坡对河道硬质堤防进行软化处理、种植植被，恢复河道及河道漫滩生态系统，逐步形成鸟飞鱼跃、垂柳依依的河道自然生态。

③实施垃圾填埋等措施对昔日浐河原米家崖垃圾场实行就地改造，通过对沿河的垃圾场和废弃挖沙场进行顺势改造，处理垃圾、填埋沙场、疏浚河道、营造地形，逐步形成两湖、三山、一河流的山水地貌。以“南方韵味的北方河流”为原则，充分汲取南方河流生态、景观的特有风格，运用传统造园理念精髓，开展桃花潭公园建设，公园内遍植碧桃、山杏、梅花、樱花，优化交通游线、合理布置景观节点。

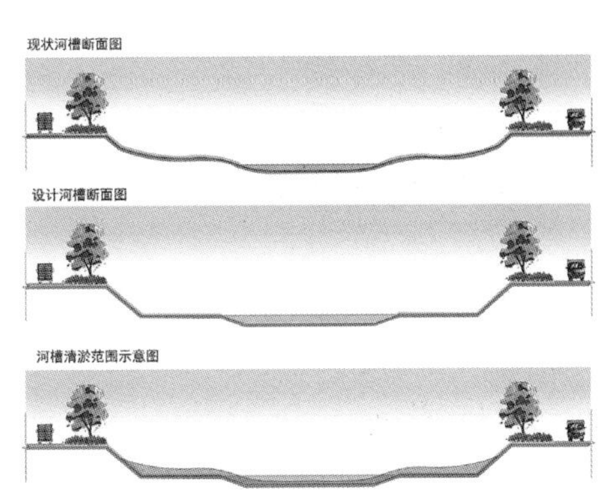

图6 河道清淤治理断面（来源：作者提供）

④开展水源保护地建设，在浐河城市段上游雁塔区与长安区交界的地域、浐河西侧开挖人工湖，引入浐河水源兴建人工保护湿地，先后建成5个形状各异、首尾相连的串行湖泊，通过水生植物净化，有效降低泥沙含量，为下游输送优质水源，成为浐河的“人工肾”。近年来通过不断地改造将原有的5个湖体逐步变成市民休闲运动的主题公园，大大提升了市民的生活质量和幸福指数。

图7 浐河新建拦沙坝布局图（来源：作者提供）

⑤沿浐河上游建设拦沙坝（图7），先后建成5个橡胶坝，有效遏制泥沙淤积降低河水含沙量，同时通过橡胶坝蓄水

形成的大水面有效改善了浐河的水质状况，也对周边生态环境起到了提升改善的作用。

⑥通过实施一系列生态修复工程，浐河城市段生态环境得到显著改善，为两岸大开发、大建设奠定了坚实的环境基础。十几年来，浐河沿岸先后引入绿地生态城、恒大绿洲、中国银行客服中心、盛恒御锦城等 12 个重点项目，沿河项目在建面积达到 296 万 m^2，已竣工面积达 362 万 m^2，生态环境对区域发展的引擎作用不断显现，沿线的产业布局有了很大的突破，经济增长的带动效果已初步显现，浐河已成为沿河居民重要的休闲场所，是西安真正意义上的“城中河”。

6　今后浐河生态治理的工作方向及主要措施

经过十几年的不断努力，浐河河道及沿岸的生态环境发生了翻天覆地的变化（图 8），党的“十九大”报告提出“大力推进生态文明建设”，浐河综合治理作为西安市《生态文明建设规划》中生态文明建设重点项目，浐河的生态治理工作任重道远，还有许多工作需要完成。

在今后的生态治理工作中浐灞生态区站在新的起点上重新思考制订治理工作计划，以“生态浐河、美丽西安，让生态流入城市”为主题，以建设城市重要的“生态带、景观带、休闲带、文化带、产业带”为定位，按照“综合整治提升、分区分类实施”的工作思路，以桃花潭景区、雁鸣湖休闲运动公园、浐河咸宁路以南等区域为重点，点线面结合的方式全面推进浐河城市段全流域生态整治提升，整体优化两岸景观、道路、产业空间布局，树立国家级、国际化的河流整治提升标准，

图 8　治理后的浐河现状图片（来源：作者提供）

打造生态与文化相结合的河流整治提升范式，显著提升浐河在西安国际化大都市建设中的地位和示范带动作用。

（1）在此基础上还需要进一步优化河流水环境，彻底消除市民普遍反映的黑臭水体，通过生物降解等新科技手段提升河流自净能力，通过构建食物链的形式丰富现有生物群落，营造和创建河流生物栖息地功能。

（2）与此同时还需要继续开展河道疏浚工作，保证河流通畅，改造橡胶坝，增加叠水，结合现状建设自然湿地，塑造多样性的河床形态，形成“水系连珠、水绿相间”的自然风貌。

（3）在防洪安全的基础上因地制宜开展河堤软化改造工作，采用生态环保材料实施立体绿化、步道修建等工程，通过少量开发利用滩地资源，增加滨水自然景观。

（4）进一步探索河流城市段治理新模式，适应新时代、新要求修订沿河产业空间布局，突出“生态”“休闲”“旅游”，构建连通的绿道体系，丰富配套服务设施，形成以浐河为中心的经济活力增长点。

（5）强化沿河文化遗产的保护和开发，建立串联城市历史遗产资源的交通服务系统，发掘文化遗产价值，积极联合沿河管理部门、企事业单位广泛参与，使浐河成为每个沿河项目的“后花园”，成为“城中河”治理的典范工程，成为我市探索以开发利用带动治理，以治理促进开发利用的河流治理模式的典范。

7　结语

从 60 万年前“蓝田猿人”，到母系氏族的“半坡遗址”、新石器时代“米家崖遗址”，从隋朝连接东南和西北的“灞河大桥”，到唐代承接黄河、渭河水运的“广运潭”，浐灞河作为西安的母亲河默默滋养传承着关中平原的“两河文明”。通过浐河生态湖治理我们希望再现玄灞素浐、芦荡惊鸿的自然胜景，这既是对以往浐河文化的传承，也是浐灞河流域文明的延续。几年来通过坚持“让河流休养生息”

原则，按照“河流治理带动区域发展，新区开发支撑生态建设”总体思路，以浐河综合治理为驱动，从规划起步，大力开展河道生态化治理和重点生态修复工程建设，加快改善浐河形态，完善河流生态功能，促进沿河区域开发，为区域生态文明建设起到示范和引领作用并取得了成功的业绩。

15　国土空间下蓝绿统筹的规划策略研究

——以珠江三角洲水岸公园体系规划为例

周璇[1]

1　上善若水

老子云："上善若水，水利万物而不争。"人类文明的诞生发展与世界著名河流密切关联，人类逐水而居，取水用水，防范水患。上古时期，大禹治水的故事流传至今，解放后，老舍先生用《龙须沟》讲述新社会的诞生。南北朝北魏时期的郦道元以《水经注》为纲，详细记载了一千多条大小河流及有关历史遗迹、神话传说等，是中国古代最全面、最系统的综合性地理著作。《水经注》不仅是一部具有重大科学价值的地理巨著，也是一部颇具特色的山水游记。

漫长的农耕文明，使中国人的生活与自然息息相关，也形成独到的生态思想和生态伦理。我国古代城乡建设，很早就对暴雨疏导系统及雨水收集系统有实践应用。以珠三角地区的桑基鱼塘为例，水塘养鱼、塘基种桑、桑叶喂蚕、蚕沙饲鱼的生产形式一直延续至今，被誉为"世间少有美景、良性循环典范"，1992 年被联合国教科文组织列为区域农业开发的典型范例。

汉代的西安昆明湖的建设与秦岭水系规划息息相关，从供水、水运、水军训练到滨水游憩，逐渐发展。北宋时期的江西赣州福寿沟，因地制宜设计地下排水系统，同时利用大量的地面水来调蓄控制雨洪，至今仍

1 深圳市北林苑景观及建筑规划设计研究院，518055，深圳。

完好畅通。工业文明时代中国因各种因素落后于世界，中华人民共和国成立后尤其是改革开放四十年来，中国经济高速发展，取得了举世瞩目的成就，大国崛起成为现实，但环境压力也与日俱增，因此党的十八大之后逐步确定了基于生态文明的改革总体方案和空间规划体系。

我国是人口大国，水利部预测，2030 年中国人口将达到 16 亿，届时人均水资源量仅有 1750m^3，是全球人均水资源最贫乏的国家之一，如何协同水资源、水安全、水生态、水环境、水景观等内容，一直是涉水专业和风景园林专业共同探讨的问题。2019 年自然资源部要求全面启动国土空间规划工作，对蓝绿统筹提出新的编制要求，共同形成坚持资源上限、环境底线、生态红线的底线思维。

2　珠江三角水岸公园体系规划研究

2.1　珠三角水岸公园概念

珠三角水岸公园体系是指珠三角水岸公园与水道系统、绿道系统相结合而形成的大流域、广覆盖、全连通的水岸公园体系。它由珠三角水岸公园和连接系统两大部分构成。它是指沿珠江三角洲河网、海岸、湖滨、基塘、水库堤坝等水岸地区建设的，以近自然水岸的恢复、修复或滨水开放空间的复合利用为特色，具有生态海绵、运动休闲、防灾减灾、文化、社会、经济、科普教育功能的城市绿地。一般情况下，水岸公园突出线性空间、链状空间的保护利用，并具备连续性、跨地区、网络化特征，需要协调多部门、多个利益团体。这些特点与绿道类似。示例如图 1 ～图 5 所示。

2.2　珠三角水岸公园的分类

根据水岸公园的主导功能与景观风貌，水岸公园可分为生态保育类、城市休闲类、工业改造类、基塘系统类 4 种主要建设类型。

（1）生态保育类

结合生态恢复和修复、城市黑臭水体治理工作，突出水源涵养、

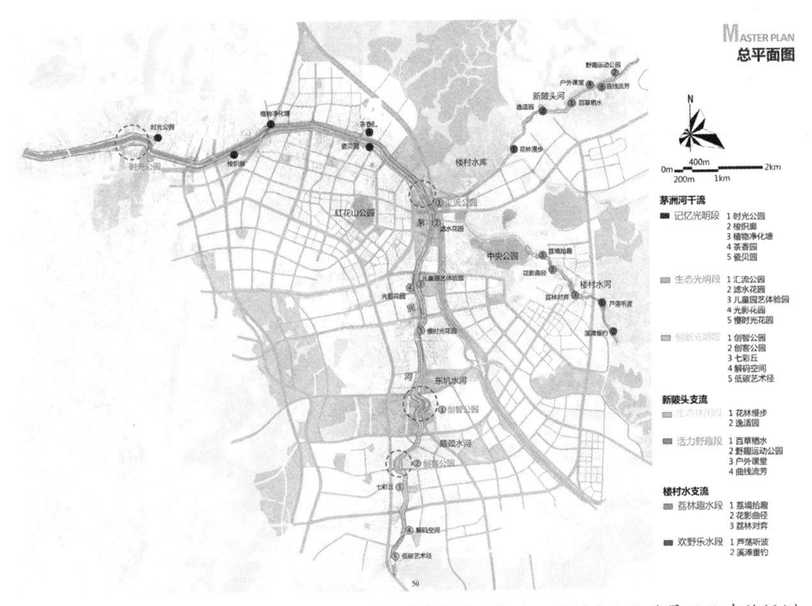

图 1　深圳光明新区茅洲河水岸公园滨水规划总图（来源：深圳市北林苑景观及建筑规划设计研究院五院）

图 2　深圳光明新区茅洲河水岸公园滨水规划鸟瞰（来源：深圳市北林苑景观及建筑规划设计研究院五院）

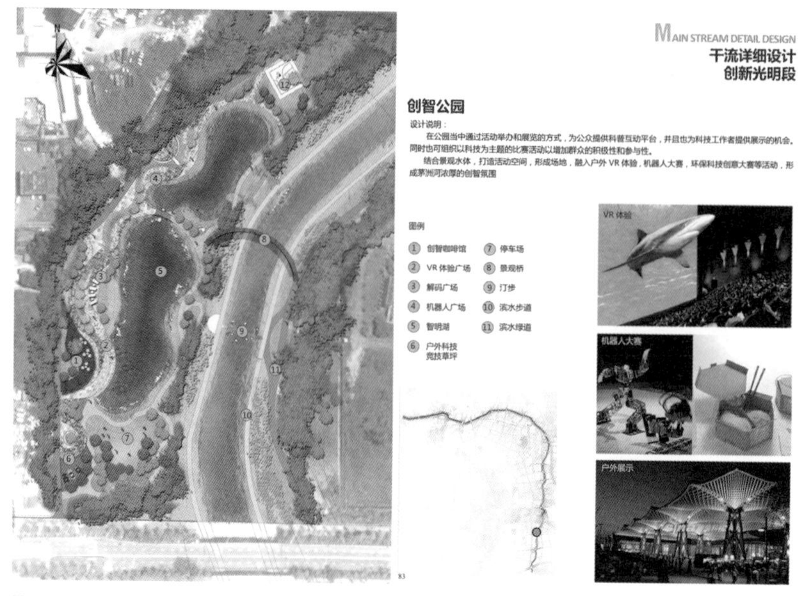

图3 深圳光明新区茅洲河创智公园平面设计（来源：深圳市北林苑景观及建筑规划设计研究院五院）

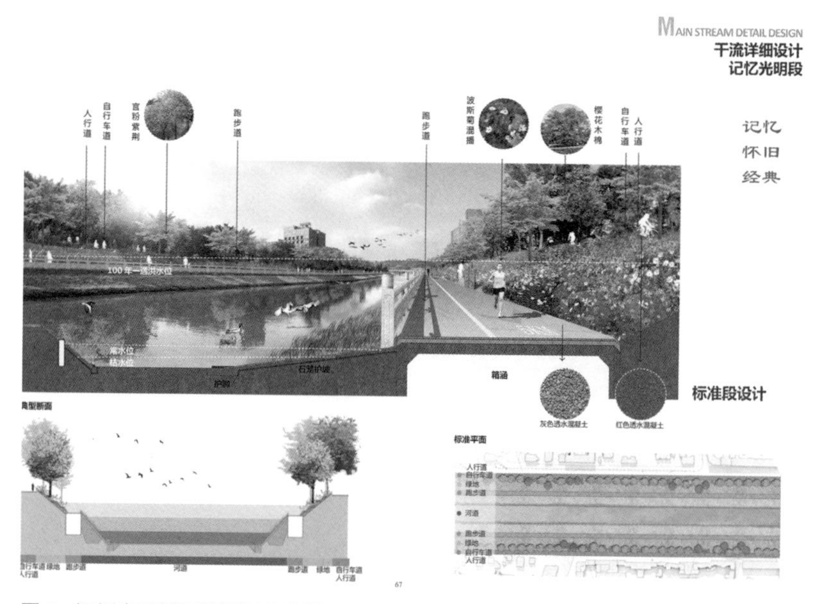

图4 深圳光明新区茅洲河改造断面1（来源：深圳市北林苑景观及建筑规划设计研究院五院）

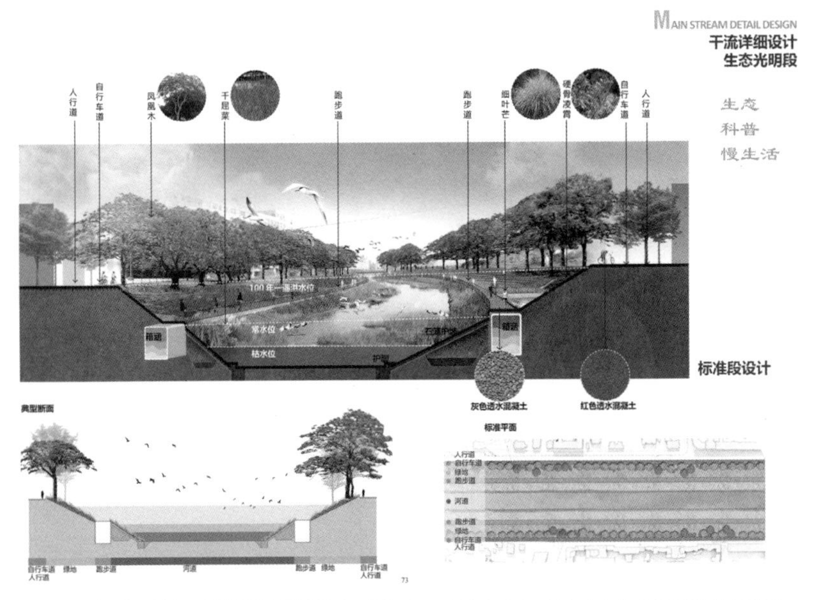

图 5　深圳光明新区茅洲河改造断面 2（来源：深圳市北林苑景观及建筑规划设计研究院五院）

生态保护与培育等功能，以近自然的郊野风光为特色的水岸公园，如大部分湿地公园、水源涵养林滨河公园等。

（2）城市休闲类

在城市内部的水岸地区，通过合理开发、设置多种休闲活动场地和设施，满足市民亲水观水、休闲游憩、运动健身、旅游度假等需求，以城市水岸风光为特色的水岸公园，如大部分城市滨水公园、滨湖公园、滨海公园。

（3）工业改造类

在旧船厂、旧码头等工业废弃地、工业旧址、工业清退后的滨水岸线上建设的，寻求工业遗产保护和再利用开发模式，并满足市民日常休闲功能的水岸公园，如工业复兴主题的水岸公园。

（4）基塘系统类

在原有基塘系统或生产绿地的基址上建设的，以恢复并传承、弘扬桑基鱼塘农耕文化或岭南水乡文化为特色，满足市民的耕种养殖及相关休闲需求的水岸公园。

2.3 珠三角水岸公园的选址

2.3.1 选址条件

珠江三角洲位于广东省中南部，珠江由西江、北江、东江及珠江三角洲诸河四部分组成，经虎门、蕉门、洪奇门、横门、磨刀门、鸡啼门、虎跳门及崖门等八大口门入注中国南海，珠江三角洲河道纵横交错，数量达数千条。水岸公园的选址基于珠三角地区水网骨架，较好的生态本底；与传统岭南水乡地区高度重叠或具有一定代表性的文化遗存、工业遗址、基塘农业景观；区域内具备地区经济实力雄厚、工艺基础优良、水岸资源丰富、适宜建设滨水带状公园的用地充足、已有良好的绿道基础等优势；依水而居的居民传统生活，使该区域居民亲水休闲诉求强烈。但与此同时，区域内水岸公园建设也面临多重挑战，如因经济及城市快速发展使得岸线水体生态环境较差，现有滨水及岸线地区存在大范围城市黑臭水体或洪涝灾害隐患等。

2.3.2 选址原则

（1）优先考虑廊道宽度大于 30m 或 60m 的水岸地区

为保证水岸公园的环境保护（至少 30m 宽）、生物多样性保护（至少 60m 宽）等功能的发挥，保障水岸公园的相对独立性，改善水岸休闲景观，水岸公园应尽可能满足一定的绿廊宽度。

对于城市滨水开发（如房地产等），将水岸预留一定的缓冲绿带作为强制性要求，把水岸公园绿带的宽度和比例情况纳入地块绿地率的核算范围，并对其进行相应的奖惩，同时与容积率进行合理的增减挂钩，鼓励更多的城市开发把水岸公园的建设进行更多的考虑和预留。

（2）优先考虑用地调整或置换，转变为水岸公园建设用地

①位于蓝线范围内，不符合土地利用规划、城市总体规划，对水体造成污染，对生态环境造成破坏的用地；

②高污染、高耗能、对生态环境破坏严重的用地，产业将转移或清退的用地，如部分二类、三类工业用地、码头、物流仓储、对外交通用地等；

③城市未利用地和废弃地。

（3）优先考虑具有滨水绿道建设基础，可达性好；与公众的生活工作区重叠，居民亲水休闲诉求强烈的区域；

（4）优先考虑具有较好的生态本底，或具有一定代表性的文化遗存、工业遗址、基塘农业景观的区域，利于文化保护、遗址保护、传统景观保护；

（5）优先考虑珠三角未来开发的新区。如横琴新区、翠亨新区、南沙新区、东平新区、肇庆新区、长安新区、前海新区和环大亚湾新区。

2.3.3 不同类别水岸公园选址

不同类别水岸公园选址见表 1。

表 1 不同类别水岸公园选址

生态保育类	城市休闲类	改造类	基塘系统类
1. 具有周期性水源，土壤蓄水能力较好； 2. 当地生物多样性密集区域，动植物群落组成成分与结构多样，在一定程度上反映所在生物地理区的湿地物种组成特点； 3. 具有特殊的地质或文化遗产	1. 城市内部的滨水岸线及其适当辐射地区； 2. 周边以居住社区或（及）商业办公为主； 3. 周边居民亲水观水、休闲游憩、运动健身诉求强烈； 4. 河道存在明显的黑臭水体； 5. 水岸两侧洪涝灾害频繁	1. 具有一定价值的工业遗产； 2. 工业用地、码头、物流仓储等用地待退出，承载了一代或几代人的青春岁月	1. 现状为桑基鱼塘地区； 2. 历史上曾经为桑基鱼塘分布区或重要功能场所； 3. 现状为普通鱼塘，需提高经济效益；或需恢复为湿地，以满足区域生态安全要求

2.4 珠三角水岸公园体系规划初步策略

（1）空间结构框架

通过对于珠三角水岸空间的调研、研究、归类总结，依据现有珠三角水域空间结构，提出了在统筹考虑河流、基塘、湖泊、水库、海岸等水系的现状格局基础上，初步确定珠三角水岸公园体系的空间结构为“一带、三片、十三脉、多点”（图 6）。

“一带”：滨海岸线，由环珠江口湾区、大亚湾区、广海湾区等三大湾区构成，包含基岩、沙质、泥质、生物和人工海岸等岸线。

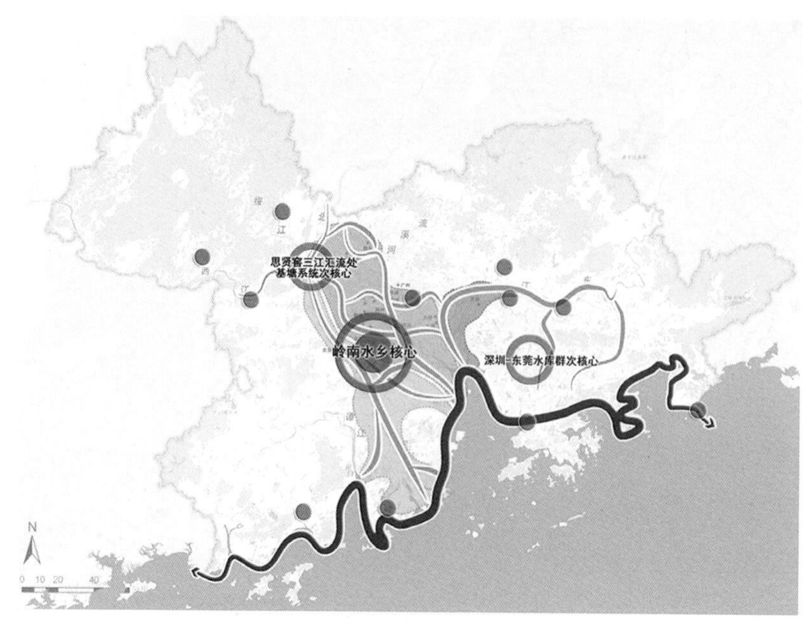

图6　珠三角水岸公园体系规划结构
（来源：深圳市北林苑景观及建筑规划设计研究院五院）

“三片”：由西江下游水道系统、北江下游水道系统和东江下游水道系统共同形成的珠江三角洲水网密集区。

“十三脉”：指对建设区域水岸公园具有重要意义的13条重要河流廊道，包括6条城市界河廊道和7条跨市河流廊道。

“多点”：包括以传统岭南水乡聚落-桑基鱼塘分布区为特征的岭南水乡核心，思贤窖三江汇流处-基塘系统次核心、深圳-东莞水库群次核心，以及其他红树林自然保护区、海龟保护区、水利风景区、湿地公园等保护地与基塘、水库、湖泊、低洼湿地等重要节点。

（2）游线组织

依托于水系空间，在满足交通安全，契合地域文化，统筹及联系绿地空间的前提下，策划规划形成四条水上文化休闲游览线路：

海风情游线：串联珠海、广州、东莞、深圳、惠州等滨海水岸公园。

西江体验游：西江黄金水道线，串联肇庆老城、肇庆新区中轴线、三水、高明、江门滨江新区、江门银州湖、珠海磨刀门。

东江文化游：番禺莲花山、东莞水乡、广州新塘、东莞石龙、惠

州博罗、惠州西湖等。

都市休闲游：串联佛山新城东平水道、白鹅潭、珠江前航道（广州新中轴地区）。

（3）水岸公园指引

针对不同类型的滨水及岸线公园建设，分别提出了建设指引，强调大区域“海绵体”的构建，严控自然岸线保有率，加强水环境生态修复，并开展黑臭水体治理进行低影响开发；同时，重视本土动植物栖息地的恢复，包括对江海堤防、普通堤岸、大坝与水闸等不同堤岸空间亲水性改造，开展基于堤岸改造的本土动植物栖息地建设，为重要保护物种提供缓冲带，进行水岸公园的动植物栖息地设计等。指引同时强调了运动、休闲、交流等人性化配套设施的建设，并鼓励创新水岸公园功能开发，因地制宜根据居民使用需求设置相应功能等。同时强调特色风貌与水景观的营造，并进行分类特色景观建设指引：

①生态保育类：包括珠江三角洲湿地水文特色营建、科普教育系统设计、植物景观设计。

珠三角水文湿地特色营建：主要关注常水位、水质条件、潮汐水位变化（利用潮汐变化，培植不同类型的陆生、水生植被；利用盐度变化，培植不同的湿地植被）、汇水面变化。

科普教育系统设计：主要关注水利科普、生态教育、环境感知三个方面。

植物景观设计：主要关注对于珠三角水岸空间丰富的乡土植物，模拟本地湿地植物群落，根据公园功能分区，因地制宜营造乡野、半乡野、原生态的本土植物景观。同时关注传统水岸植物群落的复兴及恢复。

②城市休闲类：包括景观主题策划、设置丰富休闲设施和场地、强调岸线的运动休闲功能。

景观主题策划：主要关注滨水景观活力功能，为城市复兴再注活力。可策划多种主题或景观分区，如生态休闲公园、生态艺术公园、文化艺术公园、运动公园、潮汐公园、青少年自然科普公园、渔港公园、码头公园、夜花园、无人机 / 航模公园，等等，实现整体的蓝绿统筹空间建设。

设置丰富的休闲设施和场地：关注对于蓝绿空间内设施及场地的补充及利用，设置丰富的、功能复合的景观设施或特色体验场所，将水岸的公共活动和设施推向高潮。

强调岸线的运动休闲功能：城市休闲类水岸公园可串联周边公共体育设施，或在水岸地区设置体育场地，突出公园的体育运动功能。水岸地区还应结合城市绿道，设计连续的游径、缓跑径、自行车道，形成自行车绿道环线。并在沿线设置自行车停靠点与租赁点。

③工业改造类：包括废弃工业建筑、构筑物和工业设施的处理、工业生产后地表痕迹的处理、废料利用和污染处理以及植物景观设计。

废弃工业建筑、构筑物和工业设施的处理：一是整体保留。整体保留是将以前工厂的原状，留置在改造后的公园中，可以感知到以前工业生产的操作流程。二是部分保留。留下废弃工业景观的片段，使其成为公园的标志性景观。三是构件保留。保留一座建筑物、构筑物、设施结构或构造上的一部分，如墙、基础、框架、桁架等构件。从这些构件中可以看到以前工业景观的蛛丝马迹，引起人们的联想和记忆。

工业生产后地表痕迹的处理：工业生产在自然中留下了斑斑痕迹，景观设计并不试图掩盖或消灭这些痕迹，而是尊重场地特征，采用了保留、艺术加工等处理方式。可以将场地上独特的地表痕迹保留下来，成为代表其历史文化的景观。也可以基于地表痕迹进行艺术加工。

废料利用和污染处理：场地上的废料包括废置不用的工业材料、残砖瓦砾和不再使用的生产原料以及工业产生的废渣。一些废料对环境没有污染，可以就地使用或加工；一些废料是污染环境的，这样的废料要经过技术处理后再利用。在废料和污染处理中，原则是就地取材、就地消化。在污染严重时，要对污染源进行清理，污染物外运。

植物景观设计：将污染的土壤换走。在污染严重或极度贫瘠的场地上，在受破坏的生态系统不可逆转的情况下，需要人为的干预。主要是增加土壤腐殖质，改良其营养状况，促使植被的自然再生。在上面覆土以恢复植被。例如，在废渣上面覆土，再种植植物。在废弃地的景观设计中，尊重自然再生的过程，保护场地上的野生植物、次生植物。

④基塘系统类：包括基塘主题策划、基塘机理改造以及沿海基塘红树林的恢复。

基塘主题策划：基塘公园可策划如桑基鱼塘湿地公园、莨绸公园、丝绸公园、海丝公园、花基公园、蔗基公园、海岸桑田公园等不同主题。

基塘机理改造：通过对基塘的现状进行梳理，综合考虑周边环境需求及水系流向特征，以土方平衡、水系连通、场地塑造等多种形式，对基塘进行本地化改造。例如，保留基塘机理，而对基塘尺度进行调整；保留基塘机理而增加条形或岛形湿地；打破基塘机理，形成岛链；打破基田机理，增加相应设施等处理形式。

④试点建议

根据建设条件和示范意义，建议将望牛墩赤窖口河休闲带、佛山西樵基塘公园、深圳西海岸公园链等纳入城市型水岸公园系统建设试点，根据珠三角水系特征，设置区域（跨界）水岸公园试点：

广佛之链：通过设置多个景观节点和绿道休闲网络，串联历史文化城区、新城、村镇混杂区、历史文化资源点等。

珠中江水岸湿地公园带：结合城市滨水生态和开敞地资源，综合打造珠中江湿地公园带。

茅洲河水岸公园带：以生态修复为主，恢复河道水质，结合现有自然与历史资源改善区域人居环境。

3 结语

2019 年 2 月 18 日，粤港澳大湾区发展基础性文件——《粤港澳大湾区发展规划纲要》（下称“规划纲要”）在翘首期盼中正式发布。

规划纲要发布一年来，在大湾区这片面积 5.6 万 km^2、人口约 7000 万、经济总量 10 万亿元的热土上，香港、澳门和内地加速融合，开创出一派融合新格局。

粤港澳大湾区包括香港特别行政区、澳门特别行政区和广东省珠三角区域九市，总面积 5.6 万 km^2，是我国开放程度最高、经济活力最强的区域之一，规划纲要提出要建设生态安全、环境优美、社会安定、文化繁荣的美丽湾区。明确提出要推进“蓝色海湾”整治行动、保护沿海红树林，建设沿海生态带。加强粤港澳生态环境保护合作，共同改善生态环境系统。

回看珠三角水岸公园体系的构建，巧然契合了新国土空间下蓝绿统筹的综合性需求，具备一定的前瞻性、地域性及特色性。将森林、山林、区域绿地、河道、湿地、农田等城市外围生态空间进行整合，提供了水系流域的水源涵养地及水源保护，增加了水系沿线景观及生态多样性，在城市滨水地带规划设计中增加生境规划，修复生物多样性规划，为城市提供更安全的水生态、水环境基础设施，形成山水林田湖草的生命共同体，以水为纽带，串联城市与自然，融合多样性边界，这是生态文明建设的通识。立足蓝绿统筹的空间规划方法，从绿道到碧道，实现蓝绿统筹，更加广域地构建及优化生态廊道体系，打造蓝绿共识的生态网络，仍需要专业人士步步为营地探索、贯彻及实践。

参考文献

[1] 新华网：我国是全球 13 个人均水资源最贫乏的国家之一 . http：//www.jsgg.com.cn/Index/Display.asp?NewsID=5754

[2] 人民网：广东高水平规划建设万里碧道 . http：//gd.people.com.cn/n2/2019/0311/c123932-32724838.html

[3] 开创融合新格局——《粤港澳大湾区发展规划纲要》推出一周年 .https：//www.ndrc.gov.cn/fggz/dqjj/zdzl/202002/t20200227_1221 420.html

16 郑州航空港综合实验区梅河生态治理实践

王晓鹏[1] 夏爽英[1]

1 郑州航空港及梅河概况

郑州航空港综合实验区地处郑州中心城区东南部约 20km，是中心城区三大外围组团之一，面积约 415km^2，是全国首个上升为国家战略的航空港经济发展先行区。实验区有国际航空物流中心、航空经济产业基地、内陆地区对外开放重要门户、现代航空都市、中原经济区核心增长极五大战略定位，是一片高度产业化的复合发展都市区。

梅河发源于郑州东南黄土台塬地带，向南流入双洎河，干流全长 37.5km，流域面积 115.2km^2，是淮河 4 级支流，流经实验区南区 19.42km，是区内最大的季节性防洪排涝河道，随着区域全面城市化，梅河需要在人工干预下完成角色转换。

2 河道现状及存在主要问题

梅河原为丘陵沟壑地形下冲刷形成的天然河道，地形西北高、东南低，高程在 155 ~ 120m，自北向南呈上宽下窄状，地形特点是两岗夹一洼，水土流失严重；沿岸的农业生态系统无力涵养水源，河道季节性产流、断流特点非常明显；城市化初期，河道基本处在被遗忘的角落，空间被挤占，地表水土侵蚀加剧，河床淤塞、杂草丛生，水

1 郑州市水利建筑勘测设计院，郑州，450006。

源以污水处理厂中水为主要构成，上游村庄污水则直接排入，造成水环境、水生态的不断恶化（图 1）。这样的梅河不能承担起南区“三廊三带、五湖两园”格局中河湖相连、绿廊穿城的任务。

3 河道生态治理理念

3.1 规划定位

梅河及沿岸绿地是贯穿南片区的重要水体和公共绿廊的门户型廊道，提升城市整体形象，完善生态格局的重要媒介。以“河流、人、城市”空间共享为设计主线，围绕梅河打造成城市阳台、生态地标、魅力水岸。将南区梅河打造成富有活力的都市水系、安全行洪的汇水通道、稳定和谐的生态廊道、优美舒适的休闲走廊，兼具文化创意、特色商业、滨水居住等功能于一体的复合廊道。

3.2 设计理念

河流以自身为纽带，将滨水区域纳入城市治理规划之中，使生态、景观、文化有机共生，创造宜人的都市休闲活动空间，是本次梅河综合治理的切入点。现今，基于生态水工学、生态景观学、水环境学的“多自然型河流”已被证实是一种有效的方法。

设计理念用十六个字来概括：“健康安全·水活水清·生态美观·和谐共生”。通过提高河道防洪标准，减少洪涝灾害，保证城市安全；

图 1　梅河治理前实景照片（来源：作者自摄）

通过调水补源、生境营造，还河流健康；通过美景扮靓城市，促进滨水区发展；人水和谐共生为实验区社会经济发展提供有力支撑。

3.3 设计策略

梅河从蜿蜒的乡间小河化身为宽阔的城市水廊，河道裁弯取直顺应城市空间布置的需要，却失去了自然韵动的灵性。

具体设计策略中，系统融合河道蓝线、绿线空间，通过河道水面的宽窄变化和刻意模糊水域与陆地界限的岸线设置，尽量塑造河流弯曲丰富的自然形态。

（1）水系策略

充分利用河道竖向比降陡、高差大的条件，通过多级跌水调整水流流速、流态，提高水体曝氧自净能力；横向的复式断面布置形式不仅有效化解高差，还能塑造从林岸到浅水湿地的植生层次，再通过与湖泊的串联增加河道调蓄能力，同时形成湿地型生态斑块，丰富生物群落；最后辅以生态水源补充，重现河道水流潺潺的生态样貌。

（2）空间策略

通过多元慢行交通体系和立体空间的使用策略，运用活动场地、滨水休闲平台、漫步道及各类服务设施，建立起既便利友好，又有景观品质的滨水活动空间，并引入适量商业设施。

（3）生态策略

力求塑造一个景观生态系统化、建筑系统生态化的现代景观河道。在河流上游设置生态型湿地，引入鸟类栖息设施，增加原生态野生趣味；其他区段尽量设置缓坡入水和浅水湿地的岸线形式。

4 工程设计

4.1 河道工程设计

梅河综合治理工程（一期）长7.37km，主要内容包括河道工程、拦蓄水建筑物工程、成湖工程、生态修复、滨河景观等。梅河总体上按照“水蕴梅河连两湖 绿满两岸秀南都”的布局进行，追求河道、公园绿地、道路绿地空间互相融合。

（1）平面布置

河道布置采用了上游植生涵养湿地、中游河湖串联、下游湖泊湿地的珠串布置形式，配合河道丰富断面和坝堰布置，形成宽阔水面和多子槽蜿蜒共存的自然河流形态，最大限度地将海绵城市“渗、滞、蓄、净、用、排”六字箴言贯彻其中，将日常水生环境营造、净化水质需要与泄洪调蓄体量等内容融合在一起，增加了河道海绵体量。

（2）断面设计

①河道在横断面选型上采用了对水位、河岸适应性最强，对游人活动友好的梯形、复式断面交叉组合的布置形式。从河道中心向两岸，首先是底宽 30 ～ 35m，边坡坡比不陡于 1∶3 并护砌的主槽，日常为满蓄水状态；外延侧是日常水深 0.3 ～ 0.8m、宽 3 ～ 20m 不等的浅水区域，是主要的水生植物区域；再外侧是多样的景观生态驳岸；最后是两岸绿地，按照生态动力、休闲活力重塑的沿河带状公园。

打造多层次立体滨水空间，不仅为河道带来丰富的断面变化和空间层次感，还为河道防洪、植物层次配置、景观表现、设施布置创造基本条件。

②纵向布置上考虑首尾高程、城市竖向设计、区域排水、形成水域景观的要求，结合横断面经济性开挖原则，通过新建 13 座坝堰，将河道调整为河底比降 1/205 ～ 1/780 的 14 节段落，再结合水工设施隐性化处理。一方面维持了稳定的河道湿地环境，利于陆域、湿地植物群落的形成，便于培养生物多样性；另一方面巧妙利用高差形成的水流溢出效应，净化水体。

（3）驳岸设计

生态护岸采用了舒布洛克连锁植草砖、亲水直墙、绿化混凝土、实木桩、格宾防护、自然石和景石护岸、植物群落防护等 10 余种形式，根据不同河段的景观定位搭配组合。在岸线形式的选择上除满足安全可靠、结构稳定的基本要求外，还注重同城市河道的景观风格保持高度统一，多样的护岸形式与景观、绿化生态相协调，丰富视觉观赏性，

自然亲切不生硬，以及增强亲水性，支撑游憩、休闲、观景活动。

4.2 生态景观设计

将梅河周边的用地性质和城市结构融入河道的结构脉络中，利用人工河、湖、岛、岸等丰富形态形成的水系，适应城市所需的滨水空间。梅河河道分为湿地活水区、溪流净水区、文化亲水区、漂浮戏水区和人工湖泊区五大分区，由北向南提炼挖掘形成“五园八景”的基本空间格局。

（1）湿地活水区

水系净化第一阶段，采用表流型和潜流型复合流人工湿地，尽量拉长河道净水过滤面积，增加水体与生态岛的接触面，形成洲渚相连类草甸洼地，蜿蜒曲折的河流形成郁郁葱葱的碧廊绿影（图 2）。

（2）溪流净水区

水系净化第二阶段。河道两侧设置被小岛分隔的净化溪流，达到更好的提升水质的目的。生态湿地的原生态景观结合亲水栈桥，沙鸥展翅，生机盎然。结合区域丰富的活动需求，为各个年龄段的市民提供个性化的活动场地。

（3）文化亲水区

位于河道中游，为了应对东侧的人流，刻意增大活动场地的面积，绿色生态的森林场景设置健身场地及设施；设计以林下活动空间为主，避免大面积的硬质广场，并增加平台、高架、栈道、环形入水台阶等，增加亲水景观的可达性和体验性（图 3）。

图 2　治理后的梅河生态浮岛与直墙景石护岸（来源：作者提供）

图 3　治理后的梅河绿道（来源：作者提供）

（4）漂浮戏水区

河道毗邻商业中心地块和交通枢纽中心，人流密集，因此在交通路线上提供多重的人流疏散方式，引导人群进入河道绿化的生态廊道中，彩虹钢架桥飞跨南北，是赏河的最佳视角，本身也是梅河上的独特景观。在河道的亲水性上提供更多的体验方式，设置唯一的儿童戏水池（引市政用水），与音乐喷泉共同赋予区域城市广场的职能。

（5）人工湖泊区

位于工程末端，此区域为河道汇水面积最大、具有湿地功能的公园湖泊区，是视野最开敞之地。五座观光塔直入云霄，并通过景观连廊连接，构筑了项目最为震撼的景观地标引领整个片区。

5　结语

梅河综合治理工程着力改善实验区生态系统，打造创意、活力、科普、生态为一体的绿色产业经济带，创造一条生态绿色的航都蓝脉，成就一个活力四射的休闲廊道，书画一卷流光溢彩的生活画卷。多元化的开放式城市滨水空间带动沿河社会经济发展，河流成为实验区一道崭新、亮丽、具有标志性的城市生态轴。

参考文献

[1] 傅伯杰，陈利顶，马克明，等 . 景观生态学原理及应用 [M] . 北京：科学出版社，2011.

[2] 郑州航空港经济综合实验区梅河综合治理工程初步设计报告［R］.2014.

[3] 俞孔坚，张锦，等 . 海绵城市——理论与实践［M］. 北京：中国建筑工业出版社，2016.

[4] 中华人民共和国住房和城乡建设部 . 城市水系规划规范：GB 50513—2009［S］. 北京：中国计划出版社，2009.

17　低干预的石泉县汉江滨江南岸景观设计研究

许瑞　李万强　党晓娟　孟广森　万颖　李齐　陈侠[1]

低干预是人类与自然的和解过程，城市的滨河地带景观设计更应该以此为出发点，减少因开发建设对自然系统造成的冲击，尊重场地自身现状、遵循自然内在的力量，因地制宜地提高环境的内在承载力。

1　宏观背景

1.1　建设背景

首先，在“全域旅游”“生态文明建设”以及“绿色发展”的政策建设大背景下，石泉县由汉江边缘的小城镇逐步发展为省级生态文明建设示范县，这使得汉江与石泉县城的关系更为紧密。2020 年 5 月，在石泉县第十八届人民代表大会第五次会议上，提出要“推动生态环境持续向好，让石泉的天更蓝、山更绿、水更清、环境更优美”。2020 年 10 月，国家在“十四五”规划中提出了“坚持尊重自然、顺应自然、保护自然，坚持节约优先、保护优先、自然恢复为主，守住自然生态安全边界”的远景目标，这为石泉滨河风光带景观今后的保护与发展提供了新的思路。

其次，在石泉县一江两岸优美画卷的整体建设思路引导下，依托汉江这一大优势资源，作为在陕南众多县城中脱颖而出的省级园林县城，石泉现今乃至今后都面临着全新的发展机遇与挑战。

1 陕西水石合景观规划设计有限公司，西安，710065。

1.2 区位概况

（1）石泉在汉江水系的位置

汉江西起陕西宁强县秦岭南麓，东至湖北武汉，分为上、中、下游三段，上游为源头至丹江口市，中游为丹江口市至钟祥段，下游为钟祥至武汉。石泉位于整个汉江流域的上游，汉江贯穿石泉县内约61km。此次研究的区域位于安康市石泉县段，所属流域水面宽阔，水量充沛（图 1）。

（2）石泉与周边区域联系

石泉县位于陕西省安康市西部，北依秦岭，南枕巴山，地处秦巴腹地、汉水之滨。国道 210（即古子午道）与国道 316 公路交会于石泉县城。汉江水运纵横全境，石泉县沟通南北、联系八方，铁路、公路、水运三者结合的交通方式，使得石泉县具有巨大的交通优势（图 2）。

2 区域基底认知

对石泉县滨江沿岸景观进行设计，就必先对更大区域内的环境基底进行认知，主要包括生态自然基底认知、文化基底认知以及历史基底认知三个层面。

2.1 生态自然基底认知

首先，石泉县北面与地势陡峭的秦岭相连，南面与地势相对平缓

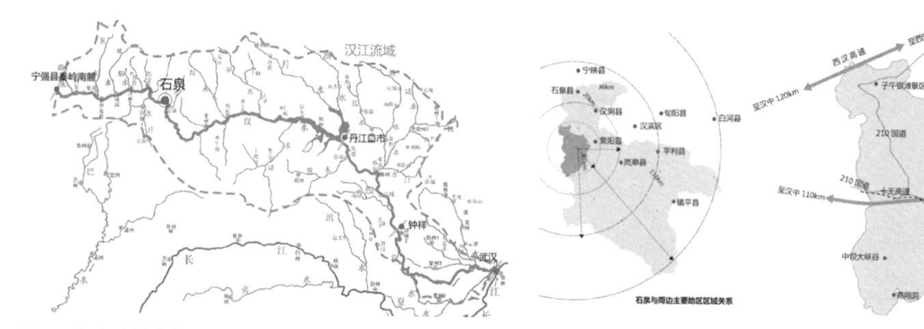

图 1　汉江流域水系图（来源：根据《城墙内外——古代汉水流域城市的形态与空间结构》改绘）

图 2　石泉区位及交通分析

的巴山相接，地形较为复杂，形成比较独特的“两山夹一川”之势。其次，石泉南临汉江，东接红河与池河，西侧又有珍珠河与饶峰河的交汇，形成“三水围城”之势。

在“两山夹一川”的生态空间格局下，石泉县城呈现出狭长式分布形态。汉江自西向东贯穿石泉县南部，占据整个石泉县县域面积的1/3，并在石泉主城形成了连续的汉江滨水空间带。项目位于汉江滨江生态景观带上，汉江生态自然资源将成为石泉县城区域发展所依托的核心要素（图3）。

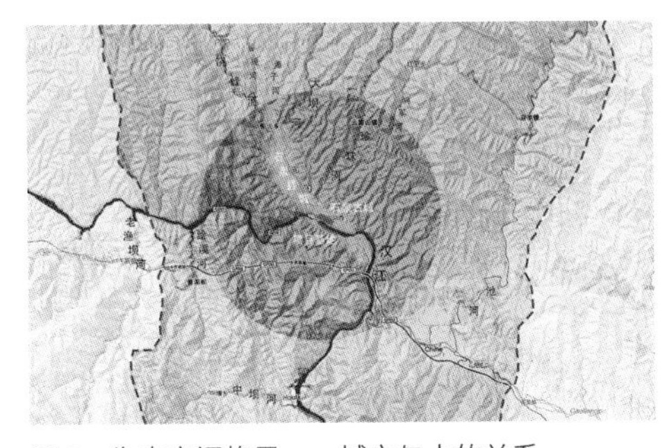

图3　生态空间格局——城市与水的关系

2.2　文化基底认知

因其特殊的地理位置，使得石泉形成了丰富的空间形态、独特的地域风貌和多元交融的文化历史。石泉自古就是连通着四川、陕西、湖北、重庆的交通要道，是兵家必争之地；明清时期，石泉更是汉江水道上的重要官渡口，水运地位十分重要，战事频繁，商贸兴盛；也是移民迁徙的主要地段。随着外来人群的迁徙，土著文化与外来文化的不断融汇（表1），传统文化与现代文化开始互相影响和渗透，形成了石泉古朴的乡俗民风与现代观念意识并存的文化现象。

表1　区域文化资源一览表（来源：根据《石泉县志》整理）

多元的历史文化构成	形成时期	文化特点
汉水文化	史前时期已经存在	禹王宫祭祀禹王、端阳棕子节、汉江上龙舟竞赛、采莲船
鬼谷子文化	战国时期	中国历史纵横家的开山鼻祖，也是历代兵家崇拜的谋略大师
移民文化	秦、汉、明、清时期	湖广江南流民、秦风、楚韵、石泉火狮子、建筑艺术、彩船
古子午道	秦代	这是安康最早的出境道路，算得上安康公路的鼻祖
川楚、秦川古商道文化	公元562年，即北周武帝时	秦、楚相通的交通要道，是丝绸之路的重要节点

此外，自古以来，文人墨客便以汉江为主题而留下了众多诗词，如《诗经》中“汉之广矣，不可泳思，江之永矣，不可方思”；再如杜牧在《汉江》中写道“溶溶漾漾白鸥飞，绿净春深好染衣”；此外，还有“汉江天外东流去，巴塞连山万里秋”“秋虹映晚日，江鹤弄晴烟”“晨曦初照水粼粼，一夜秋霜翠色深”等。因此，汉江与石泉的文化基底也应在后续城市建设与发展中得到更深层次的重视。

2.3　历史基底认知——汉江与石泉城的关系（图 4、图 5）

石泉城的选址深受秦岭、汉江两大自然条件的制约，从古自今，石泉城均遵循传统“背山面水、负阴抱阳”“临江而建、逐水而居”的建设经验，在“汉江要津”修建城池并依据一定的规律不断发展。自清康熙年间起至现代，石泉城的空间形态体现出城与水、城与路的关系。一方面，沿汉江水流的走势以东西方向拓展；另一方面，快速公路的建设，使得城市突破东西向单一方向的发展，开始呈现出“东西主轴 + 南北渗透”的分布形式。[1] 发展至今，随着城市的不断扩张，仅有的优势自然资源面临着逐渐消失的威胁。

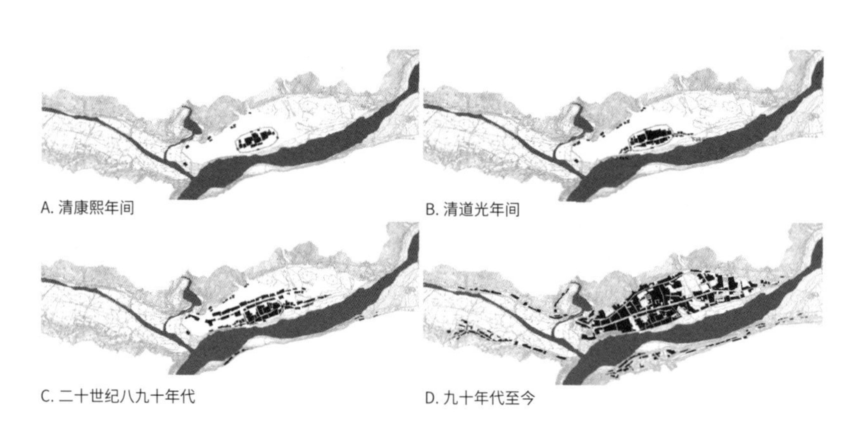

图 4　石泉古城空间形态演变图（《陕南石泉老城区空间形态演变与更新研究》）

1 张曼 . 陕南石泉老城区空间形态演变与更新研究［D］. 西安：西安建筑科技大学，2013.

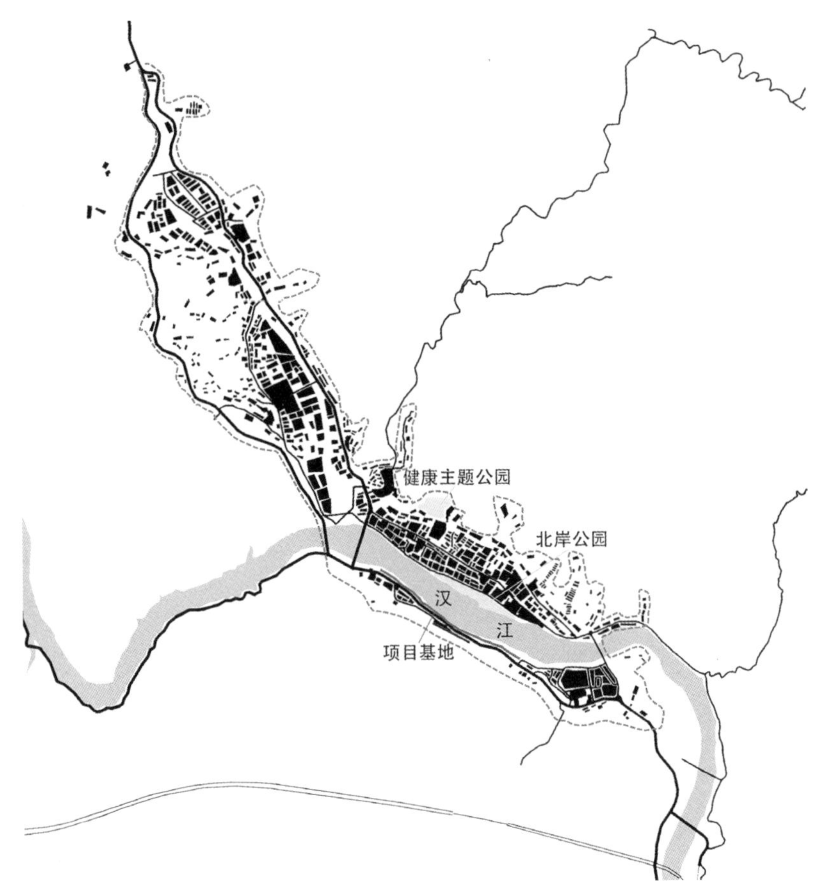

图5　石泉城与汉江的空间布局关系

3　场地现状分析

3.1　设计范围

本项目位于汉江石泉县城主城区段南岸，与老城隔江相对，可视为石泉重要的景观窗口。具体设计范围如图6所示，全长2km，南北宽50～60m不等，占地约100000m^2。此项工程以汉江北岸已建成的北岸公园景观为设计前提，在此基础上进一步完善南岸的建设，以形成完整的沿汉江游览环线为目的，打造具有汉江滨水特色的一江两岸优美画卷，展现石泉旅游的文化形象与城市魅力。

3.2 交通分析

项目周边交通路网因受汉江河流走势的影响，主要骨架呈现出以东西走向为主的平行式路网（图 7）。南北向道路为跨江大桥以及县城内生活性支路。场地南侧紧邻 316 国道，向西与 210 国道相接，可通往汉中、西安，向东可快速通往平利县。基地以北与滨江大道隔汉江而望，向西通过汉江一桥、向东通过向阳大道与滨江大道相连；基地以南与石泉火车站隔国道而望，阳安铁路于基地南侧平行而过。由此可知，项目基地周边交通在对内与对外两个层面都极为便利。

3.3 用地属性分析

从建筑分布密度以及石泉县城市总体规划图上来看，基地周边地块共有三大组团，将基地以 U 形方式环抱。北侧为核心组团，以老城商贸、东延办公为主；东侧为次核心组团，以江南居住新区为主；西侧为仓储物流组团。汉江南岸滨水景观的设计应在此基础上，考虑由组团方向前来的使用人群及其不同需求。

3.4 基地 GIS 地形分析

（1）高程分析

场地最高标高位于项目东部偏南区域，最低点位于汉江边缘，场地高程范围 361 ~ 401m，具有较大的高差，属于陡峭坡地。根据国道与场地、场地与河流的高差关系，场地被明显地分为三块：西侧区域高程 356 ~ 379m，约 23m 高差；中部区域较为狭窄，高程

图 6 设计范围

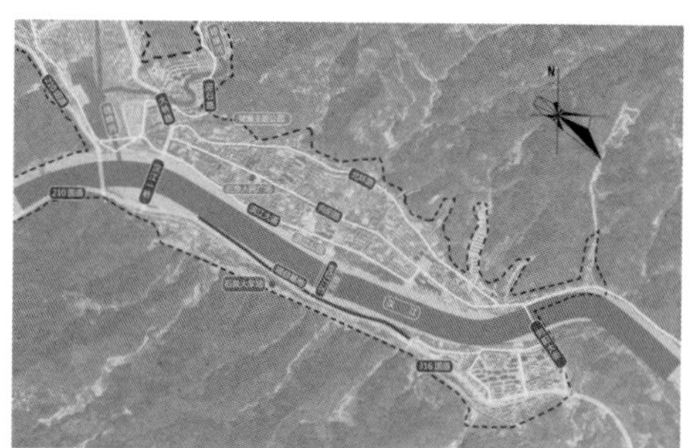

图 7 交通分析

350 ~ 390m，近 40m 高差；东部最高区域高程 351 ~ 395m，44m 高差（图 8）。

（2）坡度分析

从场地的坡度分析来看，场地整体不适合大面积建设，仅适合点状式建设。其中 80% 的区域坡度在 25% ~ 90%，其余坡度在 1% ~ 5%；坡度在 10% ~ 25% 的用地相对较少，约占总用地面积的 20%。

（3）坡向分析

场地坡向大部分以东北向为主，属于背光向；仅东侧制高点区域与西侧沿公路区域有两处南向、西南向坡向；正北向坡向区域呈零散式分布。这为景观设计中节点位置以及植物的选取提供了科学的依据。

3.5 现状适宜建设区域

基于上述地形的分析，总结得出现状适宜建设的不同功能的区域（图 9）。从南至北依次分为三个梯级，第一梯度的地块位于项目

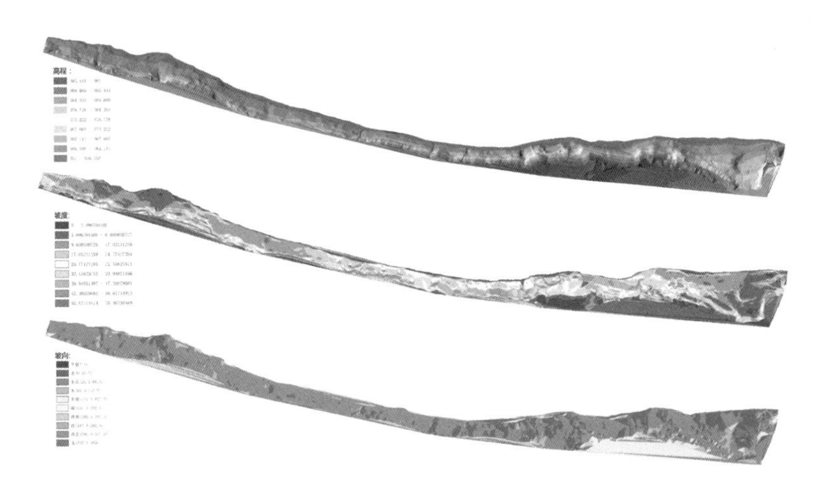

图 8　高程、坡度、坡向分析

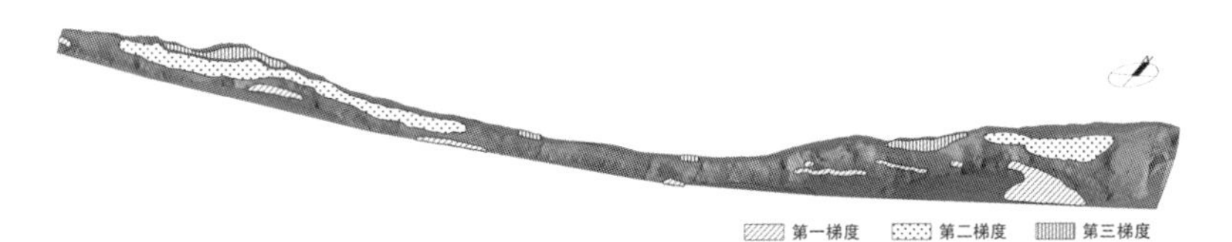

图 9　现状适宜建设区域分布图

的相对较高处，具有良好的俯瞰视野，适宜建设景观观景节点；第二梯度为两处较为平缓的场地，位于五年一遇洪水位线上，适宜建设人流量聚集地；第三梯度地块相对开敞且较为平坦，适宜建设沿河亲水空间。

3.6 现状植被分析

滨江南岸的植被现状分析，主要分为河道内、冲刷地、漫滩地以及高地与坡地四个区域（图 10、图 11）。具体表现为：河道内无植物，由于此处经常有洪水漫过，导致此处的河道内没有沉水植物；冲刷地多为耐水湿的植物群落，以芦苇、芦竹、蒲苇等水生植物为主；漫滩地多为当地的乡土树种，有枫杨、柳树、紫穗槐、醉鱼草、芦苇、狼尾草、芒草、高羊茅、黑麦草等；高地和坡地有大面积的人为种植的竹林和零散的乡土树种，以竹子、山杏、核桃、女贞、苦楝、枇杷等为主，形成了较为稳定的植物群落。

3.7 现状优劣势总结

（1）现状劣势条件

现状已有条件对于设计的开展存在一定的不利因素。第一，现状

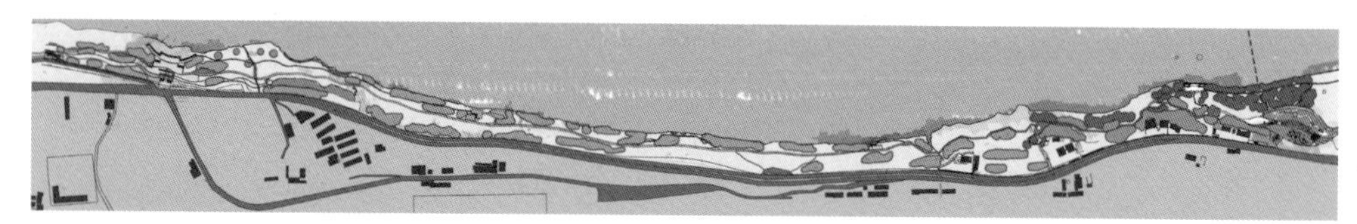

图 10　植物现状斑块

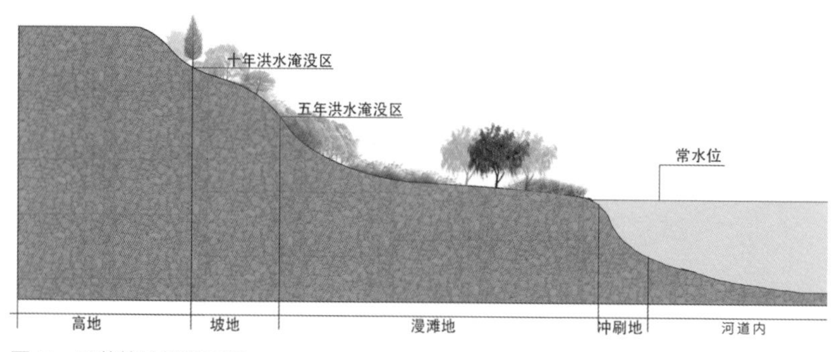

图 11　现状植被横断面图

自然堤岸被冲刷、侵蚀现象较为严重，水土流失较严重，部分地方出现挖空、坍塌的现象；第二，场地垂直方向高差大，水平方向进深窄，个别地带极为陡峭（图 12），道路护坡在个别段直接裸露在外，不利于设计的开展；第三，土壤以土石结合的现象为主，局部均为山石，基本上为山地粗骨性黄棕壤土，多砾石，对植物生长的条件比较苛刻。

（2）现状优势可利用资源

场地内有大量大块的河滩石，有自然的黑色岩石形成的崖壁景观，可谓该基地的特色资源；此外，还有成片的竹林、杨树林、麻柳林及草甸，长势均较为良好。

4　目标定位与设计愿景

4.1　目标定位

（1）汇聚山水城市——将山水资源进行整合、集聚，确保生态优先，守住石泉生态自然安全边界，转变城市形象；

（2）融合人文元素——传承地域文化，以汉水文化为载体，润物细无声地渗透入设计中去；

（3）展现水岸魅力——提升滨江沿岸的休闲旅游，将水、城、

图 12　现状断面分析

人三者独立的关系变为三者互相渗透的关系；

（4）共享生态宜居——营造悠闲绿色生活，打造以人为本的宜居宜游滨河风光带。

4.2 设计愿景

（1）串联城市的绿廊：构建一条为城市提供新鲜空气、为市民提供休闲漫步的生态绿廊；

（2）打造一张城市专属名片：营造一幅具有石泉特色的一江两岸优美画卷（图 13）。

5 设计策略

以尊重场地现状、维持自然生态原貌作为低干预设计的出发点，并提出紧贴场地现状问题的四大解决策略，包括最基本的防洪安全策略、栖息地保护策略、生态岸线保护策略以及低介入的植物设计策略。

5.1 防洪安全策略

依据石泉县水利局提供的近年汉江水位资料数据得知，汉江常年水位高程为 360.268m，五年防汛水位高程为 371.268m，十年防汛水位高程为 374.168m。全年 4—10 月汛期高程为 355.27 ～ 357.27m，11 月至次年 3 月汛期高程为 359.27 ～ 260.27m（图 14）。故本次设计严

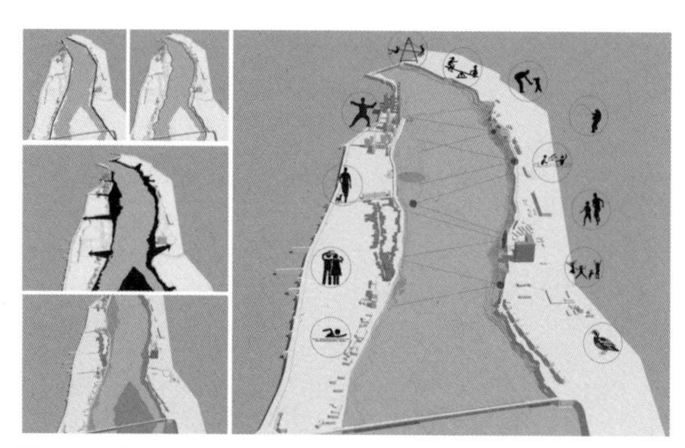

图 13　一江两岸的生态渗透与行为参与示意图

图 14 汛期水位现状及高程分析

格以五年一遇与十年一遇洪水淹没线作为参照进行方案的构思。为使设计能够永续、耐久、因地制宜地合理存在，必应顺应河流洪水的规律进行具体设计。

5.2 栖息地保护策略

石泉县域可利用的滨江带景观空间极其有限，本区域则承担着更大的生态职责。基底周边的县城其他区域高强度的开发破坏了大量的鸟类栖息地，而河滩栖息地的修复具有吸引周边生物种群的潜力，能够增强本片区生态系统的异质性。

因此，应针对水生栖息带、过渡地栖息带（半湿润与半干旱地带）以及陆生栖息带三大区域制定不同的保护策略。首先，针对水生栖息带，应该恢复水体和河道的自然功能，使其能够为水生动植物提供更多潜在的栖息环境；其次，对于过渡栖息带而言，要保护沿河岸边大面积的植被区域，增加湿生与半湿生植物以及花卉类植物，为本土鸟类、蝶类生物提供栖息地；最后，针对陆生栖息带，应构建基地内的绿色廊道骨架，增加蜜源类植物吸引鸟类。

5.3 生态岸线保护策略

通过对现状驳岸的现场评估，得出场地内存在三种情况：生境条件良好段、生境条件中等段和生境条件一般段。驳岸采用“软质+硬质”两种形式相结合的方式来进行生态岸线的保护，其中，良好段与中等段采用以草坡入水的生态自然驳岸手法，用软景植物的根系来巩固驳

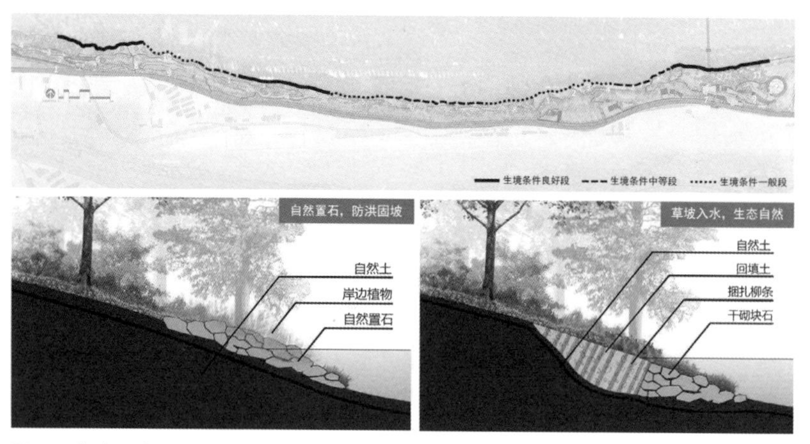

图 15　生态驳岸设计手法

岸线；而一般段则采用以自然置石、石笼、垒石、杉木桩等为主的防洪固坡手法（图 15）。使用机械的混凝土加固和任由自然做工而丝毫不干预的两种极端手法都是不可取的。

5.4　低介入的植物设计策略

本研究以低干预、少量介入的植物设计为原则。（1）低干预：运用自然规律与生态原理，利用与引导自然过程发挥作用，可以最大限度地借助自然能量以减少人为干预的设计。此地块植物设计保留原有的自然群落和长势较好的植物，通过模拟自然的种植方式，延续石泉自然风貌的景观特质，提升整个滨河的景观。（2）适地适树：我国在西汉时期就意识到适地适树在植物中的重要性。如《淮南子》中说“欲知地道，物其树”，意思是如果想要了解这个地方就应该先了解这个地方的植物长势，在这个时期人们就已经有这方面的意识。因此，我们在植物设计上要先了解植物的生长习性，尤其在这个环境比较苛刻的地方，树种的选择尤为重要。此处植物种植以乡土的、耐贫瘠、深根性的大乔木作为基本骨架，以林带或者斑块状的形式进行补栽，形成大开大合的景观空间。

6 具体方案设计

6.1 总体规划结构

石泉汉江滨江南岸景观空间运用健康慢跑道贯穿三大活动片区，形成“两心、一轴、多节点”的总体规划结构。两心指东入口活动中心与西入口活动中心；一轴指以健康慢跑道为主的带状公园轴线，一条贯穿于汉江生态廊道中的森林步道；多节点则指在东与西之间的过渡区域有不同亲水体验的空间和观景远眺平台（图 16）。

6.2 设计总平面分区特色

在总体规划结构的分析之下，将低干预的设计策略渗入方案设计中，针对场地不同区段的现状条件及问题，在有条件的地段进行入口广场、出挑平台、亲水平台等的具体布置，合理利用与消解场地的现存高差。在合理分析南岸与对岸景观的看与被看的视线关系后，选取并确定各个观景点的位置，巧妙利用“山”“石”“水”“竹”“柳”等现状特色元素，进行分区特色提取与设计，进而形成“山石之峻”“碧水之韵”“竹柳之境”的三大主题片区（图 17）。

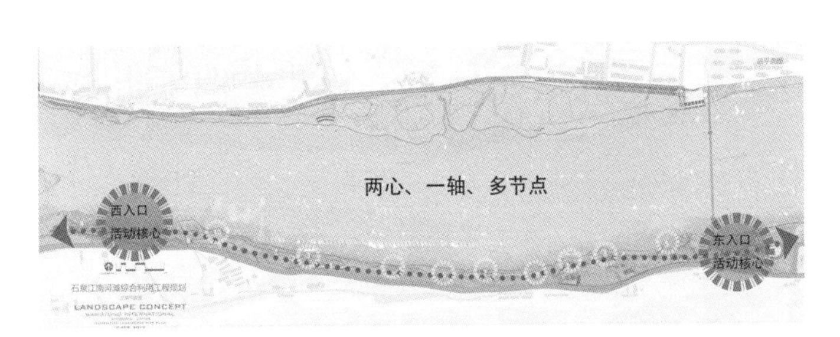

图 16 景观结构分析图

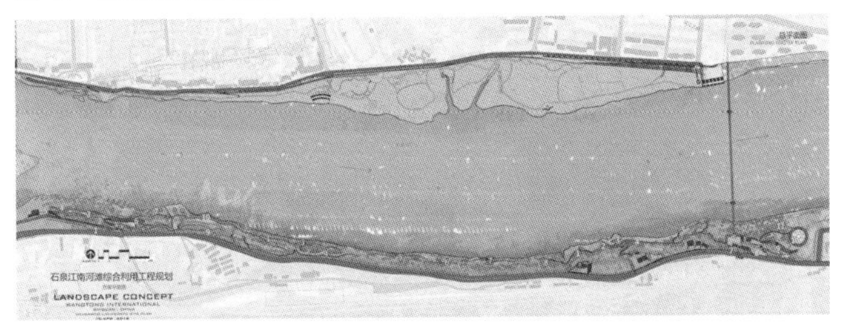

图 17 设计总平面图

6.3　植物种植设计理念

“朝而往，暮而归，四时之景不同，而乐亦无穷也”，这是从古至今人们所向往的大自然美景，此次设计充分利用现有的植物斑块，在不破坏原有生态景观的前提下，模拟自然界植物生长的状态，对植物群落进行丰富，打造一条四时不同的景观绿道。

6.4　主题片区设计

（1）“山石之峻”主题片区

此核心片区设计由西入口广场、出挑平台、观景台、麻柳林休闲广场、趣味活动空间、亲水空间等空间共同组成。“山石之峻”主题区域是从汉江一桥方向而来进入南岸滨江公园的第一个入口集散区，同时，也是与汉江北岸公园内“清泉石上流”景点形成对景的最佳位置，在空间上可形成看与被看的关系，能够为游客及市民提供最佳的观景点（图 18、图 19）。

该片区最大的特色为“大高差 + 宽漫滩 + 裸露的黑色岩石景观 + 长势良好的麻柳林”，靠公路一侧地势高差大，邻水一侧有一定宽阔程度的漫滩区域，约 65m；而汉江十年一遇的洪水淹没线大致在场地 1/2 处。

基于以上基本条件，设计考虑在靠近公路的制高点处设置两层式的钢架结构出挑平台，向河道方向挑出约 23m，供市民和游客凭栏而望。挑台的柱基础因地势陡峭而被迫使用人工挖孔的方式，基础的位置也基本位于汉江十年一遇洪水位线之上。此外，运用挑空式的栈道将挑出平台与下层麻柳林休闲广场连接，曲折蜿蜒，丰富游园步道体验的多样性。

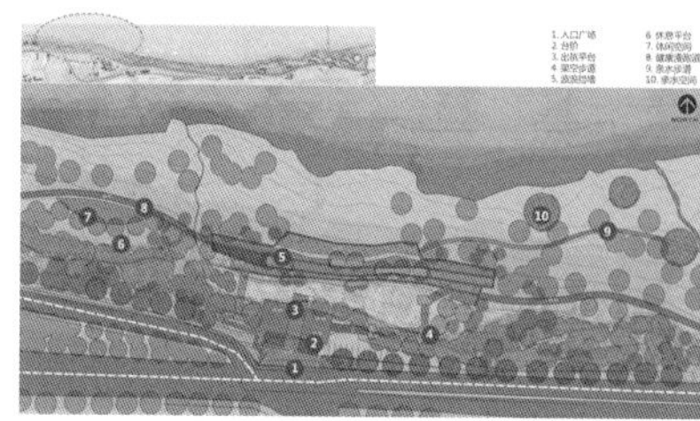

图 18　“山石之峻”片区平面布局

图 19　从园区看出挑平台方向

针对现状的麻柳林与黑色岩石等优势资源，以顺势而为、保护优先的手法，背石面水，打造一处约 15m 宽的休憩广场，与 3m 宽的健康漫步道相接。广场的形状与轮廓因现有麻柳树的位置而调整了多次，最终才确定下来。

（2）“碧水之韵”主题片区

“碧水之韵”位于整个滨江南岸的中段区域，由于中段的水陆过渡带较窄，而坡度较陡峭，设计时希望将人的活动往临水一侧去引导，突出亲水观江的主题设计思路，设置一系列的亲水空间，将休憩、垂钓、观景等功能需求结合为一体，最大限度地依附于该片区的优质滨水景致，形成让人悄然地走进大自然、低介入地感知自然的画面。

该片区最大特征为“大高差 + 窄漫滩”，临公路一侧坡度极其陡峻，施工难度较大；而沿河一带空间虽狭窄但生境较为良好，绿草成荫、竹林密布。十年一遇的洪水位线几乎贴近南侧公路，漫过整个河滩地。

设计更多地考虑将人的行为活动尽可能地贴近水边，在条件允许的地方设计了不同材质、形式多样的亲水空间，以“小珠落玉盘”的方式分布于滨河沿岸，有带状、点状、阶梯状等多种空间形式，均采用符合场地环境的碎石、浆砌石等材料。从最终成景的实景图中看，设计也成功地经受住了大自然的考验，汛期时的水位线恰巧位于平台边缘以下（图 20、图 21）。

（3）“竹柳之境”主题片区

设计包含东入口广场、儿童活动区、健身休闲活动区、林下活动区、公共卫生间等配套服务设施。在交通组织上与人行天桥无缝拉接，

图 20　高差复杂的滨水平台实景

图 21　常水位下的亲水平台实景

并设计 3m 宽电瓶车道与已建成的公园道路相连接。架空木栈道随着地势的起伏穿梭于竹林之中，丰富步行空间体验。

“竹柳之境”片区地势特点为“大高差 + 大平地 + 宽漫滩 + 成片竹林”，由于十年一遇的洪水位仅到圆形休闲广场以北边缘处，故在靠近公路一侧的安全地区设置了大面积的桥头广场、阶梯式看台、圆形活动广场等透水硬质平台，供人们集散与驻足休憩使用，在符合洪水涨潮的自然规律之下，设计集耐久性、生态性、休闲性为一体的滨水空间。

6.5　低干预的细节设计

（1）低开发的慢行系统

本项目在慢行步道方面采用低开发的形式进行设计，如图 22 所示，共包含三种步道形式。从步道的选线、材质、宽度等方面进行低干预的设计。第一种为 3m 宽的百姓健身步道，此步道贯穿整个场地，为滨河公园的主园路，采用卵石与砖石相间形式。第二种为穿越林下空间的 1.2m 宽的碎石与木质相结合的小径，人们沿着蜿蜒的小路在草甸与湿地中穿行，体验林下与滨河丰富的空间层次。第三种为连接主园路与高处节点的 1.8m 宽钢结构木饰面的架空栈道，也是作为公园紧急疏散通道的步道形式。

（2）低影响的服务设施

公园中的座椅、公厕、垃圾桶等服务设施，均发挥了其对生态环境低影响的效能。如图 23 所示，座椅以石笼 + 木饰面 + 石磨盘的形式为主；垃圾桶采用仿木桩的外包装形式，使其与大环境之间更为和谐；值得一提的是，公园内的公厕外观上采用去传统模式的仿自然形

图 22　慢行步道与紧急疏散栈道实景图

图 23 慢行步道与紧急疏散栈道实景图

式，以横切后的木头为灵感，尽可能地融入大环境，使游览公园的人们“不跳戏”，全身心地感受与体验大自然的浸润。

7 结论

位于汉水之滨的石泉县，经历了从前期的依附于自然发展，到中期的忽视自然发展，再到如今的回归自然的轮回发展。为守住石泉生态自然安全边界，本文以石泉县汉江滨江南岸景观设计为例，通过挖掘石泉与汉江的自然与文化资源，在充分尊重场地现状条件的前提下，打造城市滨江沿岸景观带。该项目总结出如何在极限条件下进行低干预的滨水景观设计方法与思路。该项目的实施有助于促进石泉生态、人文、旅游等多方面的发展，对此类城镇滨水沿岸的建设具有一定的指导与借鉴意义。

参考文献

[1] 张曼 . 陕南石泉老城区空间形态演变与更新研究［J］. 建筑与文化，2013（04）.

[2] 刘长松 .“十三五”规划时期生态文明建设的新思路——兼评《中国的环境治理与生态建设》［J］. 鄱阳湖学刊，2015（6）：21-27.

[3] 任俊华，田杰英 . 生态文明与中国梦［J］. 长安大学学报，2016，18（3）：29-37.

[4] 董丽，王向荣 . 低干预 • 低消耗 • 低维护 • 低排放——低成本风景园林的设计策略研究［J］. 风景园林论坛，2013（5）：61-65.

18　论中国园林传统的现代应用

——第五届河北省园林博览会中国园林核心区规划

贾慧子[1]

1　研究背景

中国古典园林作为代表了中国哲学观和自然观的载体之一，其所蕴含的天人合一的人居环境哲学观以及营造的可游、可居、可赏的诗情画意的园林空间，对中国现代园林营建以及世界园林发展产生了深远的影响。随着现代社会对和谐的人居环境需求的增加，中国园林被赋予了新的历史角色，重视中国传统文化的趋势也日益凸显，涌现出大量以中国古典园林造园手法和理念为基础、符合当前时代背景的新中式园林。如何融合古典园林的文化因子并加以壮大，探索中国现代景观设计的本土风格，是一个亟待解决的现实课题。

本文在对中国历史园林的高度重视的指导思想下，融入弘扬中国传统园林的理念，提出中国园林传统的现代应用规划设计策略及方法；并以第五届河北省园林博览会中国园林核心区项目为例，对中国园林应用于现代园林营造进行研究，挖掘出现代中国园林中所蕴含的古人智慧，用以指导当下园林实践，具有十分重要的现实意义。

2　基于中国园林传统的景观规划设计理念

我国传统园林力求人与自然的和谐统一，即顺应我国古典园林建

1 西安建筑科技大学，西安，710000。

造的基本原则之一的“天人合一”。而在现代园林建造中，需要将园林本土化传承下来。但并不是照搬古人的建造形制与表达形式，而是将传统园林与现代功能需求、自然基底以及场地文脉进行的合理交融，以达到古今和谐的状态。

（1）尊重场地，筑山理水

尊重场地现状是中国园林营建的基本理念，在充分尊重现状的基础上筑山理水，丰富景观，使其充分作为各景观要素的载体，成为中国园林赖以生存的山水骨架。早在计成《园冶》“相地”篇中便提出“因地合宜，构园得体”地对待场地现状的态度，对现状改造的过程中要善于利用现状资源进行艺术化的修饰，达到“虽由人作，宛自天开”的效果。园博园景观设计不应局限在对现状地形地貌的筑山理水，而是基于就地土方平衡，建造适合中国传统园林表达的山谷溪流区域。

（2）问景题名，锦面文心

中国传统园林自魏晋以来自觉地与山水诗、山水画进行融糅，并直到宋代通过“景点主题”的方式达到诗情画意与园林景物结合的写意山水园的高潮。意境通过运用山水画的构图布局及对自然要素艺术化的修饰，以诗文赋予其惹人联想的氛围，以缩移模拟自然的方法合理组织空间要素。园博园景观规划设计过程中对中国园林核心区分区主题的设计应恰当地将立体的园林空间与文学题咏相结合，充分渗透具有中国历史气息的审美和文学趣味，将游览者带入山水清音的园林意境。

（3）虚实结合，巧于应借

计成在《园冶》的《兴造论》中指出园林建设应“巧于应借”，建筑形制应“精在体宜”。此处的“借”不仅是借园内之景，更是借园外之景，将有限的空间引申至更广阔的景致之中。近处借山泉竹树之景，中景以亭台楼阁为辅，远处借春山如黛之美，形成虚实相衬的具有对比和韵律的空间。在园博园有限的空间内“于闹市中取幽静，于纷繁中觅清雅”，通过改造现状创造微地形，在此基础上建造楼阁台榭形成借景，并以城市为背景，此举虽无法借景于自然，但借景于现代城市天际线亦别有一番亘古至今的趣味。

3 实践项目

3.1 项目背景

第五届河北省园林博览会将于2021年在河北省唐山市开平区举办，本届园博会总体定位为“英雄城市，花舞唐山”，突出花海功能，通过园博会推动城市转型，提升人民生活质量，打造以“生态修复，智慧安全，永续发展”为特色的高质量园博。中国园林核心区位于中央山谷溪流景观带交汇点，处于十分重要的景观位置，占地8329m^2，主要作为地方展园以及区县展园。

园区内山水格局科学避让了采空区和断裂带，通过对堆料及建筑垃圾的就地利用，叠加基础需要破拆的厂房区营造微地形，同时整合疏浚9hm^{2}沉降坑塘，引陡河水进园区，并利用有限水源形成节水型循环系统，构建总面积246亩（1亩=666.67m^2）的新的水系格局，形成园区内绿水青山的生态安全格局并成为中国园林核心区的山水骨架。

3.2 园博定位及规划理念

本届园博以“英雄城市，花舞唐山”为定位，分别从城市维度、南区花海维度和园博维度三个圈层形成以“生态修复，智慧安全，永续发展”为特色的高质量园博，采用绿色理念和前沿生态技术，打造棕地上的现代山水园林，通过构建科学合理的安全格局，形成和谐共生的山水架构，成为唐山生态修复基址上人居环境建设的典范。同时突出花海功能，协同区域发展并通过园博会推动城市转型，成为提升人民生活品质和城市活力的发展引擎。

从城市维度形成的山水形势来看，项目地作为唐山城北城市斜向生态山水廊道上重要的空间承接点，通过将南湖凤凰台（53m）、南湖中央岛（25m）、世园会龙山阁（84m）、凤凰山（88m）、大城山（112m）、惠远塔（108m）、本届园博会主山（畅观台68m）、开平凤山（300m）、燕山余脉（1000m）串联，形成城市维度下连续的视觉通廊，将南湖资源型城市向生态标志区转型（图1）。

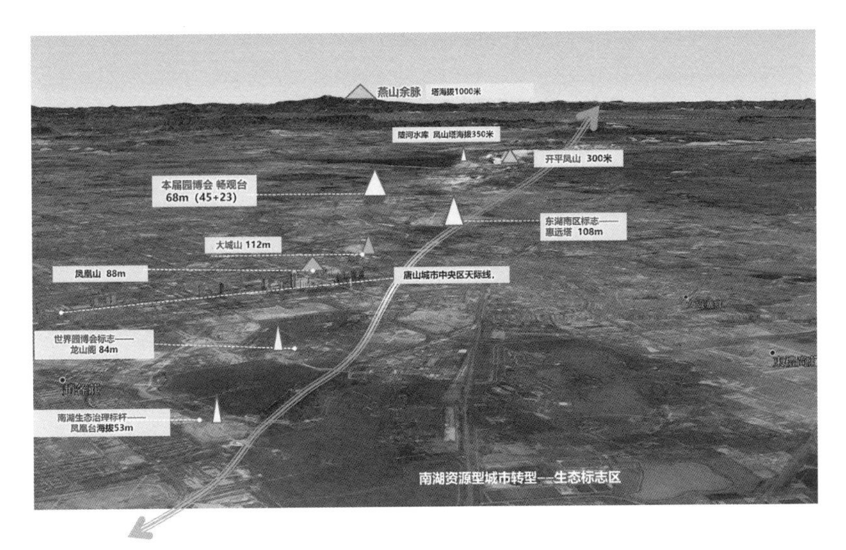

图1 城市维度——龙行东湖，凤舞唐山（来源：北京正和恒基滨水生态环境治理股份有限公司设计院）

从唐山花海维度——湖山胜景——南-中-北三区制高点的空间联系（图2）来看，整体形成抑扬顿挫的山-水-林-田（花海）序列以及大东湖园林核心区山水结构，即南部花海（开篇）——主山-惠远塔（高潮）——动物园-山亭（转折）——北区-主山-主湖（高潮）。基于园博山水区域为开平城市发展区域环绕，园博建成后，将与东湖南区花海和中区动物园等片区共同形成开平城市密集区域的中央城市公园，环东湖区域将形成唐山北部新的高价值区域。

从园博维度（图3）来看，园区借助自然山形水脉打造串联各大展园的园林溪谷。整体中国园林区山水环境分为主山主湖区域和山谷

图2 唐山花海维度——湖山胜景——南-中-北三区制高点的空间联系（来源：北京正和恒基滨水生态环境治理股份有限公司设计院）

图 3　园博维度——打造借助自然山形水脉的一条园林溪谷（资料来源：北京正和恒基滨水生态环境治理股份有限公司设计院）

溪流区域，主山主湖转入山谷，形成空间对比，以廊桥为起点，进入地形层次丰富、水系婉转多样的传统园林区，符合中国园林山水要求的区域。五座风格别致的中国传统园林，九座特色鲜明的中国桥（廊）星湖连缀，沿着溪流谷地一线展开；九桥跨水湾设置，形成点睛之笔，五座园林依山而设，形成山与湖湾之间的多条空间轴线，使小规模的中国园林与较大尺度的山水自然环境形成呼应。

3.3　中国园林核心区专项规划设计

（1）理念布局

本届园林博览会中国园林核心区设计以“一主三次，主客趋迎，配峰环绕”为理念，主次峰遥相呼应，形成控制园区的制高点，山体脉络环保，形成主要的园林轴线和展开面。水体跟随山势地形，曲折蜿蜒，形成与南湖开阔平远有着鲜明反差的多元、灵动的水系形态。

以“沐凤荡”为此次园林博览会的故事主线。“沐凤荡”意指唐山开平区为沐火重生的凤凰。以山形水系作为底板，山水环绕之中，一台、五院、九桥如珍珠散落山水之间，并通过主次山形之分割，将展园与大体量的展馆建筑区分开，形成动静相宜、互不干扰的布局总体结构（图 4）。园博主展馆建筑位于山水结构外围，各类展园围绕山水主轴两侧环绕布局，形成山水与人工的对比，主次山形为园博各展园提供自然山林背景，展现了中华优秀的园林文化，也是对中国传统文化的高度体现。

图 4　山水格局——一主三次，主客趋迎，配峰环绕（来源：北京正和恒基滨水生态环境治理股份有限公司设计院）

借助场地中央的自然山形水脉打造传统园林的园林溪谷的同时充分利用东湖已有和在做的山水框架体系，构建呼应山水脉络的园林展开视线。三座山峰设台可远眺主湖、主馆与副馆，主峰观景亭与山门主湖和亲水平台形成经典园林轴线，亭和水榭点缀潭边，形成尺度宜人的园林空间。

（2）方案设计

中国园林核心区整体构建以“一台、五院、九桥”为骨架（图 5），重点突出桥、廊、水榭和山亭为主导的临水构筑群落。以建筑形态突

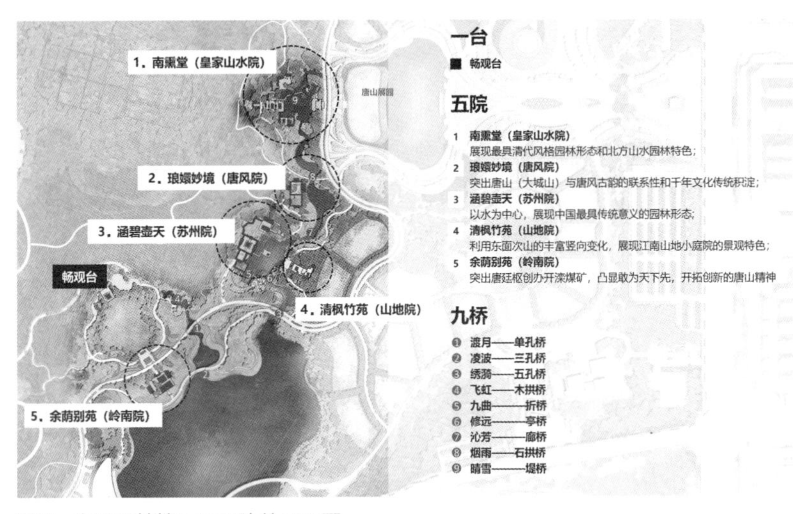

图 5　中国园林核心区五院总平面图
（来源：北京正和恒基滨水生态环境治理股份有限公司设计院）

显中国园林的集中主要流派，形成以中国风为主导的具有唐山气派的园林之谷。

从主山主湖的最末端的廊桥开始算起，山水通廊进入空间相对较小、层次更为丰富、变化更为多样的中国园林区，通过灵动多变，自由曲折的流线型山水风景空间，得以在廊腰缦回、濠梁之上，出其不意地发现新的景致。山水廊道形成了含蓄又丰富有韵味且符合中国园林山水要求的区域。

以南黛堂为典范，打造具有皇家风范的山水园；以山水溪流为基础，打造涵碧壶天的苏州庭院园林；以唐风宋韵为文化基础，打造琅嬛妙境的唐风中国园，体现唐山风范；以东面次山为背景，打造清枫竹苑的江南山地庭院；以唐廷枢为历史背景，打造敢为天下先的岭南院落。

（3）分区规划

①山水核心区

作为整个园博园最重要的山水骨架，形成峡谷园林区山水园林结构的最高潮。主山一侧设多层峡谷溪流。通过多样化的木桥栈道、汀步、跌水联系溪瀑两侧。沿山设通达主湖的中央轴线，轴线端点设凤山台，台下依据地形，设上、中、下三个宽阔的草坪区域作为园博舞台，中间沿超级绿道设置大型的中国风格的楼阁区——见山楼。建在临水具有北方园林风格的庭院一座，一侧水口设置三孔桥。

②南熏堂（皇家山水院）

宋代词人张先《庆同天》中提及的“南薰”指皇家园林中的宫观楼殿。“堂”，殿也，高大的房子，后指房屋正厅。“南熏堂”为皇家山水院落景名。

以皇家气派为主要表现，撷取了北方山水院特色，以芝径云堤、万壑松风为蓝本，在峡谷北段塑造山庭、云堤、卷棚式建筑、假山围合空间，凸显山地皇家庭院特点，特色元素为爬山廊、卷棚庭院、山右庭院结构、屏风式假山、围院式假山，分别点缀在庭院里，打造富有皇家山水院特色的体现河北悠久园林传统的皇家山水院（图6、图7）。

千百年来，中国的诗画意境与中国园林艺术不断交融、渗透、共

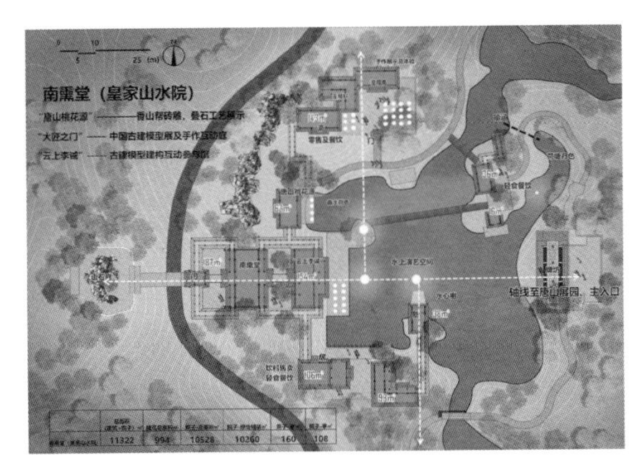

图6　南熏堂皇家山水院总体平面图（来源：北京正和恒基滨水生态治理股份有限公司设计院）

情，共同形成以营造意境为理想的审美空间。南熏堂作为展示中国传统园林雄浑壮观之美的皇家山水院，与现代生活需求相结合，在内重点展示中国古典园林中的山水书画、诗词艺术及建筑、工艺等相关要素，加深并激发民众对园林文化的热爱。因此在园博会开展之时，其功能集诗画展示、手作体验、餐饮零售于一体，打造综合性园林文化空间。会时主要活动包括儿童画园博、园林知识趣味比赛、诗配画互动、建筑手作体验、古风体验演出等，园博会之后主要以国学艺术培训机构为代表，进一步弘扬中国传统文化。

③琅嬛妙境（唐风院）

“人生只合君家住，借得青山又借书”。“琅嬛”指天帝藏书的地方，唐风院既是山水院，又是书院。青山绿水是中国园林的外在衣钵，琴棋书画是传统园林中蕴含的优雅情趣。文人骚客寄情山水，是在逃避人世，也是在彰显才华，唐风院为游人提供了与文人心灵互通的精妙感触。唐风院打造“小而精”，具有唐风宋韵的唐风园林（图8）。

依托唐山园主体景色，在其外围打造具有唐风宋韵的唐风园林，早期皇家园林庭院式结构为核心，建筑样式选取唐代后期和北宋风格

图7　南熏堂皇家山水院总体鸟瞰（来源：西安建筑科技大学　王劲韬）

图8　琅嬛妙境（唐风院）（来源：西安建筑科技大学　王劲韬）

为主导的大粗檐、大木结构、大型斗拱、大廊等特征，以飘逸的形式和样板选取了宋代盛行的净王中的庭园，体现早期中国皇家典型样式，建筑形式强调正山花十字脊、天斗拱裁分的样式，突出唐山悠久的历史和唐代以来的文明遗脉（图9）。

④涵碧壶天（苏州院）

“水木明瑟，壶天胜境”。苏州院作为中国园林的代表，以“壶中天地”比喻古代文人悠闲清静的无为生活，以小见大，谈论古今。“涵碧”意指江南代表性园林庭院。

苏州院重点采用小尺度建筑，打造具有苏州特色的庭院园林，主要景点有鹤所、戏台、湖心亭等，突显中国园林文人风范。同时通过主山余脉的环抱取得闹中取静的效果。小尺度的苏州园林在相对独立的环境中，突显中国传统文人园居风范和浓郁的传统文化氛围，从而

图9　唐风园林建筑效果图（来源：北京正和恒基滨水生态环境治理股份有限公司设计院）

在不改变园博会整体大山大水的景观格局下，获得层次丰富的景观效果（图 10）。

苏州院定位为“园境与曲境”。取意源于中国戏曲多诞生于亭台楼阁，园林景色自然成为戏曲演出的环境与舞台。而苏州园林，更是将这种婉转、含蓄之美，园境与曲境的融合呈现到极致。涵碧壶天，在苏州园林中赏曲乐之美，体验充满意趣的生活方式。会时活动主要以苏州评弹、唐山戏曲、皮影、乐庭大鼓等唐山曲艺专场演出、园林古乐分时演出为主；会时会后功能保持一致，即以茶馆、曲乐为主题的综合商业空间经营为主导，丰富居民日常娱乐文化及艺术风雅。

⑤清枫竹苑（山地院）

“青枫多秀色，乍可傲霜朝”取自乾隆诗作《青枫绿屿》，青枫意指庭院的植物特色，也指山梁到山谷之间的风凉地带。竹苑也称竹里，“深林人不知，明月来相照”取自王维诗作《竹里馆》，通过枫树、竹林等植物凸显江南山地特色的庭院风格。小院依山而建，通过湖石台阶、石蹬道路和山亭星湖连接，形成依山就势、高下玲珑多变的庭院竖向结构；循曲北上为主厅灵澜舍，此厅的前面和东侧都有平台，灵澜舍与其后的送吉组成一组院落，布局简单整齐。此园依凭地势高下，布置建筑、石峰、磴道、花术，曲折有致，又能借景园外，主山 - 主湖，是园博全区山地园林的典型形式。

利用东面次山的丰富竖向变化，展现江南山地小庭院的景观特色；系利用山势，自西往东而上，共三层。入口有高墙和长石阶。过前厅

图 10　涵碧壶天（苏州院）总体鸟瞰图（来源：西安建筑科技大学　王劲韬）

抱瓮轩，由后院东北角拾级而上，至问泉亭，由此可俯览二山门和东面景物，依山而筑，构筑精巧。清枫竹苑（山地院）以“小园滋味一杯茶”为主题。清风竹苑作为精致的茶苑空间打造，在清静幽雅的茶庭品茶论茶，感悟茶道精神。会时活动以盆景古玩赏鉴、茶道推广为主，会时会后功能以精品茶馆经营保持一致。

⑥余荫别苑（岭南院）

“余地三弓红雨足，荫天一角绿云深”。突出岭南园林一大特色——“荫”，余荫的荫同时取谐音“音”字，代表福音，岭南人唐廷枢在开平创办实业，创造多个中国第一，在中国近代工业史上具有里程碑的意义。他敢为天下先、开拓创新的精神，是留给这座城市后人的福音。相比苏州院“人工返自然”式的创造，岭南院更多地依托主山和主湖良好的自然环境，在湖光山色的自然山水中，表达岭南园开朗、明快、简洁的园林性格。采取建筑围和庭园的空间布局方式，尺度适宜、布局紧凑、内涵丰富，凸显岭南园林很强的实用性。

余荫别苑撷取岭南山水园林最典型的水庭院（余荫山房）和石庭院佛山梁园“十二石斋”的典型景观，以“浣红跨绿”为主题，体现清幽雅致、富于文采的特色。产品设置突出唐廷枢文化，展示唐山、开平开拓创新、敢为天下新的历史传统。余荫二字，也致敬唐公为唐山城市做出的巨大贡献。会时会后作为文化型公建保持一致功能。

4 结论

中国传统园林的现代应用是在当今西方文化冲击下对中国传统文化与历史的回溯，依托现代都市环境，借鉴中国古典园林园论和造园要素，营造人类理想的生存空间和和谐的人居环境，展现出在有限的空间内无穷的意境。

园博园作为地域文化的载体，将园林景观规划设计和中国园林传统的理念进行融合。在园中众多节点运用中国古代造园艺术，打造具备唐山特色的中国园林核心区。因地制宜地建设与周边土地协同发展，提升人民精神文化内涵和城市活力，并成为城市未来依托环境实现可

持续发展的新的增长极之一的高品质园博。本文对第五届河北省园林博览会对中国园林传统的运用方式进行尝试性探索，为中国当代景观实践提供借鉴。

参考文献

[1] 郝国文 . 基于文化传承与人性关怀的景观设计研究［D］. 福建农林大学，2008（4）：9-19.

[2] 成涛 . 传承文脉，追求时尚［J］. 环境艺术，2002（2）：40-45.

[3] 欧 . 奥尔特曼，马 . 切默斯 . 文化与环境［M］. 骆林生，王静，译 . 北京：东方出版社，1991（3）：4-6.

[4] 胡洁，吴宜夏，吕璐珊 . 北京奥林匹克森林公园景观规划设计综述［J］. 中国园林，2006（6）：15，26.

[5] 朱育帆，姚玉君 . 新诗意山居——“香山 81 号院”（半山枫林二期）外环境设计［J］. 中国园林，2007（5）：77-89.

[6] 宜兰，当代中式——2010 上海世博会中国园“亩中山水”［J］. 景观设计学，2010（5）：87-88.

19　与母亲河相伴而生

——渭河高陵新城滨水规划

裴锐婷[1]

1　项目概况

1.1　建设背景

高陵新城位于西安市区北部，在从“南依秦岭，北临渭河”到“山川一体，渭水练城”跨渭河发展的大西安战略下，渭河由边缘界线变为大西安中央生态景观带，实现跨渭河发展，渭河成为大西安城中河，高陵区成为大西安主城区一部分。渭河、高陵面临历史新机遇。对于渭河生态资源的依托与利用，将成为高陵区域发展新的核心要素、驱动力。

渭河是黄河最大的一级支流，也是整个西北地区最重要的河流之一。渭河流域所处地理位置，是我国西北地区重要的社会经济发展地区，也是通往西北西南地区的必经之地。渭河河流全长818km，流域总面积13.5万km^2，其中陕西省境内6.7万km^2，占总流域面积的49.8%。南岸支流发源与秦岭山区，源短流急，径流丰富且含沙量少；北岸支流多发源于黄土丘陵和黄土高原，源远流长，比降小且含沙量大，其中泾河是渭河第一大支流。滨河空间作为人工环境与自然要素毗邻的重要空间形态，滨水空间及周边区域的开发在当代城市发展和

1 西安建筑科技大学，西安，710000。

转型中受到普遍的高度关注。因此加强北岸支流及河口区域的水土保持、保护南岸的水源涵养功能是解决渭河流域水沙平衡问题的根本措施。

渭河是陕西人民的母亲河，具有丰富的水文化和景观资源，从古代的“郑国渠”“八水绕长安”，到近现代的“泾惠渠”“关中八惠”等，都凝聚着古代人民治水、用水的崇高精神与智慧。本区域是开阔的河口地带、文化的聚焦区域和生态的富集区域。九曲渭河，从三河口一直到关中平原，东到甘肃陇东，渭河是整个中华民族重要的发源地。秦人沿着渭河，自西向东，最终到达关中地区。本区段的渭河河面开阔，八水在该区段相继融入，成为具有多个河口且高度生态价值的区域。此处也为文化的富集区域，融合了从西周时代，作为周王养马场的重要的河谷区域。同时也是泾渭分明文化的重要源头，是儒家诗经文化、蒹葭文化、爱情文化的重要源头。高陵作为汉陵的重要部分，本身也是汉文化的聚集地。

1.2 发展格局认知

项目基地区位与发展战略优势突出，生态基底和文化基底为西安中央生态景观带提供有力支撑。

西安实施“北跨、南控、西进、东拓、中优”战略，建设渭河世界级滨水景观带，全面进入融入西安国际化大都市发展新阶段。项目基地应该聚焦西安国际化大都市北跨，打造带动渭北新发展的都市功能组团。

西安致力于产业升级发展，项目基地处于产业发展工业大走廊的关键节点。高陵新城可以围绕工业大走廊产业集群升级的商务服务需求，打造创新大科技装备产业生态圈发展的新空间。

西安目前规划“幸福经济”发展格局，中心城区兼容历史与时尚、文化与科技、民俗美食与古韵书香，外围以重大文化遗址为牵引，构成了西安网红城市发展的打卡地。项目基地可以聚焦自然、生态与文化的融合，打造渭北的打卡地。

项目基地位于国际开放板块、都市居住板块、高端制造板块、高陵城区组团、都市农业板块的中心位置。可以构建片区发展的向心力，拓展周边外围主要客群需求，打造高品质、国际化的健康生活服务圈。

在“南依秦岭生态走廊，八水寻脉长安内外”生态格局下，项目地位于渭河生态景观带上，泾渭交汇节点上，如图 1 所示。对于渭河生态资源的依托与利用，将成为高陵区域发展新的核心要素，将有助于高陵新区的发展，真正体现与母亲河相伴而生的现代高陵新城。

1.3 构建蓝绿网络系统

目前，面对城市的扩张建设，自然面临生态威胁，自然生态遭到破坏，无法可持续发展。而理想的发展趋势为，在进行城市建设时，应突出自然价值，挖掘自然优势，与城市融合渗入，达到自然与城市双收益。如何实现生态控制与城市功能的嵌入衔接，实现可持续的城市空间是目前城市规划值得深思的问题，主要思路是通过对研究范围的蓝绿因子进行叠加分析，结合渭河生态控制带、地质条件及文化轴线，进行生态廊道构建。

（1）影响蓝绿因子叠加分析

西汉文学家司马相如在著名的辞赋《上林赋》中写道“荡荡乎八川分流，相背而异态”，描写了汉代长安上林苑的宏丽之美，自此有了“八水绕长安”的叙述。八水之一的渭河是黄河的最大支流，也是西安和咸阳的母亲河。在西咸一体化城市扩展的背景下，渭河沿线的

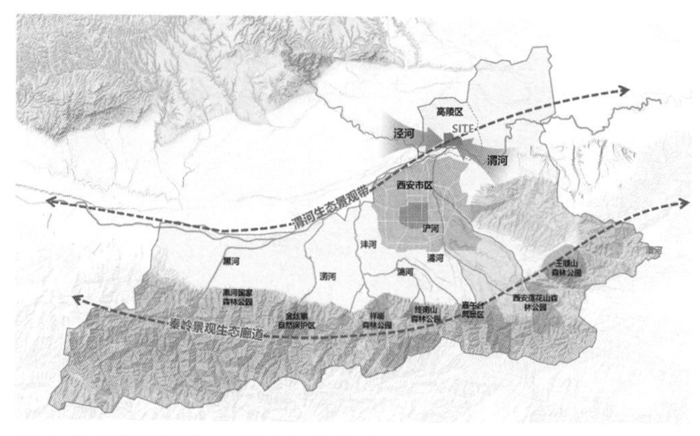

图 1 生态发展格局——城市与水的关系

（来源：北京正和恒基滨水生态治理股份有限公司设计院）

自然乡野河滩承受着被城市化的压力。城乡交错区的水环境不断恶化，乡野河滩迅速消失，河滩湿地被水泥护堤取代，人们对自然大地的归属感越来越强烈。

设计场地内有八支渠、九支渠两个支渠，可以作为场地未来水系打造的基础，场地内有较大面积分布的地质灾害中度易发生区域，可作为未来绿色基础设计的重要选址区域；滨河生态控制区，是重要的城市绿色基础设施（图 2）。

（2）基于蓝绿系统的概念空间规划

结合渭河生态控制带、地质条件及文化轴线，优先构建蓝绿生态基底，明确开放空间生态骨架。首先进行生态廊道构建，结合渭河生态控制区要求，打造滨河生态景观带；依托区域生态渗透及“泾渭分明”文化节点，形成中央生态文化廊道；结合地质中度易发区范围，设置适宜开放空间。进行水系接引连通；依托现状水渠，连通水系构成滨水开放空间；进一步将蓝绿细分，构建多元蓝绿空间网络。将绿地分为滨河生态绿地、中轴景观绿地、生态休闲绿地、防护绿地、社区公园绿地以及道路绿地（图 3）。

2　规划设计

本项目中，河口湿地、高陵新城中轴、“泾渭分明”的城市舞台

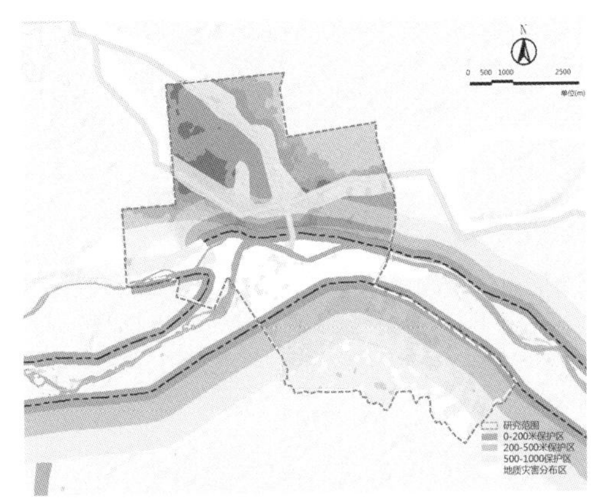

图 2　影响蓝绿因子叠加分析（来源：北京正和恒基滨水生态环境治理股份有限公司设计院）

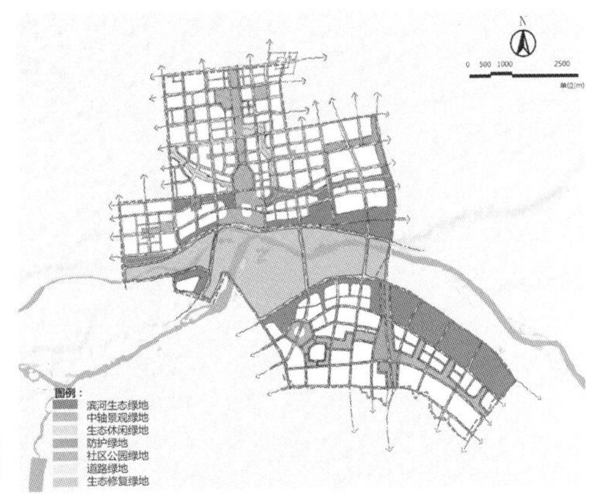

图 3　蓝绿系统概念规划总图（来源：北京正和恒基滨水生态环境治理股份有限公司设计院）

以及渭河生态廊道的展示，最直接的窗口是以咸阳机场为舞台的空中走廊。设计高度重视走廊的展示性以及空中鸟瞰的整体效果，以便形成城市的最直观的第一印象（图 4、图 5）。

2.1 河口湿地生态与文化的相融性

河口湿地源自《诗经》中《蒹葭》篇的“蒹葭苍苍，白露为霜。所谓伊人，在水一方”。这体现了孔子时代的儒家与自然相融的思想，体现少年中国的声音，是战国时代渭河优越生态环境的体现，是中华

图 4　空中鸟瞰（来源：北京正和恒基滨水生态环境治理股份有限公司设计院）

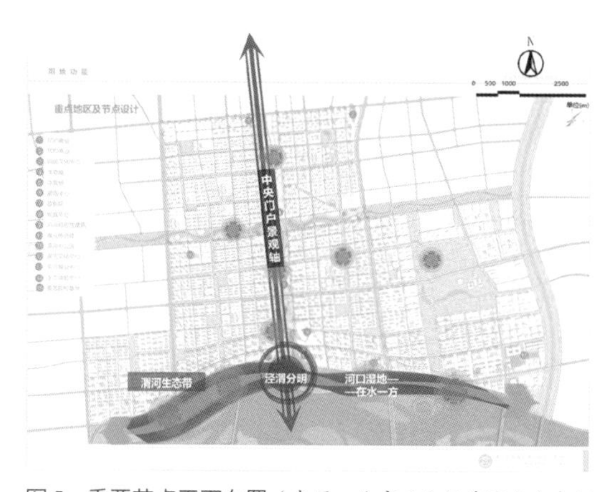

图 5　重要节点平面布置（来源：北京正和恒基滨水生态环境治理股份有限公司设计院）

博大文化的生发之源泉。设计上如何用好“蒹葭”这一重要元素，即芦苇，打造具有生态效应，兼具文化内涵的景观示范点，是值得考量的问题。本次设计通过种植大面积芦苇，构筑生态湿地岛，重现诗经蒹葭苍苍、湿地岛屿百花齐放的景观现象，将湿地洲岛打造为鸟类天堂（图6）。

同时，以泾渭流域文化为底蕴，挖掘渭水诗词文化、泾渭古渡文化等，设置具有湿地观光功能的文化湿地，展现生态治理成果，打造生态文明教育基地。其景色如依据“渭水如镜色，中有鲤与鲂”“一泓清波、鸟欢鱼跃、百舸争流”等诗词描绘的景色，在湿地设置泾渭六景：渭水秋风、泾渭分明、渭堤烟柳、渭水鲤鲂、渭水古渡和白鹭春波，体现河口湿地的生态与文化的相融性。

2.2 “泾渭分明”景点与中央轴线的打造

（1）作为新城窗口的“泾渭分明”景点的重要打造

在进行“泾渭分明”景观节点打造时，要结合城市设计来传承历史文化，展示城市风貌，体现城市内涵与文化底蕴。主要突出泾渭分明观景点以及泾渭河口景观，打造渭河北部新城之窗。

①“泾清渭浊”的历史内涵

“泾渭分明”源自我国一处自然景观：渭河（黄河最大支流）的最大支流泾河在汇入渭河时，由于与渭河含沙量不同，交汇处附近呈现出清水、浊水分异明显的奇特景观。该现象是生态文明建设重要的展示窗。出自《诗经·邶风·谷风》：“泾以渭浊，湜湜其沚。”泾渭两河变化时间节点见表1。

图6 蒹葭、白鹭（来源：https://pic.sogou.com/d?query=%E8%92%B9%E8%91%AD%E3%80%81%E7%99%BD%E9%B9%AD&forbidqc=&entityid=&preQuery=&rawQuery=&queryList=&st=&did=17）

表 1　泾渭两河变化时间节点

相关时期	变化特点	变化原因	文献描述
春秋时期	泾清渭浊	西周时期，渭河两岸的平原山地森林大规模发展为农业产业；泾河上游为草原地区，以畜牧业为主	《诗经》：“泾以渭浊，湜湜其沚。”
战国后期至魏晋时期	泾浊渭清	公元80年，秦始皇初年开郑国渠，引泾河的水流灌溉农田，此时泾水被称为“填阏之水”，说明水中含有很多泥沙	西晋潘岳《西征赋》：“长安城北有清渭浊泾。”
南北朝时期	泾河转清	人口大融合，向泾河迁徙人口减少	郦道元《水经·泾水注》中提到，泥水在当时已改称为白马水
隋唐时期	泾浊渭清	政府设州，向泾河上游各地征收粮食，以供军用，泾渭两河上游再度成为农业地区，人口也相应增多	韦挺在《泾水赞》中描述：“决渠浊流，属渭清津”；杜甫在诗词中描写：“旅泊穷清渭，长吟望浊泾。”
唐代至20世纪60年代	泾清渭浊	唐代都城长安建设所需木材源于本地，渭河流域的森林遭到了严重的破坏，渭河逐渐由清变浊	乾隆年间，胡纪谟《泾水真源记》：“凡泾水所历，土壤、石山俱见，清浅涟漪，毫无泥滓。”1961年，张佛言《泾渭清浊辨》曾有描写：“除下暴雨外，在泾渭合流处可以明确看出泾清渭浊，清流在北，浊流在南。”
20世纪70年代以后	泾浊渭黑	2001年调研及监测交汇处水样，渭河、泾河有机类污染严重：两河流域不合理地扩大农业用地以及工业文明发展的影响，河流水质恶化，生态退化	

泾渭两河的清浊变化有自然因素和人为因素两个方面。自然因素包括季节变化、洪枯差异等；人为因素包括社会制度、产业、流域内的人类活动。

②“泾渭分明”作为具有高度渭河文化特征的元素在场地的标志性作用。

一是作为城市舞台的“泾渭分明”。

泾渭浪迹千年，江河水分两色——富于中国古代文人情怀的自然景点在新的时代凝成现代都市的文化风景线和城市舞台（图 7）。设计中通过植物种植、地形营造以及草坪铺设等方式，打造水边艺术休闲空间，为市民提供泾渭分明文化活动集散和滨水休闲的娱乐空间。

打造“泾渭胜境水秀”，以泾渭分明文化为创意基础，借助声、光、电等手法，以泾渭分明彰显的文化精神为统领，展现泾渭交汇景观、演绎流域人文故事、展望泾渭区域未来，以文化展示、夜间演艺、休闲娱乐等功能聚集人气及展示区域文化形象。发展夜间经济，夜晚结合灯光舞台、篝火晚会、剧场演艺等活动，为市民提供夜间文化活力体验地，打造泾渭流域夜间聚集吸引核，搭建集文化展示、主题展演、科技观赏为一体的“泾渭分明”节点（图8）。

图7　“泾渭分明”现象（来源：https://pic.sogou.com/d?query=%E6%B3%BE%E6%B8%AD%E5%88%86%E6%98%8E&forbidqc=&entityid=&preQuery=&rawQuery=&queryList=&st=&did=42）

二是作为高陵故事线高潮的“泾渭分明”

关于“泾渭分明”的典故在《诗经》《唐诗》中都有记载，设置泾渭文化园，以文化园诗词长廊的形式进行展现，同时将“泾渭分明”隐含的精神含义予以表达，展现“明辨是非、激浊扬清、清者自清、浊者自浊”的精神文化主题。

（2）中央景观轴

“泾渭分明”作为高陵城市中轴的起点，有着重要文化意义，以此北向的中轴线是城市重要的绿地空间。以“泾渭分明”景观节点为核心，串联城市中轴主要的绿色公共走廊，供市民集会、庆典、休闲

图8　“泾渭分明”大舞台（来源：北京正和恒基滨水生态环境治理股份有限公司）

活动之用。

城市中央景观轴（图 9）依托现状水系，打造一条自然—城市—自然的城市发展轴线，以水为线，讲述城市发展脉络，由自然向城市高速发展，再回归自然生态，最终汇聚到泾渭分明节点，象征了历史与未来的交融。门户景观轴在功能上，力求打造城市生态互动与文化活力绿轴。此轴承担着将自然融入人工环境的功能，并最大限度地为地域性生物多样性的重新引入和健康发展创造条件。在考虑区域门户的视觉景观形象的同时，也可部分满足周边社区居民所构成的游憩需求，满足周边市民休闲生活、通勤步行等基本需求，同时起到各个组团间联系和沟通的作用。

设置门户空间，用以展示城市名片，此区域节点的设计主要有两个方面，一是以市民脸谱为艺术形象，结合 LED 动画以及喷水装置，营造互动式艺术门户节点；二是通过灯光和投影技术，配置奇趣光影游乐设施，营造梦幻的夜间光影乐园，力求使人们参与到互动装置中去，使场地充满活力。

打造开放空间，为市民提供休闲活动场地，如设置城市客厅、阳光草坪为市民提供了日常休闲活动的场所，形式多样而又彼此连通的游道在宜人的尺度上提供了连续而变化的景致和生态环境。此外，也是活动演艺的集散空间。作为城市中央活力绿轴上的核心开放节点，是市民集散、娱乐、休闲的集中体验地。结合周边用地，营造特色商务休闲空间。可设置创意集市节点，将集装箱粉刷成不同颜色，通过不同形式的堆叠和变形，营造极具变化的休闲空间，提供特色零售及餐饮娱乐等功能，结合周边商务办公空间，为办公人群打造集商务交流、生活休闲等于一体的城市花园。

2.3 渭河生态带的打造

（1）河流生态恢复——建立滩涂湿地保护区

为河口生态保护与生态修复而设计滩涂湿地保护区，将其打造为集泾渭文化湿地、水源涵养湿地、泾渭交汇缓冲区以及水生生物栖息乐园于一体的功能保护区，以提高河流生物多样性。控制在河堤内区

图9 城市中央景观轴（来源：西安建筑科技大学 王劲韬）

域范围内，要求以“水”为视角，以水利行洪及水生生物保护为目标，在行洪安全的基础上，营建水生生物栖息所需生境，形成“水生植物-底栖-鱼类-两栖类”食物链结构，恢复健康的河流生态系统。

建立一个具有生态富集效应的河口、滩涂生态湿地区。基于食物链关系原理，低干扰修复河口滩涂湿地，搭建长效的生物多样性廊道细微的地形变化与河道的季节性水位波动，为鱼类、两栖类、底栖类和鸟类的微生境营建提供了条件。利用植被恢复与河滩底质恢复技术为河流水生生物提供生境，进而形成更为丰富的河口区域食物链关系。

（2）滨水生态带的保护、修复与功能性嵌入

如何处理陆地与水、人与水的关系，实现滨水生态带的保护与修复，已成为城市建设和改造进程中最注目的焦点之一。在当今城市建设中，滨水带将被越来越多地作为公共开放空间，提供游憩、商业、办公等休闲、环境和使用功能。依据综合控制管理条件、国内外发展案例及现状发展条件，以生态建设为基础，将滨水控制区分层分带进行生态控制及多元发展：滨河公园绿带、滨河缓冲带以及河岸控制带（图 10）。

①滨河公园绿带

总体控制范围为北岸河堤外 500 ～ 1000m，南岸河堤外 800 ～ 1500m。具体结合实际情况弹性变化。控制要求：设置城市公共功能的多元活动项目，植入商务、艺术、文化、研发等多功能的综合服务设施。滨河公园绿带既是良性的城市生态廊道，也是展示景观活力与营造公共空间的载体。在植物配搭上以景观树种为主，组团层

图 10　从滨河生态带看高陵新城（来源：西安建筑科技大学　王劲韬）

次丰富；可设计多级园路，并配套商务、艺术等多种功能的综合服务设施，以此作为承载集会、演艺等城市公共功能的多元活动空间。

②滨河缓冲带

总体控制范围为北岸河堤外200～500m，南岸河堤外200～800m范围内。具体结合实际情况弹性变化。控制要求以文化展示、休闲游憩、科普教育类项目为主，配套基本的服务设施。滨河缓冲带是生态河滩地至滨水公园绿地的过渡地带，是改善城市河流生态、缓解防洪与提供亲水性的重要空间。植物选择上以乡土树种为主，侧重自然净化功能；可打造休闲绿道，并配套厕所等基本服务设施；缓冲带内可开展休闲、科普类活动，提升景观游憩价值，保持河滨活力。在此处设置泾渭生态科普基地等节点。

③河岸控制带

在河堤外200m范围内；要求以“动植物”为视角，以生境营建及水源涵养为目标，设置少量游步道及自然保育类低影响活动项目。沿泾渭两岸设置休闲绿道，以康体健身、运动休闲、骑行观光等功能满足市民日常需求。依据绿道长度、观景极佳点等因素，在沿途设置观景平台、自行车驿站等服务设施。对0～200m范围内的河滩地进行生态修复，使其发挥原有的生态服务功能。设计以尊重自然生态优先为原则，从防旱蓄洪、净化水污和提供生物栖息地等生态功能出发，尊重自然过程，合理利用乡土灌木及地被等植物、土壤和其他自然资源，除建设少量游步道外禁止其他开发，最大限度地减少人类对河滩地的影响。

设置河流沿岸生物缓冲带。加固并优化传统硬质河堤形式，形成15～60m“硬质＋软质”的河流沿岸生物缓冲带（图11）。改变传统的硬质河堤加固驳岸，改变河堤的形式来保护河流的重要生境类型。此外，要增加软质沿岸缓冲带来保护河流原生的典型微生境，利用河沙块石水岸缓解河流的冲刷，稳定河流沿岸生境。根据河道水位变化，保护与丰富丰水位、常水位、枯水位下水生生物栖息环境。针对保护性目标物种，如秦玲细鳞鲑和多磷白甲鱼，营建适宜保护物种摄食、产卵、栖息、自然繁殖的微生境。

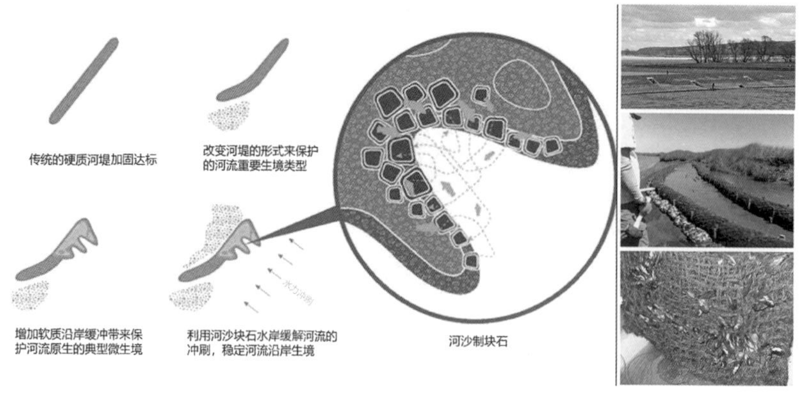

图 11 “硬质 + 软质”的河流沿岸生物缓冲带（来源：北京正和恒基滨水生态环境治理股份有限公司）

3 结论

以高陵新城规划设计为例，通过探索滨水景观与“母亲河”文化相融合的方法，在滨水环境建设的同时打造城市空间，建设与“母亲河”相伴而生的现代新城。项目基于重点历史文化区域的城市更新和区域滨水环境再造，在融入区域文化因子、打造文化高地的同时，以生态可持续发展为原则，着力探讨总结出如何建立一个具有多维度上的均好性、公共性特征的，服务市民的，开放连续的城市滨水空间。同时通过适度人工手段干预，在实现滨水区域生态循环特征的最小化干扰条件下，融入生态水处理、水循环等方面的技术措施，以期在较短时间内，恢复历史上最具特征的“蒹葭苍苍”的渭河滨水环境特征。

参考文献

[1] 陈述，郑炜，周伊利，等 . 慈溪新城河区块滨水空间规划设计 [J] . 住宅科技，2020，40（02）：8-13.

[2] 余金龙 . 关中水生态环境建设与发展分析 [J] . 陕西水利，2010（03）：137-138.

[3] 何孟春，甘志国 .“泾渭分明”的四种解读 [J] . 中学地理教学参考，2018（05）：72.

《筑苑》丛书征稿函

《筑苑》丛书由中国建材工业出版社、中国民居建筑专业委员会和扬州意匠轩园林古建筑营造有限公司筹备组织，联合多位业内有识之士共同编写，并出版发行。本套丛书着眼于园林古建传统文化，结合时代创新发展，遵循学术严谨之风，以科普化叙述方式，向读者讲述一筑一苑的故事，主要面向从事园林古建工作的业内人士以及对园林古建感兴趣的广大读者。

征稿范围：

园林文化、民居、古建筑、民族建筑、文遗保护等。

来稿要求：

文稿应资料可靠、书写规范、层次鲜明、逻辑清晰，内容具有一定知识性、专业性、趣味性，字数在5000字左右。并请注明作者简介、通讯地址、联系电话、邮箱、邮编等详细联系信息。稿件经过审核并确认收录后，会得到出版社电话通知，图书出版后，免费获赠样书一本。

所投稿件请保证文章版权的独立性，无抄袭，署名排序无争议，文责自负。

QQ咨询：455242123　投稿邮箱：zhangqu@jccbs.com.cn

公司简介 Introduction

江西绿巨人生态环境股份有限公司成立于2005年4月，是专业从事市政园林和生态修复的综合性生态环境建设企业。公司具备技术研发、苗木生产、规划设计、工程施工和绿地养护为一体的全产业链综合服务能力，能够为客户提供一体化的生态环境建设整体解决方案。公司拥有市政公用工程施工总承包一级、建筑工程施工总承包一级、古建筑工程专业承包一级、城市及道路照明工程专业承包一级、园林绿化养护服务企业壹级、风景园林工程设计专项乙级等十余项资质。

公司从江西起步，逐步辐射华东、华南地区，进而开拓华北、西北、西南等地区业务。目前公司业务已经形成全国性、跨区域经营格局，先后承建了四百余项市政园林绿化和生态修复工程。2005年至2014年连续十年获得省"优良工程奖"，2015年荣获全国"优秀园林绿化工程金奖"，2014-2015年获得国家级"重合同守信用企业"，2017年获得全国"中小企业信用评价AAA级"和 "高新技术企业证书"，2018年获得江西省园林绿化"优良工程金奖"，2019年荣获中国风景园林学会"园林工程金奖"等。

公司以技术作为发展的核心驱动力，积极与相关高校合作，持续积累生态环境工程行业相关的技术储备。目前已取得城市污水处理方法发明专利、多项园林绿化实用型专利、十余项计算机环境监测管理软件著作权等。

公司以"创建世界级生态绿色集团，成为幸福自信巨人"为愿景，以"实现巨人绿色梦想，促进祖国美丽富强，共建地球和谐家乡"为使命，以"诚信，拼搏，创新，共赢"为价值观，以"叶绿、花香、业兴、人和"为品牌形象。面对新机遇新挑战，我们将不忘初心，牢记使命，诚信敬业。将满足人们对美好生态环境的向往当作绿巨人不懈的追求。

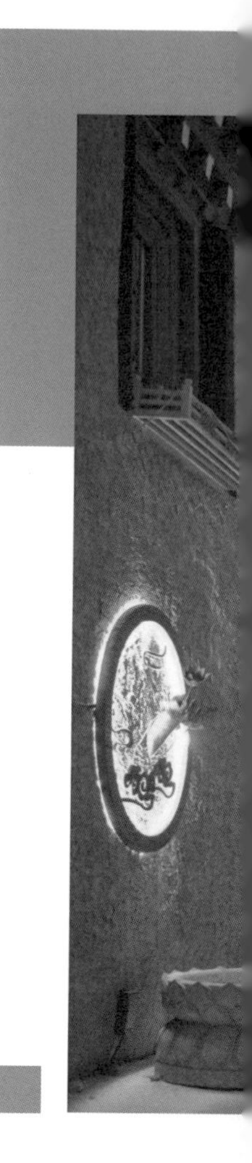

成都环美园林生态股份有限公司

HUANMEI ECOLOGICAL

全域生态价值管理专家

成都环美园林生态股份有限公司成立于2000年，注册资本10146万元，公司专注于全域生态环境建设。

主营业务：城市公共生态环境、乡村及农旅生态环境、水环境生态综合治理、生态恢复、修复和土壤修复。

环美生态拥有风景园林设计甲级、城市规划设计乙级、环境污染治理设计乙级、环境污染防治甲级、城市园林绿化壹级、市政公用工程总承包贰级等资质。

公司以高标准、高质量打造了大量精品工程，涵盖大型城市公共生态绿化、水环境生态综合治理、特色小镇和美丽乡村环境综合治理、生态恢复和修复等，佳绩遍布全国多个省市，形成了“立足四川、辐射西部”的发展态势。

我们以“人类生态守护者”为己任，与广大客户和合作伙伴一起，携手共建人类和谐美好的生态家园。

地址：成都市高区科园二路10号1栋1单元8楼　电话：028-85237511
网址：https://www.hmylst.com　邮编：610000

《筑苑》丛书

001 园林读本
002 藏式建筑
003 文人花园
004 广东围居
005 尘满疏窗——中国古代传统建筑文化拾碎
006 乡土聚落
007 福建客家楼阁
008 芙蓉遗珍——江阴市重点文物保护单位巡礼
009 田居市井——乡土聚落公共空间
010 云南园林
011 渭水秋风
012 水承杨韵——运河与扬州非遗拾趣
013 乡俗祠庙——乡土聚落民间信仰建筑
014 章贡聚居
015 理想家园
016 南岭之归园田居
017 上善若水——中国古代城市水系建设理论与当代实践